中国青少年

科技竞赛项目评估及国际比较研究

ZHONG GUO QING SHAO NIAN

KE JI JING SAI XIANG MU PING GU JI GUO JI BI JIAO YAN JIU

胡咏梅 李冬晖 薛海平 著

北京师范大学出版集团
BEIJING NORMAL UNIVERSITY PUBLISHING GROUP
北京师范大学出版社

图书在版编目(CIP)数据

中国青少年科技竞赛项目评估及国际比较研究／胡咏梅，李冬晖，薛海平著. —北京：北京师范大学出版社，2012.6
ISBN 978-7-303-14307-8

Ⅰ.①中… Ⅱ.①胡… ②李… ③薛… Ⅲ.①青少年－科学技术－竞赛－项目评价－中国 ②青少年－科学技术－竞赛－对比研究－中国、国外 Ⅳ.① N4

中国版本图书馆 CIP 数据核字（2012）第 056525 号

营 销 中 心 电 话	010-58802181 58805532
北师大出版社高等教育分社网	http://gaojiao.bnup.com.cn
电 子 信 箱	beishida168@126.com

出版发行：北京师范大学出版社 www.bnup.com.cn
　　　　　北京新街口外大街 19 号
　　　　　邮政编码：100875

印　　刷：北京东方圣雅印刷有限公司
经　　销：全国新华书店
开　　本：170 mm × 230 mm
印　　张：20.25
字　　数：359 千字
版　　次：2012 年 6 月第 1 版
印　　次：2012 年 6 月第 1 次印刷
定　　价：32.00 元

策划编辑：胡　宇　　　责任编辑：岳昌庆　胡　宇
美术编辑：毛　佳　　　装帧设计：天之赋
责任校对：李　菡　　　责任印制：李　啸

"青少年科技竞赛活动项目评估及跟踪管理"
课题领导及执行机构

领导机构：

中国科学技术协会青少年科技中心

专家组：

李晓亮　中国科学技术协会青少年科技中心主任

蒙　星　中国科学技术协会青少年科技中心副主任

彭　希　中国科学技术协会青少年科技中心国际交流处原处长

辛　涛　教育部基础教育质量监测中心副主任、北京师范大学心理学院教授

执行单位：

北京师范大学教育经济研究所

课题主持人：

胡咏梅　北京师范大学教育经济研究所副所长、教授

核心成员：

朱　方	处长	中国科学技术协会青少年科技中心国际交流处
李冬晖	博士、副研究员	中国科学技术协会青少年科技中心国际交流处
薛海平	博士、副教授	首都师范大学教育学院
侯龙龙	博士、副教授	北京师范大学教育经济研究所
郑　磊	博士、讲师	北京师范大学教育经济研究所
张鼎权	博士、讲师	北京师范大学教育学部培训学院
陈立军	负责人	全国青少年科技创新活动服务平台
石剑波	项目主管	全国青少年科技创新活动服务平台
韩明祜	研发人员	全国青少年科技创新活动服务平台
连小鹏	研发人员	全国青少年科技创新活动服务平台
张　彪	研发人员	全国青少年科技创新活动服务平台

李 超	研发人员	全国青少年科技创新活动服务平台
王志斌	研发人员	全国青少年科技创新活动服务平台
胡 轶	研发人员	全国青少年科技创新活动服务平台
张 彬	研发人员	全国青少年科技创新活动服务平台
谢先印	研发人员	全国青少年科技创新活动服务平台
刘昌侃	研发人员	全国青少年科技创新活动服务平台
王伟伟	研发人员	全国青少年科技创新活动服务平台
卢 珂	博士	北京师范大学教育经济研究所
段鹏阳	博士研究生	北京师范大学教育经济研究所
杨素红	博士研究生	北京大学教育学院
杨玉琼	硕士	北京师范大学教育经济研究所
卢永平	硕士	北京师范大学教育经济研究所
刘亚蕾	硕士	北京师范大学教育经济研究所
李真真	硕士	北京师范大学教育经济研究所
郭俞宏	硕士	首都师范大学教育学院
王 飞	硕士	首都师范大学教育学院
冯 羽	硕士研究生	北京师范大学教育经济研究所
范文凤	硕士研究生	北京师范大学教育经济研究所

序

我国正处在建设全面小康、走向文化强国之际。长远来看，我们正经历着国家现代化、民族复兴的历史进程。就科学、技术方面来看，必须尽快达到和持续保持世界先进水平。我国群众目前具有良好科学素养的比例不高，各方面的核心技术多数不掌握，特别是原创性的基础科学研究和高端技术与世界先进水平有很大的差距。这些都是需要几代人坚持奋斗的重大、长期、艰巨的科学、技术方面的历史任务。

为此，我们必须从青少年抓起，广泛开展青少年的科技活动，不断地提高活动的质量。这不仅是不断发现和培养突出的科学、技术精英苗子，保证不断有高质量的科学、技术后备队伍输送到前沿的有力措施，而且是广泛提高一代又一代群众的科学素养的有效途径。世界各国，特别是科学、技术先进的国家都十分重视开展青少年科技活动。

我国从20世纪50年代开始，著名数学家华罗庚倡导学习苏联开展数学奥林匹克竞赛的经验，亲自组织和领导一批数学家在我国开展了数学奥林匹克竞赛，取得了很好的效果。从1982年开始，由中国科协、教育部、国家自然科学基金委员会以及有关部委先后共同主办了全国青少年科技创新大赛、"明天小小科学家"奖励活动、全国中学生五项学科奥林匹克竞赛活动，至今已有数十年的历史。这三项竞赛活动对培养青少年的创新能力和提高科学素养起到了不小的作用，有着广泛的社会影响。

作为主办单位之一的中国科学技术协会（以下简称中国科协）多年来一直为以上三项赛事做了大量的组织、管理工作，保证了赛事的正常进行和发展。考虑到工作已经开展近三十年，为使赛事工作达到更高水平并保证以后能不断提高，需要进行一次系统的评估并建立评估体系。在基金委资助下，中国科协青少年科技中心设立了"青少年科技竞赛活动项目评估及跟踪管理"项目，委托北京师范大学教育经济研究所承担该项目的研究工作，其研究成果形成为此书。本书总结了大规模搜集的数据和个案调查材料，研发和采用青少年科学素质测评工具，对竞赛活动的有关方面进行了分析和评估。这些研究工作既是我国首次对三大赛事进行的项目评估，同时积累了大量有关素材和提供了一些质量较高的测评工具，对今后的有关工作是有意义的。

借这次评估总结、该项目主持人邀我作序的机会，对今后青少年科技竞赛活动的开展提几点希望。

我认为有关青少年的这类大规模赛事的兴办，社会和学校不应强加赛事过多功能，家长要减少功利思想，鼓励青少年从国家和社会的需要出发积极地参加，注重基本素养的形成。在工作中，充分利用青少年的好奇心和活泼好动的天性，培养对科学、技术的浓厚兴趣；积极发现、提出问题；肯于动手动脑，勤于思考、探索，锲而不舍；在指导老师启发、引导下，发挥青少年运用已学知识、技能，自己想办法解决问题的积极性；切忌大量的灌输，知识的堆砌，单纯记忆与模仿。养成一种正确的思维习惯，和进行科学探讨的素养。以期科学、技术拔尖人才的幼苗更早、更多地脱颖而出；越来越多的竞赛参加者能够在参赛过程中不断提升自身的科学素养，满足社会发展的要求。

最后祝贺本书的出版发行，并预祝在今后的科技工作中发挥作用。

北京师范大学数学科学学院
严士健
2012-03-09

目 录
CONTENTS

附 录 **237**

第1章 导 论

1.1 研究背景、问题及意义

面对世界科学技术飞速发展、知识经济已现端倪，国力竞争日趋激烈的国际形势，各国政府都非常重视科技创新后备人才的选拔与培养工作，西方发达国家和国际组织自20世纪中叶开始陆续开展了许多针对青少年的科技竞赛活动，如美国的科学人才选拔赛（Science Talent Search，STS，始于1942年）、英特尔国际科学与工程大奖赛（Intel International Science and Engineering Fair，Intel ISEF，始于1950年）、美国MSP中学项目竞赛（Middle School Program，始于1999年）、美国FIRST系列机器人竞赛（For Inspiration and Recognition of Science and Technology，包括针对6～14岁青少年的始于1998年的FLL竞赛、针对高中学生的始于1992年的FTC和FRC竞赛）、头脑奥林匹克竞赛（OM，始于1976年）、欧盟的科技奥赛（European Union Science Olympiad，EUSO，始于2003年）以及瑞典的斯德哥尔摩青少年水奖竞赛（始于1997年），等等。开展这些青少年科技竞赛活动的目的主要有三个方面：一是通过科技竞赛激发和挑战天才学生，开发他们个人的才智；二是推动科学事业的发展，吸引和鼓励更多的青少年立志从事科学事业；三是促进国内、国际青少年间的科技交流，推进和提高各国的科学教育水平。

我国青少年科技竞赛活动经过30年的不断发展和完善，已初步形成以全国青少年科技创新大赛（China Adolescents

Science & Technology Innovation Contest，CASTIC，始于 1982 年）、"明天小小科学家"奖励活动（Awarding Program for Future Scientists，APFS，始于 2000 年）、中国青少年机器人竞赛（China Adolescent Robotics Competition，CARC，始于 2001 年）以及全国中学生五项学科奥林匹克竞赛活动（物理、化学和信息学奥赛始于 1984 年，数学奥赛始于 1986 年，生物学奥赛始于 1992 年）为四大品牌的科技竞赛体系。这些竞赛活动的开展显著提升了我国青少年的科学素质，增强了青少年的科学兴趣，促使青少年形成了良好的科学态度和价值观。

作为以上四项赛事的主办单位之一，中国科协青少年科技活动中心不断探索适应我国基础教育改革和全面实施素质教育形势下的青少年科技教育活动体系，改革与完善各项赛事的组织与管理体系，积极推进竞赛项目的信息化、科学化管理。而且，青少年科技创新大赛活动已经开展近三十年，中学生学科奥赛也有二十多年历史，"明天小小科学家"奖励活动也已经举办了 10 届，所以急需建立重要竞赛项目的监测和评价体系，以便及时诊断各项竞赛活动举办中的问题，定期评估竞赛项目在选拔和发现具有科学研究潜质的优秀青少年、提高广大青少年科学素质、激发和增强青少年科学兴趣、鼓励优秀青少年立志从事科学事业等方面的作用。

本研究试图回答以下问题：

1. 我国青少年科技竞赛活动发展状况如何？

2. 目前我国高中生参与科技竞赛的主要目的有哪些？参赛能否提升高中生的科学素质和创新能力？参赛对高中生的科学兴趣、科学态度和价值观的影响程度有多大？竞赛获奖能否激励优秀高中生立志从事科学研究事业？

3. 我国高中生科学素质水平如何？影响高中生科学素质的关键因素有哪些？科技竞赛对高中生科学素质的影响效应有多大？

4. 青少年科技竞赛对科技创新人才成长的重要作用有哪些？科技创新人才成功的内因和外因是什么？

5. 如何改进我国青少年科技竞赛项目的审查机制、筛选机制和激励机制？

本研究工作是我国首次对全国青少年科技创新大赛、"明天小小科学家"奖励活动以及全国中学生五项学科奥林匹克竞赛活动进行项目评估，也是首次对全国部分省区高中生进行大规模的科学素质测评。竞赛项目评估工具的研发，为今后定期科学评估青少年科技竞赛项目影响力提供了质量较高的测评工具。此外，本研究建构了国内主要赛事与国外赛事的比较框架，并在此基础上提出改进我国青少年科技竞赛项目机制的若干参考性建议。

1.2　研究方法及分析框架

1.2.1　研究方法

　　研究主题在于评估青少年科技竞赛项目及对竞赛项目作国际比较，因而本研究主要采用项目评估的方法和比较研究方法。具体来说，采用问卷调查方法对我国青少年科技竞赛发展状况、高中生参与科技竞赛的情况进行统计分析；采用编制的青少年科学素质测评试卷对部分参赛高中生进行科学素质测评，并依据经典测量理论和现代测量理论（项目反应理论）对测评工具进行质量分析；采用两水平回归模型分析影响高中生科学素质的因素，并采用倾向得分匹配法评估科技竞赛在提升学生科学素质中的作用；采用个案研究方法探索科技创新人才成长规律，揭示科技竞赛对其成长的影响；采用比较研究和理论分析方法对我国青少年科技创新大赛、"明天小小科学家"奖励活动与英特尔国际科学与工程大赛、美国科学人才选拔赛进行对比分析，提出改进我国青少年科技竞赛项目的参考性建议。

1.2.2　分析框架

　　研究分为两大部分：一是关于青少年科技竞赛项目评估；二是青少年科技竞赛项目国际比较研究。青少年科技竞赛项目评估从以下四个方面来考查：1. 我国青少年科技竞赛活动发展状况统计分析；2. 高中生参与科技竞赛情况及影响分析；3. 高中生科学素质测评及科技竞赛影响效应评估；4. 青少年科技竞赛对科技创新人才成长影响的个案研究。青少年科技竞赛项目的国际比较研究主要是对我国青少年科技创新大赛、"明天小小科学家"奖励活动与英特尔国际科学与工程大赛、美国科学人才选拔赛进行比较，从竞赛项目基本情况、竞赛审查机制、筛选机制以及激励机制等方面开展比较研究。具体分析框架参见图 1-1。

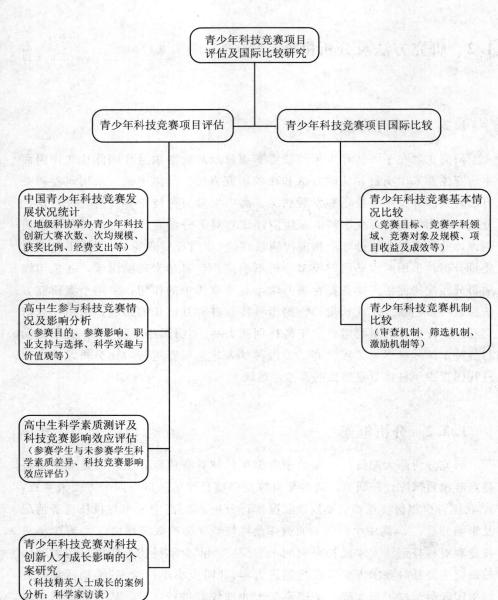

图 1-1　分析框架

1.3　样本分布

　　为了评估青少年科技竞赛项目①对我国高中生科学素质的影响，我们于
2010 年 4～5 月，先后对辽宁、湖北、四川、福建和甘肃五省部分高中学生进
行了科学素质测评和问卷调查。此外，对参加 2010 年五项学科奥林匹克竞赛
国家集训队、数学和信息学科奥赛冬令营或选拔赛观摩学生以及"明天小小科
学家"奖励活动决赛学生（统称为集训队样本，下同）的学生也同样进行了
调研。

　　本研究正式调研有效样本学生 3 056 名，其中五省调研有效样本学生
2 497 名，集训队有效样本学生 559 名。总样本分布状况参见表 1-1。由此表
知，来自西部的样本学生比例最大（45.9%），来自中部的样本学生比例最低
（22.7%）。这与我们在西部甘肃选取了两个城市（一个是省会城市，另一个是
一般城市）调研有关，其他四省均只选取了省会城市。来自省会城市的样本学
生比例最大（77.2%），县级市比例最低（9.4%）。来自省级示范性高中的样本
学生比例最大（62.4%），其次为来自市级示范性中学的样本学生比例
（15.8%），来自非示范性中学的样本学生比例最低（10.4%）。尽管我们是在
每个城市各选择了一所普通高中和一所示范性高中，但由于示范性高中规模
通常比普通高中大，而且集训队样本中来自省级示范性高中的学生比例过大，
导致总样本中省级示范性高中的样本学生比例相对较高。来自重点班或实验
班样本学生比例（55%）比普通班比例（45%）略高。我们在每所中学高一和高
二年级各选择一个重点班（或实验班）和一个普通班，因而两者比例相差不大。
样本中男生比例（62%）显著高于女生（38%），这可能与我们选择的省级重点
中学比例过大有关，女生进入省级示范性中学的比例很可能明显低于男生，
另外集训队样本中女生比例（13.3%）远低于男生（86.7%）也是造成这一结果
的重要原因。样本中汉族学生比例为 97%，远远高于少数民族学生比例
（3%），这主要是与我们调研的城市均不属于少数民族聚居地区有关。

---

　　①　为简便起见，本书中多数情形将青少年科技
创新大赛、"明天小小科学家"奖励活动与五项学科奥
林匹克竞赛统称为青少年科技竞赛，仅在考查不同类
型竞赛学生分布时将前两种竞赛称为科技竞赛，后一
种竞赛称为学科竞赛。

表 1-1 总样本分布状况

分类		学生数①	百分比
地区②	东部	945	31.4%
	中部	684	22.7%
	西部	1 387	45.9%
	合计	3 016	100%
学校所在地③	省会城市	2 313	77.2%
	一般城市	401	13.4%
	县城	281	9.4%
	合计	2 995	100%
是否重点校④	省级重点	1 873	62.4%
	市级重点	475	15.8%
	县级重点	343	11.4%
	非重点校	313	10.4%
	合计	3 004	100%
是否重点班	重点班或实验班	1 548	55.0%
	普通班	1 267	45.0%
	合计	2 815	100%
性别	男	1 861	62.0%
	女	1 142	38.0%
	合计	3 003	100%
民族	汉族	2 922	97.0%
	少数民族	89	3.0%
	合计	3 011	100%

① 学生数不包括缺失值,故学生所占比例为有效比例。

② 所属地区分为东中西部,根据样本分布实际情况,本文东部地区包括北京、天津、河北、辽宁、上海、江苏、浙江、福建、山东、广东、海南;中部地区包括山西、吉林、黑龙江、安徽、江西、河南、湖北、湖南;西部地区包括重庆、四川、贵州、云南、陕西、甘肃、宁夏、新疆、广西。

③ 学校所在地分为省会城市、一般城市、县城三类。

④ 重点校是指各不同级别的示范校,本研究将是否重点校分为省级重点、市级重点、县级重点和非重点校,如省级重点校为省级示范校。

第2章 中国青少年科技竞赛项目发展历史与现状

2.1 中国青少年科技竞赛项目发展历史

　　1978年是当代中国历史上极为重要的一年。中国政府为了解放和发展社会生产力,实现四个现代化,开始实施改革开放政策。十年"文化大革命"使中国社会生产力发展缓慢,科技教育落后,科技后备人才面临短缺局面。1978年3月在北京召开的全国科学大会上,中国一些著名科学家和科普工作者为解决科技后备人才短缺问题,筹划通过举办各类科普活动,加速培养青少年科技后备人才。1979年10月3日,由中国科协、教育部、国家体委和共青团中央联合举办了"首届全国青少年科技作品展览"(以下简称"青科展")。结合"青科展"模式所体现的有益经验,全国青少年科技活动领导小组开始筹备组织"全国青少年发明创造比赛和科学讨论会"。1982年8月12日,第一届全国青少年发明创造比赛和科学讨论会在上海举行,以后每两年举办一次。2000年,此竞赛活动更名为全国青少年科技创新大赛,2002年竞赛改为每年举办一届①。

　　举办青少年科技竞赛项目的意义正如中国科协名誉主席、中国科学院前院长周光召在第八届全国青少年发明创造比赛和科学讨论会闭幕暨颁奖大会上讲话所指出的:"从小培养青

---

　　① 翟立原. 中国青少年科技创新大赛的发展历程[J]. 科普研究,2008(4):11—14.

少年的科学想象力和技术创新能力，学习用辩证唯物主义、历史唯物主义的科学的世界观和方法论去认识世界和解决问题，这对于造就一支宏大的、具有较高思想道德素质和科学文化素质的科技战线后备队伍具有重要意义。"

跨入新世纪，在"科教兴国"和"人才强国"的战略指导下，青少年科技竞赛项目有了更优越的社会环境，各级政府和社会各界为青少年科技竞赛项目的蓬勃发展提供了越来越多的支持。全国中学生五项学科奥林匹克竞赛、"明天小小科学家"奖励活动、中国青少年机器人竞赛等活动也相继开始举办。青少年科技竞赛项目的类型更加丰富，形式更加多样，参与人群更加广泛，规模不断扩大，较为完善的青少年科技竞赛项目体系初步形成。全国青少年科技创新大赛、"明天小小科学家"奖励活动、中国青少年机器人竞赛、全国中学生五项学科奥林匹克竞赛是其中四项具有广泛影响的品牌活动。

2.2　中国青少年科技竞赛主要项目介绍

2.2.1　全国青少年科技创新大赛

全国青少年科技创新大赛是由中国科协、教育部、科学技术部、国家发展改革委员会、环境保护部、国家体育总局、共青团中央、全国妇联、国家自然科学基金委和承办省(自治区、直辖市)人民政府共同主办的一项全国性的青少年科技竞赛活动。

全国青少年科技创新大赛的历史追溯到三十多年前、我国改革开放之初的 1979 年 10 月，中国科协、教育部等在北京举办了"首届全国青少年科技作品展览"。这次展览得到了党和国家领导人的重视，邓小平同志为活动题词："青少年是祖国的未来，科学的希望！"这就是"全国青少年科技创新大赛"的前身。以后的三十多年里，在党和国家领导人以及众多老一辈科学家的重视、关心和大力支持下，中国科协牵头先后举办了两项全国性的大型青少年科技活动，即"全国青少年发明创造比赛和科学讨论会"(始于 1982 年，2000 年更名为"全国青少年科技创新大赛")和"全国青少年生物与环境科学实践活动"(始于 1991 年)。这两项活动均为每两年举办一届，隔年交替在全国各地轮流举行。从 1982 年起，已先后在上海、昆明、兰州、北京、沈阳、成都、南宁、长沙、天津、西宁、香港、呼和浩特、合肥、福州等地举办。为适应我国青少年科技活动发展的状况和前景，也为了与国际上青少年科技交流活动相接轨，主办单位从 2001 年开始着手对这两项活动进行改革，将两项活动进行了整合，届数相加，定名为"全国青少年科技创新大赛"，每年举办一届。活动内容包括上述两项活动的全部内容①。

创新大赛的活动分学生、科技辅导员两大板块和竞赛、展示两个系列。竞赛系列活动包括青少年的科技创新成果竞赛和科技辅导员科技创新成果竞赛。青少年科技创新成果是青少年在科技实践活动和研究性学习过程中产生的发明创造作品和科学研究论文等；科技辅导员科技创新成果竞赛是科技辅

---

① 国家科学技术委员会. 中国科学技术指标 1994[M]. 北京：科学出版社，1995：113—126.

导员开展科技教育活动的经验、成果及所设计的科技教育活动方案和发明作品的评选。展示系列活动包括优秀科技实践活动展览、科学幻想绘画获奖作品展览、青少年科学 DV 展览等。

"全国青少年科技创新大赛"具有广泛的活动基础,从基层学校到全国大赛,每年约有 1 000 万名青少年参加不同层次的活动,经过选拔挑选出 500 名左右的青少年科技爱好者、200 名左右科技辅导员一起进行竞赛、展示和交流活动,成为展示青少年科技创新活动的最新成果、展现青少年风采的一次盛会。

每年的终评决赛在 7 月底 8 月初举办,共有来自全国 31 个省(自治区、直辖市)、以及新疆生产建设兵团、香港特别行政区、澳门特别行政区和军队子女学校共 35 支代表队参加为期四天的公开展示、技能测评、素质测评和封闭问辩等活动。同时,邀请其他国家的国际代表参加展示和交流自己的研究项目。

每届比赛学生竞赛板块终评评选出一、二、三等奖,其中一等奖 15%(约75 项)、二等奖 35%(约 150 项)、三等奖 50%(约 200 项)。从 2002 年第 17届大赛起,获得全国大赛一、二等奖的高中应届毕业生给予高考保送资格。除主办单位针对学生项目、优秀辅导员、优秀科技实践活动和优秀科幻画所设的奖项外,还有基金会、全国学会、知名高校等设立的专项奖,这无疑是献给热爱科技创新的青少年们的又一份厚礼。

经过多年的不断发展和完善,创新大赛积累了丰富的经验,在活动内容、活动形式等各方面不断汲取国内外的成功经验,使创新大赛能够紧紧把握时代脉搏,体现时代精神,围绕青少年创新精神和实践能力的培养,做出了特色,做出了品牌,在广大青少年和社会各界中产生了广泛而深远的影响。目前,"全国青少年科技创新大赛"是我国中、小学各类科技活动优秀成果集中展示的一种形式,已成为我国国内面向在校中小学生开展的规模最大、层次最高的青少年科技教育活动。近五年来,共有约 5 000 万人次的青少年参加不同层次的活动,2 800 余名青少年科技爱好者、600 余名科技辅导员教师获得奖励。大赛突出青少年创新精神和实践能力的培养,突出"节约能源资源""保护生态环境""低碳生活"等与国家发展密切相关的内容,在活动内容、活动形式等各方面不断创新,社会影响力不断提升。目前,大赛已成为展示中国中小学各类优秀科技创新成果的重要形式和展示青少年科技创新才能与风采的盛会,成为中国科技界和教育界联合培养优秀青少年人才的不可替代的重要平台和选拔青少年科技创新人才的有效途径。

当前,全国青少年科技创新大赛不仅是国内青少年科技爱好者的一项重要赛事，而且已与国际上许多青少年科技竞赛项目建立了联系，每年都从大赛中选拔出优秀的科学研究项目参加英特尔国际科学与工程大奖赛（Intel ISEF）、欧盟青少年科学家竞赛等国际青少年科技竞赛项目。近几年来，我国青少年在国际科技竞赛中均取得了十分优异的成绩。

2.2.2 "明天小小科学家"奖励活动

"明天小小科学家"奖励活动由时任教育部副部长韦钰院士于 2000 年倡导创立。首届活动由教育部和李嘉诚基金会主办，中国科协承办，名称为"长江小小科学家奖励计划"。自第二届起，活动由教育部、中国科协、香港周凯旋基金会共同主办，名称改为"明天小小科学家"奖励活动。前三届活动申报学生包括初中和高中，申报者研究成果须为国内外科技类竞赛已获奖项目。2003 年，借鉴历史悠久的美国西屋人才培养计划经验，经主办单位商定，明确活动定位于选拔和培养青少年科技后备人才，鼓励他们立志投身于自然科学研究事业，并对组织实施的办法、申报资格和方式、评审的标准和方式等方面进行了重大调整。活动旨在贯彻落实《全民科学素质行动计划纲要》和《未成年人科学素质行动实施方案》，通过重点考查学生的创新意识、研究能力、知识水平、综合素质，发现一批具有科学潜质和发展后劲的学生，向著名高等院校推荐，并资助他们进入大学后，继续进行研究活动，鼓励他们投身于自然科学研究事业，立志成为未来优秀的科学家。该项活动同时奖励获奖学生所属学校，以及为学生研究活动提供支持的辅导机构，以推动青少年科学教育广泛深入开展。

自 2006~2010 年，该项活动共举办五届，接受 2 312 名高中二年级学生申报，有 1 992 名学生通过审查获得评审资格，共有来自国内重点大学和研究机构的 649 名教授或研究员参与评审工作，评选出一等奖 50 名、二等奖 150 名、三等奖 298 名，并从一等奖中选出"明天小小科学家"年度称号获得者 15 名。据统计，2005~2008 年 40 名一等奖获得者中，就读于清华大学 17 人、北京大学 13 人、香港中文大学 2 人、美国麻省理工 1 人、哥伦比亚大学 1 人、北京航空航天大学 2 人、其他国内重点大学 4 人。事实证明，该项活动受到社会各界的关注和肯定，凸显出权威性和公信力，发挥了示范和辐射作用，已经发展成为我国科技创新人才培养体系中重要的品牌活动。

2.2.3　中国青少年机器人竞赛

中国青少年机器人竞赛是由中国科协和承办省（自治区、直辖市）人民政府共同主办的一项将知识积累、技能培养、探究性学习融为一体的，面向全国青少年的科学普及活动。该活动旨在以丰富多彩、形式多样的机器人探究项目，培养青少年的创新精神和动手实践能力，激发他们对科学技术以及机器人研究应用的兴趣，提高广大青少年科学素质。同时，该活动还选拔国内优秀的青少年参与国际青少年机器人竞赛和交流活动，如国际青少年机器人竞赛、FLL 机器人世界锦标赛、FVC 机器人工程挑战赛等。

中国青少年机器人竞赛每年暑期举办一次。由中国科协和承办省（自治区、直辖市）人民政府主办，由中国科协青少年科技中心、承办省（自治区、直辖市）科协承办及有关部门协办。中国青少年机器人竞赛的比赛项目是根据我国中小学机器人科技活动和国际青少年机器人竞赛活动的发展进行安排。比较经常性的比赛项目有机器人创意比赛、机器人基本技能比赛、机器人足球比赛、VEX 世界锦标赛和 FVC 机器人工程挑战赛等。

凡竞赛前在校就读的中小学生（包括中专、中技、中师、中职）均可参加各省（自治区、直辖市）举办的竞赛活动，各地通过省级竞赛选拔优秀代表队组成省参赛代表团参加全国竞赛活动。各参赛代表团以本省（自治区、直辖市）名称命名。参赛队按小学、初中、高中三个组别组建，不允许跨组别。竞赛组委会根据各省（自治区、直辖市）组织的比赛规模，按照一定比例下发参赛申报名额。各省（自治区、直辖市）根据限定的名额数，择优向竞赛组委会进行申报。每名参赛选手只能申报参加一个竞赛项目。设立如下奖项：各单项赛事设一、二、三等奖；若干专项奖；优秀组织单位奖、优秀教练员奖和特殊贡献奖；选拔优秀队伍组成中国青少年机器人竞赛代表队参加相关国际比赛。

2001 年首届竞赛以来，已举办了 11 届。第一届中国青少年机器人竞赛于 2001 年在广州市南沙科技馆举办，当时叫"全国青少年电脑机器人竞赛"，参赛的仅有十多个省市 200 多名学生参加，霍英东先生亲临比赛现场，给小选手们加油鼓劲。当年，全国竞赛组委会应亚太地区青少年机器人奥林匹克竞赛组委会的邀请，首次组队参加了在香港举办的亚太地区青少年机器人奥林匹克竞赛。比赛中，我国选手一举夺得中学组、小学组两个团体总分第一名和多个单项奖的金牌，震惊了亚太各国。第二届中国青少年机器人竞赛于

2002 年继续在广州南沙科技馆举行，有近二十个省市的 500 多名中小学生、科技辅导员和 80 多个代表队参加比赛。第三届至第十一届中国青少年机器人竞赛分别在河南、广西、陕西、云南、重庆、湖南、青海、北京、河南举行，竞赛规模不断扩大，规格不断提高，经验不断丰富，成绩不断攀升。自 2006～2010年，共计约有 6 000 名青少年、2 000 名教练、2 000 多支队伍参加全国级别的决赛，各地的爱好者更是不计其数。目前，中国青少年机器人竞赛这一高科技的竞技赛事，已成为国内科技、教育界一致认同的一项青少年科技创新的重要赛事，作为一项富有时代性、创新性、参与性和普及性，适应当代青少年需求，深受当代青少年欢迎的智力开发活动，在全国各地产生了广泛的社会影响。

2.2.4　全国中学生五项学科奥林匹克竞赛活动

全国中学生五项学科奥林匹克竞赛活动包括数学、物理、化学、生物和信息学竞赛，是由中国科协所属中国数学会、中国物理学会、中国化学会、中国计算机学会、中国动物学会和中国植物学会六个学会主办，并得到教育部及各级教育主管部门支持。该竞赛是一项面向全国中学生的学科竞赛活动，其宗旨是向中学生普及科学知识，激发他们学习科学的兴趣和积极性，为他们提供相互交流和学习的机会；促进中等学校科学教育改革。通过竞赛和相关活动培养和选拔优秀学生，为参加国际学科奥林匹克竞赛选拔参赛选手。全国五项学科竞赛属于课外活动，坚持学有余力、有兴趣的学生自愿参加的原则，是在教师指导下学生研究性学习的重要方式。每年，通过全国学科奥赛选拔优秀的中学生组成国家集训队，依托北京大学、清华大学、复旦大学等著名院校，由专家和领队对学生进行培训和进一步选拔，最后组成中国代表队参加国际学科奥林匹克竞赛。

国际学科奥林匹克竞赛是世界上最有影响的中学生学科竞赛活动，其宗旨是促进科学知识的普及，培养中学生对科学知识的兴趣。中国在 1985 年首次派队参加这项活动。二十多年来，中国学生取得了优异的成绩：截至 2006年，中国共派出了 441 名中学生参赛，共获得金牌 306 枚、银牌 99 枚、铜牌32 枚。参加这项活动对于促进我国科学教育的发展，加强各国优秀青少年间的交流与友谊，发现和培养科技后备人才等方面都起到了积极的作用。同时，这项活动得到了国家的重视和支持，并在社会上具有良好的声誉。除派队出国参加竞赛，我国还于 1990 年、1994 年、1995 年、2000 年、2005 年分别成功举办了国际数学、物理、化学、信息学和生物奥林匹克竞赛。

2.3 中国青少年科技竞赛项目特点

1. 政府大力支持

中国青少年科技竞赛项目一直得到中央和地方政府的大力支持和经费资助。近年来，国家相继出台《国家中长期科学和技术发展规划纲要》《全民科学素质行动计划纲要》《国家中长期教育改革和发展规划纲要》《国家中长期人才发展规划纲要》等重要政策文件，明确提出要提高全民族科学文化素质，营造有利于科技创新的社会环境，提出了一系列完善青少年科学教育和科普活动的行动措施，促进中国青少年科技竞赛项目不断向纵深发展。教育部对竞赛项目开展给予具体指导，对竞赛获奖学生制定了奖励政策。国家自然科学基金委员会对项目给予经费资助。政府对青少年科技竞赛项目的重视和支持，推动了我国青少年科技竞赛活动的迅速发展。

2. 社会团体组织实施

全国青少年科技创新大赛、"明天小小科学家"奖励活动、中国青少年机器人竞赛这三项竞赛项目的具体组织实施工作都是由中国科协这一社会团体承担的。全国中学生五项学科奥林匹克竞赛是由中国科协主管、各相关全国性学会主办。各省、市、县级科协会同相关机构负责组织、实施本级别的竞赛项目，并向上一级竞赛组委会推荐优秀选手或作品参加层层选拔。各级科协组织在政府的指导和经费支持下，充分发挥了科普工作主力军的作用，与妇联、共青团等其他非政府公益组织一起密切合作，多年来开展了一系列青少年校外科技竞赛和科技教育活动。

3. 基层学校鼓励和支持学生参与

中、小学校是开展各类青少年科技竞赛项目的最基层组织，担负着实施科学教育、提高青少年科学素质的重任。许多学校为鼓励学生踊跃参与科技竞赛项目创设良好环境和条件，比如举办科技节，成立各类科学社团或兴趣小组，为参与竞赛项目的学生和科技辅导教师提供科学实验设备、设施，负担参加各级别科技竞赛项目的费用。此外，对于科技竞赛获奖学生和辅导教师，学校还给予物质和精神奖励。

4. 广大青少年积极参与

青少年科技竞赛项目侧重考查青少年学生的创新思维和动手实践能力，竞赛活动类型丰富，组织形式多样，竞赛内容新颖，激发了广大青少年的科学兴趣，吸引了全国各地有科学志向的青少年积极参与。此外，各级政府也出台了一系列的优惠政策，如中考加分、高考加分、高考保送和自主招生推荐资格，从一定程度上调动了青少年和科技教师的参赛积极性。目前，全国每年都有超过 1 000 万的青少年和科技教师参加各级别的科技竞赛项目。

5. 与国际竞赛接轨

中国青少年科技竞赛项目自创立就与国际上相关竞赛项目接轨，如全国青少年科技创新大赛选拔出的优秀选手参加国际科学与工程学大奖赛和欧盟青少年科学家竞赛等，中国青少年机器人竞赛优胜学生参加 FLL 机器人世界锦标赛、VEX 机器人世界锦标赛，全国中学生五项学科竞赛选拔出的优秀选手参加国际五项学科奥林匹克竞赛等。国内优秀青少年与国外青少年的同台竞技、展示与交流，对他们开阔科技视野，体验科学探究的乐趣、坚定科学志向具有不可忽视的作用，有利于促进科技创新后备人才的成长与发展。

第3章 中国青少年科技竞赛活动发展状况统计分析

　　中国青少年科技竞赛活动发展状况统计分析报告主要包括三个部分：第一部分为2004~2009年我国青少年科技创新大赛活动发展状况，考查各省（自治区、直辖市）以及东、中、西部地区开展和举办青少年科技创新大赛活动的状况；第二部分为早期科技和学科竞赛获奖者基本信息统计，对早期科技和学科竞赛获奖者信息进行较为系统的追踪和梳理；第三部分为本研究正式调研样本的分布描述，以考查目前我国高中生参与科技和学科竞赛活动的分布状况。

　　数据主要包括：2005~2010年《中国科学技术协会统计年鉴》数据、2005~2010年《中国统计年鉴》数据、中国科协青少年科技中心提供的历年参赛学生数据和通过网络搜索的早期参赛学生数据以及课题组对辽宁、福建、甘肃、湖北、四川五省部分高中学生和2010年学科奥赛国家集训队、"明天小小科学家"奖励活动决赛学生等的调研数据。

3.1　2004～2009 年全国青少年科技创新大赛活动发展状况

全国青少年科技创新大赛（以下简称创新大赛）是面向全国青少年和科技辅导员开展的一项具有示范性和导向性的综合性科技竞赛活动，其宗旨和目的是为全国青少年和科技辅导员搭建一个科技创新活动成果展示交流的平台，强化和培养科学道德、创新精神和实践能力，提高科学素质，培养优秀科技创新型后备人才，推进建设创新型国家进程。参赛者要首先参加基层（学校、县、市、省）的选拔活动，选拔比赛的优胜者，由各省（自治区、直辖市）按规定名额和要求推荐参加全国青少年科技创新大赛。

对于青少年科技创新大赛活动发展状况的分析，主要分省份和东、中、西部地区考查地级科协举办创新大赛活动的状况，一方面反映地方政府、科技和教育部门对青少年科技创新大赛的重视程度；另一方面反映青少年科技创新大赛的普及程度和影响力。考查指标包括：地级科协举办创新大赛次数、参赛总人数、参赛人数占中小学在校生的比例、次均参赛人数、获奖比例以及青少年科技活动经费支出。数据主要来源于 2005～2010 年《中国科学技术协会统计年鉴》和《中国统计年鉴》。

3.1.1　地级科协举办创新大赛次数

图 3-1 呈现了全国 30 个省（自治区、直辖市）[①]地级科协举办创新大赛次数。由该图知，2004～2009 年间，全国超过半数省份地级科协每年举办创新大赛的次数在 8～16 次，全国均值维持在 13 次左右。值得注意的是，2009年，天津、辽宁、湖北和甘肃四个省份地级科协举办创新大赛的次数显著超出往期水平，湖北和甘肃更是分别达到 161 次和 827 次，这也导致 2009 年 30个省份地级科协举办创新大赛次数的均值高达 46 次。

从东、中、西部地区来看，2004～2008 年，东部省份地级科协举办创新大赛的平均次数为 16 次，中部省份和西部省份分别为 12 次和 11 次。详见图 3-2。

---

① 由于西藏自治区地级科协举办创新大赛次数在多个年份为 0，故不在统计之内。

2009 年，受湖北和甘肃两个省份影响，中部和西部省份地级科协举办创新大赛的平均次数分别达到 27 次和 99 次，东部省份为 21 次。

纵观 2004～2008 年，全国各省份地级科协举办创新大赛的次数变动不大，2009 年，个别省份举办创新大赛的次数明显提升。从地区分布来看，除 2009 年外，东、中、西部省份举办创新大赛的平均次数依次递减，表明创新大赛在中部和西部省份受到的重视程度和普及程度总体不如东部省份，但是湖北和甘肃对于创新大赛的重视明显高于同一地区其他省份。

本研究实际调研的五省中，东部地区的辽宁、中部地区的湖北和西部地区的甘肃对创新大赛的重视程度都高于同一地区的其他省份和全国平均水平；东部地区的福建和西部地区的四川对创新大赛的重视程度有待加强。

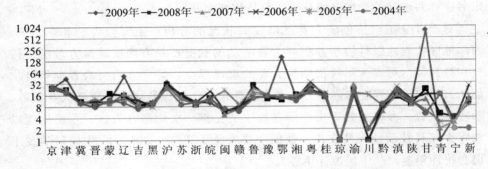

图 3-1　2004～2009 年各省地级科协举办创新大赛次数

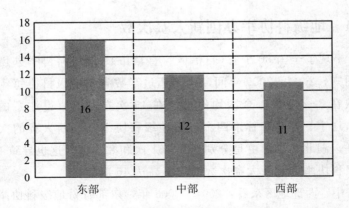

图 3-2　2004～2008 年分地区地级科协举办创新大赛的年均次数

3.1.2 地级科协举办创新大赛参赛人数及所占比例

图 3-3～图 3-8 分别从各省份和东、中、西部地区描绘了地级科协举办创新大赛的历年参赛人数、地级科协举办创新大赛的总参赛人数及参赛人数占中小学在校生的比例。创新大赛的参赛人数及所占比例不但与各省份地级科协举办创新大赛的次数有关，同时也受限于各省份中小学在校生规模。

从 2004～2009 年历年参赛人数来看，绝大多数省（自治区、直辖市）创新大赛历年参赛人数在 20 万人以下，而全国各省平均参赛人数在 8 万～9 万人。从东、中、西部地区来看，东部地区省份平均每年参赛人数为 89 827 人，中部地区省份为 119 869 人，西部地区省份平均每年参赛人数为 46 647 人，远远低于东部和中部地区省份。在不同年份参赛规模的波动方面，西部地区各省不同年份参赛规模的波动程度高于东部和中部地区省份。详见图 3-3 和图 3-4。

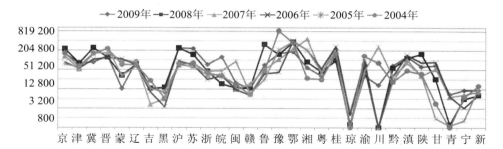

图 3-3 2004～2009 年各省份地级科协举办创新大赛历年参赛人数

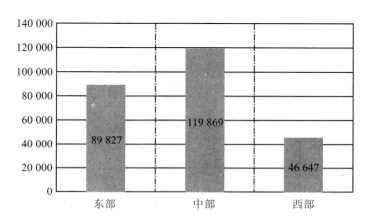

图 3-4 2004～2009 年分地区各省地级科协举办创新大赛年均参赛人数

从 2004～2009 年各省(自治区、直辖市)地级科协举办创新大赛总的参赛人数来看,全国 30 个省(自治区、直辖市)平均规模约为 51 万人,排名前两位的省份分别为湖北和河南。从举办次数可知,湖北省对创新大赛活动非常重视,而河南则为人口和教育大省。从地区划分来看,东部地区省份参赛平均总人数约为 54 万,中部省份约为 72 万,西部省份约为 28 万,说明中部地区各省地级科协举办创新大赛的规模最大。详见图 3-5 和图 3-6。

中部地区省份历年参赛人数和总人数高于东部和西部省份,一方面是由于中部地区省份中小学在校生规模较大;另一方面也表明中部地区各省对创新大赛活动的重视程度较高,投入力度较大。西部地区在参赛人数方面远远低于东部和中部地区,除了受限于中小学在校生规模因素外,也可能反映西部地区对创新大赛的重视程度和投入力度不够。

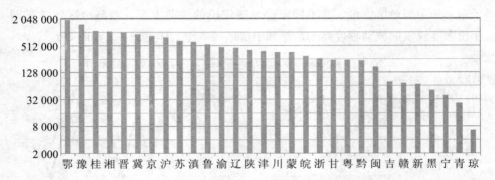

图 3-5　2004～2009 年各省份地级科协举办创新大赛的参赛总人数

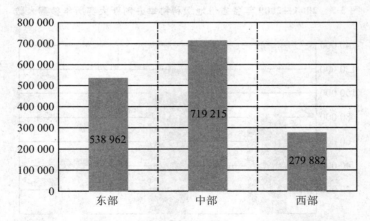

图 3-6　2004～2009 年分地区地级科协举办创新大赛省均参赛总人数

从 2004～2009 年各省（自治区、直辖市）参赛人数占中小学在校生①的平均比例来看，30 个省（自治区、直辖市）中，24 个省份的平均参赛比例在 2% 及以下；16 个省份平均参赛比例低于 1%，其中，大部分为西部地区省份。参赛比例最高的三个省份分别是北京、上海和天津，均处于东部地区，经济和教育发展水平位于全国前列。中部地区的湖北和山西平均参赛比例分别超过 4% 和 3%，说明这两个省份在青少年科技创新大赛的举办方面有着良好的传统。

总体来看，创新大赛参赛比例与该省份经济和教育发展水平有着密切的联系。东部地区各省平均参赛比例为 2.8%，远远高于中部和西部地区的 1.4% 和 0.8%，东、中、西部地区呈依次递减趋势。详见图 3-7 和图 3-8。

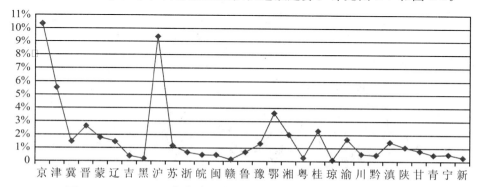

图 3-7　2004～2009 年各省份参赛人数占中小学在校生的平均比例

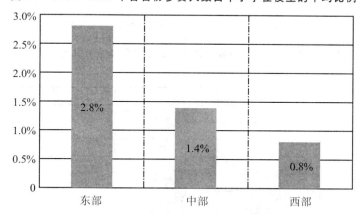

图 3-8　2004～2009 年分地区各省份参赛人数占中小学在校生的平均比例

① 中小学在校生包括普通小学、普通初中、普通高中、职业中学和中等专业学校学生，均具有青少年科技创新大赛参赛资格。

3.1.3 地级科协举办创新大赛次均参赛人数

由图 3-9 和图 3-10 可知，大多数省份创新大赛的次均参赛人数在 800～10 000 人，全国平均水平为 5 000～6 000 人。从东、中、西部地区来看，东部地区各省地级科协举办创新大赛次均参赛人数为 5 588 人，中部地区各省创新大赛次均参赛规模约为 9 204 人，而西部省份约为 4 637 人，说明中部地区各省每次举行创新大赛的影响力相对较高。从次均参赛人数的波动程度来看，西部地区省份明显高于东部和中部省份。

值得注意的是，2009 年，湖北和甘肃地级科协举办创新大赛的次数分别为 161 次和 827 次，但是参赛总人数并没有显著的提升，因此次均参赛人数有较大程度的下降。

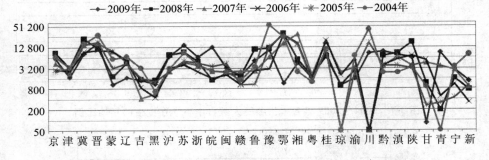

图 3-9　2004～2009 年各省份地级科协举办创新大赛次均参赛人数

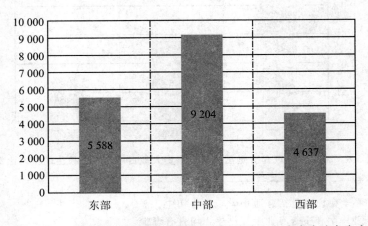

图 3-10　2004～2009 年分地区各省份地级科协举办创新大赛次均参赛人数

3.1.4　地级科协举办创新大赛获奖比例

图 3-11 和图 3-12 分别刻画了各省份和东、中、西部地区地级科协举办创新大赛获奖学生所占比例。可以发现，大多数省份地级科协举办创新大赛参赛学生获奖比例在 2%～10%，全国平均水平为 4%～5%，总体不高，仅有内蒙古 2009 年参赛学生获奖比例高达 21.9%。从地区分布来看，东部和中部地区省份参赛学生每年获奖比例均值约为 5%，而西部地区各省为 3.6%，明显低于东部和中部省份。一方面，说明西部省份对于创新大赛参赛学生的激励不够；另一方面，也反映了西部省份参赛学生科技水平整体较低。

从各省（自治区、直辖市）2008 年和 2009 年参赛学生获奖比例变化来看，北京、内蒙古、河南、青海等省（自治区、直辖市）参赛学生获奖比例波动较大，其中内蒙古波动幅度最大。多数省份 2009 年参赛学生平均获奖比例均低于 2008 年。由此反映，各省地级科协在举办创新大赛的过程中并没有形成稳定和完善的奖励机制。

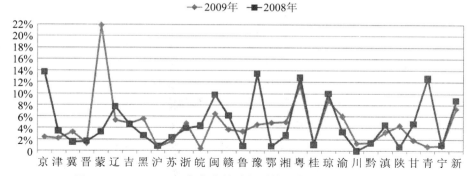

图 3-11　2008～2009 年各省份地级科协举办创新大赛获奖比例

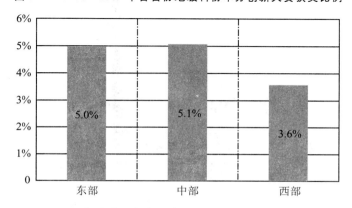

图 3-12　2008～2009 年分地区各省份地级科协举办创新大赛每年平均获奖比例

3.1.5　地级科协青少年科技活动经费支出

图 3-13 和图 3-14 分别描绘了 2007～2008 年各省份和东、中、西部地区地级科协用于青少年科技活动的经费支出情况。由图 3-13 可知，2008 年，地级科协用于青少年科技活动的经费位列全国前三位的省份依次为上海、江苏和北京，均为东部省份，经费支出达到或超过 300 万元，其中上海达到 400万元。综观 2007 年和 2008 年各省地级科协用于青少年科技活动经费情况，大多数中部和西部地区省份地级科协用于青少年科技活动的经费支出不足 100万元，尤其以西部省份最低。东部地区省份地级科协青少年科技活动平均每年经费支出为 161 万元，分别是中部和西部地区省份的 2.4 倍和 2.7 倍。

从经费变动情况来看，有 8 个省份 2008 年用于青少年科技活动的经费支出超过 2007 年的支出水平，其中，上海、江苏和山东的增长幅度最大，其他省份多保持不变甚至低于 2007 年的经费支出水平。

经费是保障青少年科技创新大赛和其他青少年科技活动顺利开展的物质基础，而经费支出水平直接决定着各省份开展青少年科技创新大赛和其他科技活动的次数和规模，同时也制约着青少年科技活动的普及程度。总体来看，东部地区省份地级科协用于青少年科技活动的经费支出远远高于中部和西部省份，而且各省份地级科协用于青少年科技活动的经费没有形成稳定的增长机制。因此，一方面，对于中部和西部地区而言，应当加大上一级财政和上一级科协对于青少年科技活动经费的拨款和转移支付力度；另一方面，要建立、健全地级科协用于青少年科技活动的经费保障和增长机制。

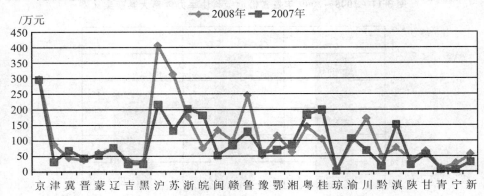

图 3-13　2007～2008 年各省份地级科协青少年科技活动经费支出

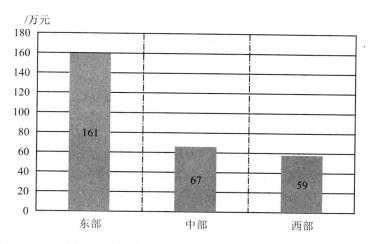

图 3-14　2007～2008 年分地区各省份地级科协青少年科技活动经费年均支出

由以上数据分析发现，除甘肃和湖北外，其他省份地级科协举办创新大赛的次数在不同年份波动不大，东、中、西部地区呈依次递减趋势。从创新大赛参赛的总人数、参赛人数占中小学在校生比例和次均参赛人数来看，在参赛总人数和次均参赛人数方面，中部地区最高，其次为东部地区；在参赛人数占在校生比例方面，东、中、西部地区呈依次递减趋势。从创新大赛获奖学生所占比例来看，2009 年获奖学生比例低于 2008 年，西部地区明显低于东部和中部地区。从地级科协用于青少年科技活动的经费支出来看，东部地区远远高于中部和西部地区，西部地区最低，各省份没有形成稳定的青少年科技活动经费支出增长机制。

综上所述，全国各省（自治区、直辖市）地级科协已经形成了较为稳定的青少年科技创新大赛举办机制，中、东部地区各省举办创新大赛的普及程度和影响力相对较高，而西部地区各省对于创新大赛的重视程度和投入程度需要加强。地级科协举办的创新大赛应当建立稳定的奖励机制，部分省份的获奖学生比例应适当提升。对于中部和西部地区而言，应当加大上级财政和上级科协对于青少年科技活动经费的拨款和转移支付力度，并要建立、健全各省地级科协用于青少年科技活动的经费保障和增长机制。

3.2　早期科技竞赛获奖者基本信息统计

　　本节主要对全国青少年科技创新大赛、"明天小小科学家"奖励活动和国际学科奥林匹克竞赛三大青少年科技赛事早期参赛获奖学生的基本信息进行统计分析。通过统计早期科技竞赛获奖者的基本信息，了解获奖者的性别、原所在地区、参与赛事类型、出国留学情况、继续深造情况、职业情况以及参赛学科与大学专业和职业一致性等情况，从而考查科技竞赛对参赛学生的后续学习、职业选择等方面的影响。基础统计指标包括性别、原所在省份、参赛学科、参赛类型、参赛界别、获奖等级、是否保送生、大学名称、是否出国留学、是否获得博士学位、博士就读学校、大学专业、目前的职业、目前的职业领域、工作单位、参赛学科与大学专业一致性、参赛学科与职业领域一致性、目前获得的荣誉等。由于涉及大学专业、目前职业等指标数据难以获得或存在较多缺失值，本研究暂不做分析。这里仅呈现三大赛事获奖者性别分布、原所在地区分布、参赛类型、出国留学情况和获得博士学位情况。

　　本研究统计对象为参加第一届至第十届青少年科技创新大赛（1982～2000年）获得高中科技论文奖或者科技作品得奖学生、第一届"明天小小科学家"奖励活动初中和高中获奖学生（2001 年）、国际学科奥赛（1985～2001 年）部分获得金奖、银奖和铜奖学生。

3.2.1　早期科技竞赛获奖者性别分布

　　如表 3-1 所示，参加三大赛事早期获奖学生中，男生所占有效比例为 82.1%，女生所占有效比例为 17.9%，缺失 734 人，占 61.4%。尽管缺失值较多，仍可从现有统计发现，女生在青少年科技竞赛获奖方面明显少于男生。但不能确定女生参与科技竞赛活动的比例是否也显著低于男生。此外，对"明天小小科学家"奖励活动获奖者进行统计发现，性别变量缺失较多，信息不全，不具有统计意义，故暂不呈现。

表 3-1　三大赛事获奖者性别比例统计　　　　　　　（比例：%）

性别	人数	比例	有效比例
女	83	6.9	17.9
男	380	31.7	82.1
有效	463	38.6	100
缺失	734	61.4	
合计	1 197	100	

对国际奥林匹克竞赛获奖者性别比例统计发现，国际学科奥林匹克竞赛中男女参赛获奖的有效比例相差 81.6 个百分点。通过比较还发现，男女性别差异最大的竞赛为国际物理奥林匹克竞赛，男女性别差异较小的竞赛为国际生物奥林匹克竞赛。参见表 3-2 和图 3-15。

表 3-2　国际学科奥林匹克竞赛获奖者性别比例统计(分学科)(比例:％)

竞赛名称	性别	人数	有效比例
国际数学奥林匹克竞赛	女	5	5.6
	男	85	94.4
国际物理奥林匹克竞赛	女	3	3.8
	男	75	96.2
国际化学奥林匹克竞赛	女	5	8.3
	男	55	91.7
国际生物奥林匹克竞赛	女	11	31.4
	男	24	68.6
国际信息奥林匹克竞赛	女	5	9.8
	男	46	90.2
国际学科奥林匹克竞赛	女	29	9.2
	男	285	90.8

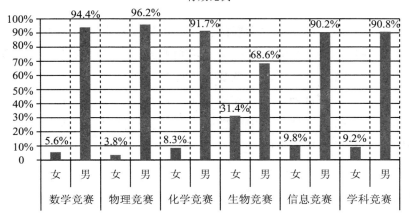

图 3-15　国际学科奥林匹克竞赛获奖者性别比例统计

与国际学科奥赛获奖者性别比例相比，青少年科技创新大赛获奖者中男女学生的有效比例相差较小，差 25.6 个百分点。青少年科技创新大赛中女生的获奖比例明显要高于国际奥赛中的比例。参见表 3-3 和图 3-16。

表 3-3　青少年科技创新大赛获奖者性别比例统计　　（比例：％）

性别	人数	比例	有效比例
女	54	7.3	37.2
男	91	12.3	62.8
有效	145	19.6	100
缺失	596	80.4	
合计	741	100	

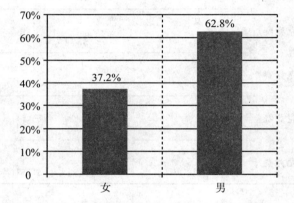

图 3-16　青少年科技创新大赛获奖者性别比例统计

总体而言，我国参加科技竞赛的获奖者中男性所占有效比例要远远高于女性，并且在国际奥林匹克竞赛中男女性别差异最大的竞赛为国际物理奥林匹克竞赛，男女性别差异最小的竞赛为国际生物奥林匹克竞赛。这部分反映了女生在物理和生物这两门学科竞赛中更偏向于生物学科。此外，研究还发现青少年科技创新大赛获奖者中女性所占有效比例相对于国际学科奥林匹克竞赛中女性所占有效比例要高。

3.2.2　早期科技竞赛获奖者原所在地区分布

统计发现，参加科技竞赛的获奖者来自北京的最多，占所有获奖者的有效比例为 11.6％（131 人），其次是来自上海，有效比例为 8.1％（91 人），排在第三、第四、第五的分别是湖南 6.9％（78 人）、江苏 5.4％（61 人）、天津 5.2％（59 人）。详见表 3-4 和图 3-17。

表 3-4　三大赛事获奖者原所在地区统计　　　　　（比例：％）

地区	人数	比例	有效比例	地区	人数	比例	有效比例
北京	131	10.9	11.6	江西	24	2.0	2.1
上海	91	7.6	8.1	新疆	23	1.9	2.0
湖南	78	6.5	6.9	香港	23	1.9	2.0
江苏	61	5.1	5.4	河南	22	1.8	2.0
天津	59	4.9	5.2	广西	21	1.8	1.9
湖北	56	4.7	5.0	宁夏	19	1.6	1.7
福建	54	4.5	4.8	内蒙古	17	1.4	1.5
广东	48	4.0	4.2	甘肃	17	1.4	1.5
云南	47	3.9	4.2	吉林	16	1.3	1.4
浙江	44	3.7	3.9	贵州	16	1.3	1.4
陕西	41	3.4	3.6	黑龙江	15	1.3	1.2
四川	37	3.1	3.3	河北	13	1.1	1.2
山西	32	2.7	2.8	青海	12	1.0	1.1
山东	31	2.6	2.8	其他地区	22	1.9	1.9
辽宁	29	2.4	2.6	有效	1 125	94.0	100
安徽	26	2.2	2.3	缺失	72	6.0	
				合计	1 197	100	

注：其他地区是指获奖者人数有效比例在 1.0％ 以下的地区，包括重庆（7 人，0.6％）、西藏（7 人，0.6％）、海南（6 人，0.5％）、澳门（2 人，0.2％）。

■ 有效比例

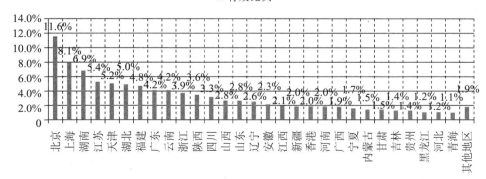

图 3-17　三大赛事获奖者原所在地区统计

统计发现，参加国际学科奥林匹克竞赛的获奖人员来自北京的最多，占所有获奖者的有效比例为 15.1％（47 人），其次是来自湖南，有效比例为

13.5%（42 人），排在第三的是上海，有效比例为 11.3%（35 人），江苏和湖北并列第四，其有效比例均为 9.3%（29 人）。详见表 3-5 和图 3-18。

其他地区是指获奖者人数有效比例在 1.0% 以下的地区。表 3-5 中其他地区包括甘肃（1 人，0.3%）、河北（2 人，0.6%）、江西（1 人，0.3%）、新疆（1 人，0.3%）。

表 3-5　国际奥林匹克竞赛获奖者原所在地区统计　　　（比例：%）

地区	人数	比例	有效比例	地区	人数	比例	有效比例
北京	47	15.0	15.1	黑龙江	9	2.9	2.9
湖南	42	13.4	13.5	广东	9	2.9	2.9
上海	35	11.1	11.3	河南	8	2.5	2.6
湖北	29	9.2	9.3	陕西	7	2.2	2.3
江苏	29	9.2	9.3	浙江	7	2.2	2.3
福建	26	8.3	8.4	吉林	4	1.3	1.3
辽宁	10	3.2	3.2	广西	3	1.0	1.0
山东	10	3.2	3.2	重庆	3	1.0	1.0
天津	10	3.2	3.2	其他地区	5	1.5	1.5
安徽	9	2.9	2.9	有效	311	99.0	100
四川	9	2.9	2.9	缺失	3	1.0	
				合计	314	100	

注：其他地区包括甘肃（1 人，0.3%）、河北（2 人，0.6%）、江西（1 人，0.3%）、新疆（1 人，0.3%）。

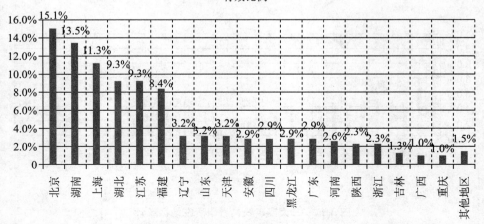

图 3-18　国际学科奥林匹克竞赛获奖者原所在地区统计

统计发现，参加青少年科技创新大赛的获奖学生同样是来自北京的学生最多，占所有获奖者的有效比例为 9.6％（70 人），其次是来自天津，有效比例为 6.3％（46 人），并列排在第三的是云南和上海，其有效比例均为 6.1％（45 人）。详见表 3-6 和图 3-19。

其他地区是指获奖者人数有效比例在 1.0％以下的地区。表 3-6 中其他地区包括黑龙江、海南、重庆，这些地区的获奖人数分别为 6 人、4 人、3 人，其有效比例各占 0.8％，0.5％，0.4％。

表 3-6　青少年科技创新大赛获奖者原所在地区统计（比例：％）

地区	人数	比例	有效比例	地区	人数	比例	有效比例
北京	70	9.4	9.6	宁夏	18	2.4	2.5
天津	46	6.2	6.3	广西	17	2.3	2.3
云南	45	6.1	6.1	辽宁	16	2.2	2.2
上海	45	6.1	6.1	香港	16	2.2	2.2
浙江	37	5.0	5.1	贵州	15	2.0	2.0
广东	36	4.9	4.9	内蒙古	15	2.0	2.0
湖南	34	4.6	4.6	安徽	15	2.0	2.0
山西	31	4.2	4.2	甘肃	14	1.9	1.9
陕西	30	4.0	4.1	青海	12	1.6	1.6
江苏	29	3.9	4.0	河南	11	1.5	1.5
湖北	25	3.4	3.4	吉林	11	1.5	1.5
四川	25	3.4	3.4	河北	10	1.3	1.4
福建	24	3.2	3.3	西藏	7	0.9	1.0
江西	22	3.0	3.0	其他地区	13	2.1	1.7
新疆	22	3.0	3.0	有效	732	98.8	100
山东	21	2.8	2.9	缺失	9	1.2	
				合计	741	100	

注：其他地区包括黑龙江、海南、重庆，这些地区的获奖人数分别为 6 人，4 人，3 人，其有效比例各占 0.8％，0.5％，0.4％。

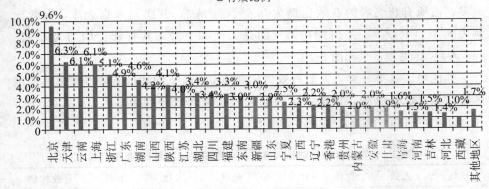

■ 有效比例

图 3-19 青少年科技创新大赛获奖者原所在地区统计

统计发现，参加"明天小小科学家"奖励活动的获奖者依然为北京生源最多，占所有获奖者的有效比例为 17.1％（14 人），其次是来自上海，有效比例为 13.4％（11 人），排在第三的是香港，有效比例为 8.5％（7 人），福建和陕西则并列第四，有效比例均为 4.9％（4 人）。详见表 3-7 和图 3-20。而广西、贵州、河北、江西、宁夏、山西、吉林和重庆这些省（自治区、直辖市）参加"明天小小科学家"奖励活动的获奖学生均占所有获奖学生的有效比例为 1.2％（1 人）。

表 3-7 "明天小小科学家"奖励活动获奖者原所在省份统计　　　（比例：%）

地区	人数	比例	有效比例	地区	人数	比例	有效比例
北京	14	9.9	17.1	湖南	2	1.4	2.4
上海	11	7.7	13.4	内蒙古	2	1.4	2.4
香港	7	4.9	8.5	云南	2	1.4	2.4
福建	4	2.8	4.9	澳门	2	1.4	2.4
陕西	4	2.8	4.9	广西	1	0.7	1.2
广东	3	2.1	3.7	贵州	1	0.7	1.2
河南	3	2.1	3.7	河北	1	0.7	1.2
江苏	3	2.1	3.7	江西	1	0.7	1.2
辽宁	3	2.1	3.7	宁夏	1	0.7	1.2
四川	3	2.1	3.7	山西	1	0.7	1.2
天津	3	2.1	3.7	吉林	1	0.7	1.2
安徽	2	1.4	2.4	重庆	1	0.7	1.2
甘肃	2	1.4	2.4	有效	82	57.7	100
海南	2	1.4	2.4	缺失	60	42.3	
湖北	2	1.4	2.4	合计	142	100	

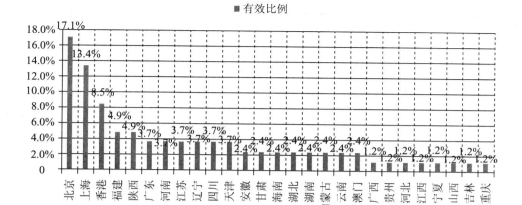

图 3-20　"明天小小科学家"奖励活动获奖者原所在省份统计

总的来说，我国参加科技竞赛的获奖者中来自北京的最多，其次是上海，排第三的是湖南，从一定程度上说明了这三个地区较为重视科技竞赛活动的组织与培训，也说明了这三个地区参赛者的科学素质较高。通过具体比较发现，来自北京的科技竞赛参赛者的科学素质水平最高；湖南地区的获奖者在三大赛事中国际学科奥林匹克竞赛所处的优势较为明显，这说明湖南地区中学较为重视学科竞赛活动；上海地区的获奖者在三大赛事中"明天小小科学家"奖励活动所处的优势较为明显；天津和云南地区的获奖者在青少年科技创新大赛中表现突出，仅次于北京地区，说明这两个地区较为重视青少年科技创新大赛活动；香港地区的获奖者在"明天小小科学家"奖励活动中表现较为突出，这说明香港地区较为重视此项活动，并鼓励中学生积极参加该赛事。

3.2.3　早期科技竞赛获奖者参与赛事类型统计

本研究统计的第一届至第十届青少年科技创新大赛(1982～2000 年)、第一届"明天小小科学家"奖励活动(2001 年)、国际学科奥赛(1985～2001 年)部分获奖学生中，参与青少年科技创新大赛的获奖者最多，占总人数的 61.9％ (741 人)；其次，"明天小小科学家"的获奖人数为 142 人，占 11.9％；获奖人数最少的是国际生物奥林匹克竞赛，只有 35 人(2.9％)。详见表 3-8 和图 3-21。这一结果与我们统计对象选取的年份及参赛规模有关，不能反映各项赛事获奖者的实际规模比例。

赛事名称	人数	有效比例
青少年科技创新大赛	741	61.9
"明天小小科学家"奖励活动	142	11.9
国际数学奥林匹克竞赛	90	7.5
国际物理奥林匹克竞赛	78	6.5
国际化学奥林匹克竞赛	60	5.0
国际生物奥林匹克竞赛	35	2.9
国际信息奥林匹克竞赛	51	4.3
合　计	1 197	100

表 3-8　参与赛事类型　　　　（比例:%）

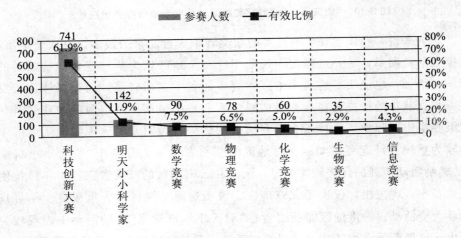

图 3-21　参与赛事类型

3.2.4　早期科技竞赛获奖者出国留学情况统计

通过对三大赛事早期获奖者出国留学情况统计发现，获奖选手出国留学有效比例为 96.3%（103 人），没有出国留学的为 3.7%（4 人），而缺失的为 91.1%（1 090 人）。参见表 3-9 和图 3-22。

表 3-9　出国留学情况统计　　　　　　　　　（比例：%）

出国留学情况	人数	比例	有效比例
没有出国留学	4	0.3	3.7
出国留学	103	8.6	96.3
有效	107	8.9	100
缺失	1 090	91.1	
合计	1 197	100	

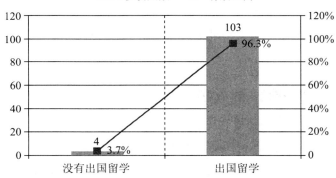

图 3-22　出国留学情况统计

　　通过对国际奥林匹克竞赛的获奖者出国留学情况统计发现，获奖选手出国留学有效比例为 98%（98 人），没有出国留学的为 2%（2 人），而缺失的为 68.2%（214 人）。参见表 3-10 和图 3-23。

表 3-10　国际学科奥林匹克竞赛获奖者出国留学情况统计　　　　（比例：%）

出国留学情况	人数	比例	有效比例
没有出国留学	2	0.6	2
出国留学	98	31.2	98
有效	100	31.8	100
缺失	214	68.2	
合计	314	100	

　　对全国青少年科技创新大赛和"明天小小科学家"奖励活动的获奖者出国留学情况统计发现，数据缺失均较多，不具有统计意义。总体来说，我国早期参加科技和学科竞赛的绝大多数获奖学生选择了出国留学。

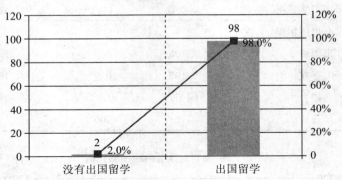

图 3-23 国际学科奥林匹克竞赛获奖者出国留学情况统计

3.2.5 早期科技竞赛获奖者获得博士学位情况统计

获奖人员获得博士学位者占所有获奖者的有效比例为 99.1%（106 人），其中在国内获得博士学位者 11 人（有效比例 10.3%），在国外获得博士学位者 95 人（有效比例 88.8%），没有获得博士学位者 1 人（有效比例 0.9%），缺失样本的占获奖人员比例为 91.1%。参见表 3-11 和图 3-24。

表 3-11 获得博士学位情况统计 （比例:%）

获得博士学位情况	人数	比例	有效比例
没有获得博士学位	1	0.1	0.9
在国内获得博士学位	11	0.9	10.3
在国外获得博士学位	95	7.9	88.8
有效	107	8.9	100
缺失	1 090	91.1	
合计	1 197	100	

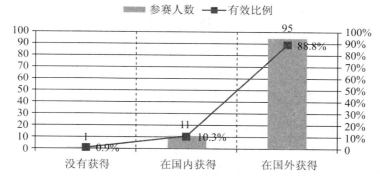

图 3-24 获得博士学位情况统计

通过对国际学科奥林匹克竞赛获奖者获得博士学位情况统计发现，获奖人员获得博士学位者占所有获奖者的有效比例为 99%（100 人），其中在国内获得博士学位者 8 人（有效比例 7.9%），在国外获得博士学位者 92 人（有效比例 91.1%），没有获得博士学位者 1 人（有效比例 1%），缺失样本占总体样本的 67.9%（213 人）。参见表 3-12 和图 3-25。

表 3-12 国际学科奥林匹克竞赛获奖者获得博士学位情况统计 （比例:%）

获得博士学位情况	人数	比例	有效比例
没有获得博士学位	1	0.3	1.0
在国内获得博士学位	8	2.5	7.9
在国外获得博士学位	92	29.3	91.1
有效	101	32.1	100
缺失	213	67.9	
合计	314	100	

图 3-25 国际学科奥林匹克竞赛获奖者获得博士学位情况统计

对全国青少年科技创新大赛和"明天小小科学家"奖励活动获奖者获得博士学位情况统计发现，缺失样本都较多，不具有统计意义。总体来说，我国早期参加科技竞赛的绝大多数获奖者会选择在国外攻读博士学位。

3.2.6　主要结论

本节主要对早期科技竞赛获奖者的部分基本信息进行统计分析，基本信息的指标主要依据所建立的三大赛事项目信息管理系统中对参赛学生跟踪管理的指标体系而选择。由于许多指标数据较难获得，存在缺失，还有部分指标该系统没有涉及，如基础指标中的起薪、职业声望、职业成就等指标还未获得相关数据，有待后续调研进行补充与完善。

研究发现，从性别分布来看，我国早期参加科技竞赛获奖者中男性所占有效比例要远远高于女性；从原所在地区来看，参加科技竞赛的获奖者中排名前三的地区分别是北京、上海和湖南，反映这三省（直辖市）对科技竞赛的重视程度较高，学生的参赛水平也较高；从参赛类型来看，参加科技竞赛的获奖者中参与青少年科技创新大赛的获奖者最多，参与国际生物奥林匹克竞赛的获奖者最少。这与我国青少年科技创新大赛举办历史较久、每届获奖人数较多有关，而我国中学生参加国际生物奥赛始于1993年，参赛年限较短。而且这一统计结果也与选择统计的各项赛事的起止年限不同有关，因而不能反映各项赛事获奖者的实际规模比例。从出国留学情况来看，我国早期参加科技竞赛的绝大多数获奖学生选择了出国留学；从获得博士学位情况来看，获得博士学位的有效样本比例高达99.1%，其中在国内获得博士学位的有效比例10.3%，在国外获得博士学位的有效比例88.8%，没有获得博士学位的有效比例仅为0.9%。可见，绝大多数学生选择了在国外攻读博士学位。上述数据反映青少年科技竞赛对于促使我国部分优秀高中生从事科学职业具有一定的影响和作用，但是尚无法统计曾参赛的学子有多大比例会学成回国从事科技工作。

以上分析简单描述了我国早期参与科技竞赛获奖学生攻读博士学位以及出国留学的分布状况，在一定程度上反映科技竞赛对促使我国部分优秀高中生从事科学职业的影响和作用。但是由于获奖学生后续学习专业、职业选择、学历获得等方面缺失数据较多，弱化了分析结论的客观性和可信度。由此可见，对参赛学生的基本信息数据收集和对获奖学生的跟踪管理对于评估竞赛项目的中、长期效应非常重要，这也反映了本课题建立的三大赛事项目信息管理系统的重要性和实际价值。

此外，上述统计表明，绝大多数早期科技竞赛获奖学生选择了出国留学并在国外获取博士学位，对政府而言，如何吸引这些优秀学子学成回国工作，为祖国的科技事业作出更大贡献，是值得深入探讨的重要问题。

3.3   正式调研样本学生参赛分布状况

本节主要统计课题组正式调研样本学生的参赛分布，以考查目前我国高中生参与科技竞赛活动的分布状况。

正式调研样本主要包括分别来自东北、东南、中部、西北、西南的辽宁、福建、湖北、甘肃、四川五省高中学生样本，五项学科奥林匹克竞赛国家集训队、数学和信息学科奥赛冬令营或选拔赛观摩学生以及"明天小小科学家"奖励活动决赛学生（统称为集训队样本，下同）。本部分将分别考查总样本、五省调研样本和集训队样本学生的参赛分布状况。

3.3.1   总样本学生参赛分布状况

本课题正式调研有效样本学生 3 056 名，其中五省调研有效样本学生 2 497 名，集训队有效样本学生 559 名。主要依据参加竞赛的类型、所属地区、学校所在地、是否重点校、是否重点班、性别、民族共七个维度描述样本学生的参赛分布状况，并分析各个维度样本参加科技和学科竞赛学生所占的比例。详见表 3-13。

表 3-13   总样本学生参赛分布状况

分类		参赛学生数	学生总数①	参赛百分比
参赛类型②	参加竞赛	1 555	3 045	51.1%
	学科竞赛	1 370	2 996	45.7%
	科技竞赛	419	2 945	14.2%
	学科 & 科技竞赛	247	3 056	8.1%

①   学生总数不包括缺失值，故参赛学生所占比例为有效比例。

②   参赛类型分为两类：学科竞赛和科技竞赛。其中，学科竞赛指中学生五项（数学、物理、化学、生物、信息）学科奥林匹克竞赛；科技竞赛包括全国青少年科技创新大赛和"明天小小科学家"奖励活动。

续表

分类		参赛学生数	学生总数①	参赛百分比
地区	东部	510	946	53.9%
	中部	414	684	60.5%
	西部	602	1 386	43.4%
学校所在地	省会城市	1 167	2 313	50.5%
	一般城市	272	401	67.8%
	县城	89	281	31.7%
是否重点校	省级重点	1 114	1 873	59.5%
	市级重点	235	475	49.5%
	县级重点	104	343	30.3%
	非重点校	69	313	22.0%
是否重点班	重点班或实验班	882	1 548	57.0%
	普通班	453	1 267	35.8%
性别	男	1 075	1 861	57.6%
	女	462	1 142	40.5%
民族	汉族	1 493	2 922	51.1%
	少数民族	40	89	44.9%

1. 依据参赛类型总样本学生参赛分布状况

由表 3-13 知，总样本中，参加过科技竞赛和学科竞赛的学生共 1 555 名，占样本总数的 51.1%，说明调研样本中超过半数的学生参加过不同类型的竞赛活动。其中，参加过学科竞赛的学生 1 370 名，占样本总数的 45.7%；参加过科技竞赛学生 419 名，占样本总数的 14.2%；学科竞赛的参赛比例远远高于科技竞赛参赛比例。究其原因，一方面在于学科竞赛的普及性较好；另一方面是由于科技竞赛在参赛门槛、对学生知识、能力等方面的要求比学科竞赛高。既参加过学科竞赛活动，又参加过科技竞赛活动的学生 247 名，占样本总数的 8.1%。详见图 3-26。

---

① 学生总数不包括缺失值，故参赛学生所占比例为有效比例。

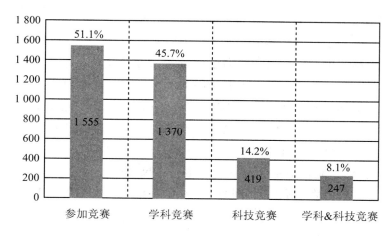

图 3-26 依据参赛类型总样本学生参赛分布

2. 依据所属地区总样本学生参赛分布状况

总样本中，946 名学生来自东部地区，684 名学生来自中部地区，1 386 名学生来自西部地区，西部地区样本学生最多，大约占样本总数的 46%（这与我们在西部甘肃选取两个城市有关，其他四省仅各选取一个城市的两所高中）。从不同地区样本的参赛比例来看，中部地区高达 60.5% 的学生参加过学科竞赛或科技竞赛，其次为东部地区参赛比例为 53.9%，西部地区样本参赛比例最低，为 43.4%。详见图 3-27。

不同地区样本参赛比例的卡方检验结果显示：$\chi^2 = 59.58$，$df = 2$，$p \approx 0.000 < 0.01$，表明不同地区样本参赛比例之间存在极其显著的统计差异。

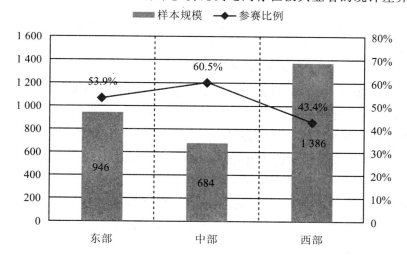

图 3-27 依据所属地区总样本学生参赛分布

3. 依据学校所在地总样本学生参赛分布状况

从总样本的学校所在地分布来看，2 313名学生学校所在地位于省会城市，约占总样本的77.3%；401名学生学校所在地位于一般城市，只有281名学生学校所在地位于县城，主要是因为本研究的调研对象主要选取在省会城市。从不同学校所在地样本的参赛比例来看，学校所在地位于一般城市的样本参赛比例为67.8%，其次为省会城市的50.5%，学校所在地位于县城的样本参赛比例最低，只有31.7%。详见图3-28。

不同学校所在地样本参赛比例的卡方检验结果显示：$\chi^2=87.73$，$df=2$，$p\approx0.000<0.01$，表明学校所在地不同的样本参赛比例之间存在极其显著的统计差异。

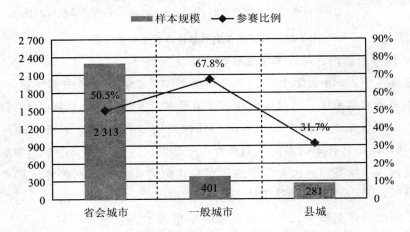

图3-28 依据学校所在地总样本学生参赛分布

4. 依据学校类型(是否重点校)总样本学生参赛分布状况

本研究将调研学校分为四类：省级重点、市级重点、县级重点和非重点校。从总样本在四类学校的分布来看，1 873名学生在省级重点学校学习，约占样本总数的62.4%。考虑到学科竞赛和科技竞赛对学生的要求较高，因此较多选取了教学质量高的省级重点学校。市级重点学校学生475名，县级重点和非重点校分别为343名和313名学生。

从不同类型学校样本的参赛比例来看，省级重点学校学生的参赛比例达到59.5%，其次为市级重点的49.5%，二者远远高于县级重点学校的30.3%和非重点校的22%。详见图3-29。从非重点校到县级重点、市级重点、再到省级重点学校，参赛比例依次提升，意味着质量越高的学校，其学生参与学科竞赛或科技竞赛的比例也越高。

不同学校类型样本参赛比例的卡方检验结果显示：$\chi^2 = 217.82$，$df = 3$，$p \approx$ 0.000＜0.01，表明不同学校类型样本的参赛比例之间存在极其显著的统计差异。

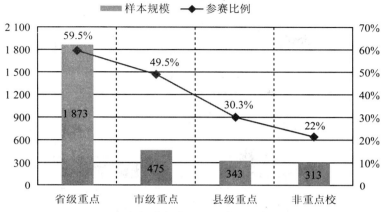

图 3-29 依据学校类型总样本学生参赛分布

5. 依据班级类型（是否重点班）总样本学生参赛分布状况

从样本所属班级类型来看，1 548 名学生在重点班或实验班学习，约占总样本的 55%，其余学生属于普通班，总样本在重点班和普通班之间的分布较为均衡。从重点班和普通班学生的参赛比例来看，57% 的重点班或实验班学生参加过学科竞赛或科技竞赛活动，普通班学生参加竞赛的比例仅有 35.8%，远低于重点班的比例。详见图 3-30。

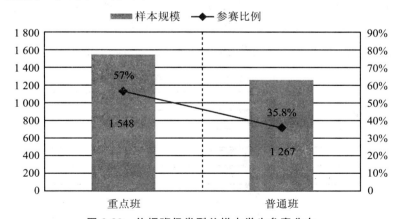

图 3-30 依据班级类型总样本学生参赛分布

重点班和普通班学生参赛比例的卡方检验结果显示：$\chi^2 = 125.86$，$df = 1$，$p \approx 0.000 ＜ 0.01$，表明重点班和普通班学生的参赛比例之间存在极其显著的统计差异。

6. 依据性别总样本学生参赛分布状况

从总样本的性别分布来看，62.0％的样本为男生，而且男生参赛比例（57.6％）高于女生（40.5％）。详见图 3-31。

男生和女生样本参赛比例的卡方检验结果显示：$\chi^2=83.28$，$df=1$，$p\approx 0.000<0.01$，表明男生和女生群体的参赛比例之间存在极其显著的统计差异。

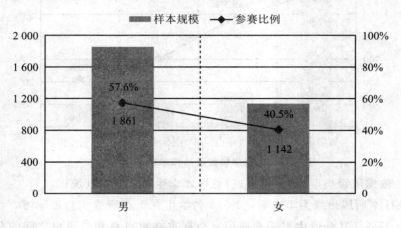

图 3-31　依据性别总样本学生参赛分布

7. 依据民族总样本学生参赛分布状况

从总样本的民族分布来看，超过 97％的学生为汉族，只有 89 人为少数民族。主要因为本次调研的城市均为汉族人口聚居地，缺乏少数民族聚居地区的样本。从汉族和少数民族学生参加学科竞赛或科技竞赛的比例来看，51.1％的汉族学生参加过竞赛活动，高于少数民族学生 44.9％的参赛比例。详见图 3-32。

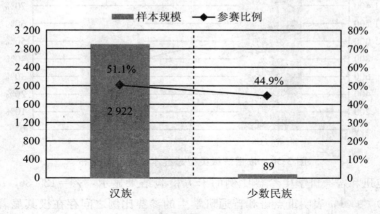

图 3-32　依据民族总样本学生参赛分布

汉族和少数民族学生参赛比例的卡方检验结果显示：$\chi^2=1.31$，$df=1$，$p\approx0.253>0.05$，表明汉族和少数民族学生的参赛比例没有显著性差异。

3.3.2　五省调研样本学生参赛分布状况

五省调研样本共计 2 497 人，主要从竞赛类型、省份、地区、学校所在地、学校类型、是否重点班、性别、民族等维度对分省调研样本学生的参赛分布情况进行描述统计。详见表 3-14。对代表我国东北、东南、西北、西南以及中部五省的调研样本学生的参赛分布状况进行统计描述，可以较为客观地反映青少年科技竞赛和学科竞赛活动在我国高中学校的普及状况。

表 3-14　五省调研样本学生参赛分布情况

分类		参赛学生数	学生总数	参赛百分比
参赛类型	参加竞赛	1 004	2 488	40.4%
	学科竞赛	877	2 450	35.8%
	科技竞赛	259	2 411	10.7%
	学科 & 科技竞赛	147	2 497	5.9%
省份	辽宁	112	318	35.2%
	福建	122	349	35.0%
	湖北	218	484	45.0%
	甘肃	346	887	39.0%
	四川	206	450	45.8%
地区	东部	234	667	35.1%
	中部	218	485	44.9%
	西部	552	1 336	41.3%
学校所在地	省会城市	797	1 942	41.0%
	一般城市	120	244	49.2%
	县城	82	274	29.9%
是否重点校	省级重点	634	1 387	45.7%
	市级重点	204	444	45.9%
	县级重点	99	338	29.3%
	非重点校	62	306	20.3%
是否重点班	重点班或实验班	604	1 269	47.6%
	普通班	400	1 213	33.0%

分类		参赛学生数	学生总数	参赛百分比
性别	男	610	1 393	43.8%
	女	391	1 071	36.5%
民族	汉族	975	2 398	40.7%
	少数民族	27	76	35.5%

1. 依据参赛类型五省样本学生参赛分布状况

五省调研样本学生共 2 497 名，参加过学科竞赛或科技竞赛的学生 1 004 人，占样本总数的 40.4%。其中，参加过学科竞赛的学生 877 人，占五省调研样本的比例为 35.8%，参加过科技竞赛的学生比例为 10.7%，两项竞赛都参加过的学生 147 人，约占五省调研样本总数的 5.9%。参见图 3-33。

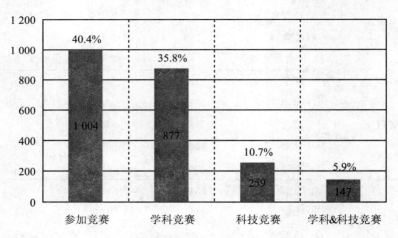

图 3-33 依据参赛类型五省样本学生参赛分布

2. 依据省份五省样本学生参赛分布状况

从省份分布来看，样本学生最多的省份是甘肃省，调研样本为 887 人（前面已解释，甘肃选取了两个城市，其他各省均只选取了一个城市），其余 4 省样本规模在 300～500 人。就各省（市）样本学生参赛的比例而言，湖北和四川样本的参赛比例最高，分别为 45% 和 45.8%，较为接近；其次为甘肃省，其参赛比例为 39%；福建和辽宁两个东部省份的参赛比例相对较低，维持在 35% 左右。参见图 3-34。

五省样本参赛比例的卡方检验结果显示：$\chi^2 = 18.29$，$df = 4$，$p \approx 0.001 < 0.01$，

说明不同省份学生参赛比例之间存在极其显著的统计差异。

　　湖北和四川学生参赛比例较高，一方面，由于这些省份在学科竞赛或科技竞赛活动组织方面具有良好传统，这一点从湖北和四川两个省份地级科协举办青少年科技竞赛活动的次数可以得到验证；另一方面，由于中西部省份学生高考压力较大，通过参加竞赛活动获得高考加分或保送机会的动机较强。

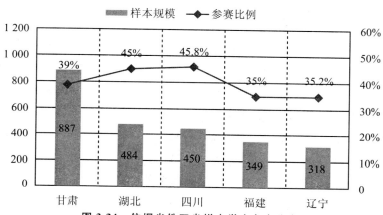

图 3-34　依据省份五省样本学生参赛分布

3. 分地区(东、中、西部)五省样本学生参赛分布状况

　　从样本所属地区分布来看，西部地区调研样本学生最多，为 1 336 人，其次为东部地区的 667 人和中部地区的 485 人。就各区域样本学生参赛比例而言，中部地区样本学生参赛比例达到 45%，其次为西部地区的 41.3% 和东部地区的 35.1%。参见图 3-35。中部地区和西部地区学生参赛比例高于东部地区。

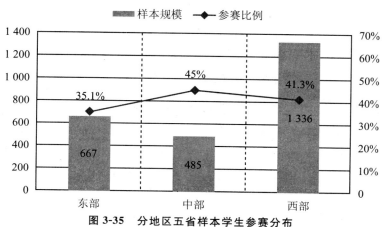

图 3-35　分地区五省样本学生参赛分布

分地区样本参赛比例的卡方检验结果显示：$\chi^2 = 12.47$，$df = 2$，$p \approx 0.002 < 0.01$，说明不同地区学生参赛比例之间存在极其显著的统计差异。

4. 依据学校所在地五省样本学生参赛分布状况

从五省调研学生的学校所在地分布来看，将近 80% 的学生所在学校处于省会城市，学校位于一般城市和县城的学生分别为 244 名和 274 名，远远少于省会城市学生，这与我们选取的调研城市主要是省会城市有关。从不同学校所在地学生参赛的比例来看，学校所在地位于县城的学生参赛比例最低，为 29.9%；一般城市学生参赛比例接近 50%；省会城市学生的参赛比例为41%。参见图 3-36。

由于本次调研对象只有一所学校位于一般城市，即甘肃省天水市第三中学，该校在学科竞赛和科技竞赛方面有着良好的组织和参赛传统，曾获得"第22届甘肃省青少年科技创新大赛先进集体"荣誉称号，因此，该校学生参赛比例较高。

依据学校所在地学生参赛比例的卡方检验结果显示：$\chi^2 = 20.55$，$df = 2$，$p \approx 0.000 < 0.01$，说明不同学校所在地学生参赛比例之间存在极其显著的统计差异。

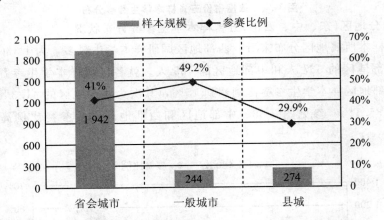

图 3-36　依据学校所在地五省样本学生参赛分布状况

5. 依据学校类型五省样本学生参赛分布状况

从五省调研学生所属的学校类型来看，超过 60% 的样本学生在省级重点学校就读，其次为市级重点，学生人数为 444 人，县级重点学校和非重点学校包含的样本学生在 300~350 人。就不同类型学校学生参赛比例而言，省级重点和市级重点学校学生的参赛比例均超过 45%；县级重点和非重点学校学生的参赛比例大约为 30% 和 20%。参见图 3-37。

依据学校类型学生参赛比例的卡方检验结果显示：$\chi^2 = 90.81$，$df = 3$，$p \approx$ 0.000＜0.01，说明不同类型学校学生参赛比例之间存在极其显著的统计差异。

省级重点和市级重点中学参赛比例高于县级重点和非重点校，一方面是由于省级和市级重点学校科技教育质量较高；另一方面也反映了其具有良好的竞赛活动组织和参与传统。

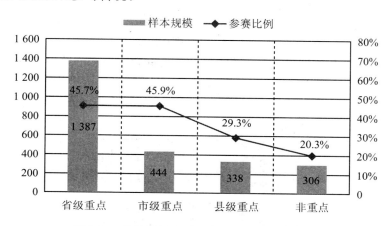

图 3-37　依据学校类型五省样本学生参赛分布

6. 依据班级类型五省样本学生参赛分布状况

从样本学生所属班级类型来看，超过 50％的学生在重点班或实验班就读，其余学生则在普通班就读。就不同班级类型学生参赛比例而言，重点班或实验班学生参赛比例达到 47.6％，远远高于普通班学生 33％的参赛比例。重点班学生参赛比例高于普通班主要是由两种类型班级教学质量和学生学业水平的差异所致。参见图 3-38。

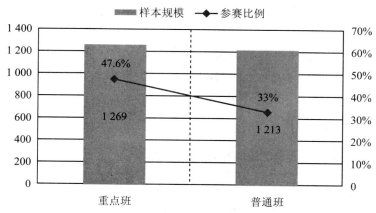

图 3-38　依据分班级类型五省样本学生参赛分布

依据班级类型学生参赛比例的卡方检验结果显示：$\chi^2=55.04$，$df=1$，$p\approx$ 0.000＜0.01，说明重点班和普通班学生参赛比例之间存在极其显著的统计差异。

7. 分性别五省样本学生参赛分布状况

从样本学生的性别分布来看，男生所占比例超过 56%。从男生和女生的参赛比例来看，男生参赛比例约为 43.8%，高于女生的 36.5%。参见图 3-39。

分性别学生参赛比例的卡方检验结果显示：$\chi^2=13.31$，$df=1$，$p\approx0.000＜0.01$，说明男生和女生参赛比例之间存在极其显著的统计差异。

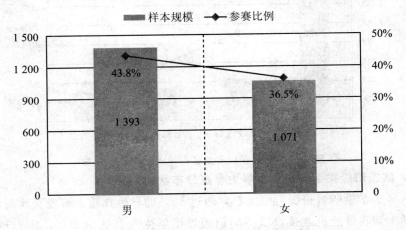

图 3-39　分性别五省样本学生参赛分布

8. 依据民族五省样本学生参赛分布状况

从样本学生的民族分布来看，约 97% 的学生为汉族，少数民族学生只有 76 人。从不同民族学生参赛情况来看，汉族学生参赛比例为 40.7%，高于少数民族的 35.5%。

汉族和少数民族学生参赛比例的卡方检验结果显示：$\chi^2=0.81$，$df=1$，$p\approx0.37＞0.05$，说明汉族和少数民族样本学生参赛比例之间没有显著性差异。

3.3.3　集训队样本参赛学生分布状况

集训队样本包括五项学科奥林匹克竞赛国家集训队学生、数学和信息学科奥林匹克竞赛冬令营或选拔赛观摩学生以及"明天小小科学家"奖励活动复

赛学生，统称为集训队样本。集训队样本共有学生 559 名，其中，551 名学生
参加过学科竞赛或科技竞赛活动，占样本总数的有效比例为 98.6％。本节主
要从参赛类型、所属地区、学校所在地、学校类型、班级类型、性别、民族
共七个维度对集训队样本中参赛学生的分布情况进行描述分析。详见表 3-15。
对集训队样本参赛学生的分布状况进行统计描述，可以较为客观地反映我国
优秀高中生参与高级别青少年科技竞赛和学科竞赛活动的状况。

表 3-15   集训队样本中参赛学生分布状况

分类		学生数	百分比
竞赛类型	学科竞赛	491	89.1％
	科技竞赛	160	29.0％
	学科 & 科技竞赛	100	18.1％
地区	东部	276	52.9％
	中部	196	37.5％
	西部	50	9.6％
学校所在地	省会城市	370	69.9％
	一般城市	152	28.7％
	县城	7	1.3％
是否重点校	省级重点	480	91.8％
	市级重点	31	5.9％
	县级重点	5	1.0％
	非重点校	7	1.3％
是否重点班	重点班或实验班	278	84.0％
	普通班	53	16.0％
性别	男	462	86.7％
	女	71	13.3％
民族	汉族	518	97.6％
	少数民族	13	2.4％

1. 集训队样本分布概况

由图 3-40 可知，集训队样本中，人数最多的是数学和信息学科冬令营或
选拔赛观摩学生，分别占样本总数的 32％和 30％。五项学科奥林匹克国家集
训队学生共 110 名，占样本总数的 20％，其中，数学学科 40 名，是五项学科

国家集训队中人数最多的学科，其次为化学和信息学科，分别为 24 名和 18 名学生，生物和物理学科国家集训队人数分别为 16 名和 12 名。参加"明天小小科学家"奖励活动复赛的学生共 100 名，占样本总数的 18.1%。

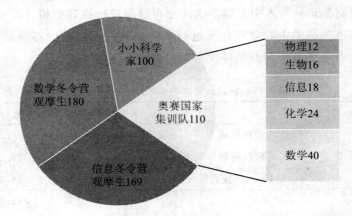

图 3-40　集训队样本分布概况

2. 依据参赛类型参赛学生分布情况

集训队样本参赛学生共 551 名，其中，参加过学科竞赛的学生有 491 人，占参赛人数的 89.1%；参加过科技竞赛的学生 160 人，占参赛人数的 29.0%；学科竞赛与科技竞赛均参加过的学生 100 人，占集训队参赛人数的 18.1%。参见图 3-41。这一结果与样本选取有关，集训队样本中仅有 100 名学生参加"明天小小科学家"奖励活动，因而造成集训队样本中学科竞赛学生比例过高。

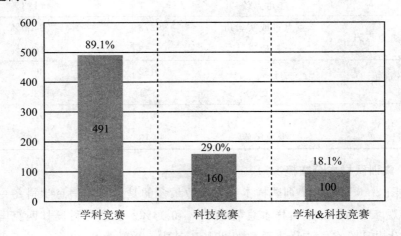

图 3-41　依据参赛类型参赛学生分布

3. 依据所属地区参赛学生分布情况

由图 3-42 可知，集训队参赛样本中 52.9％的学生来自东部地区，37.5％的学生来自中部地区，仅有 9.6％的学生来自西部地区，呈现东、中、西部比例依次递减的趋势，尤其是西部地区明显低于东部和中部地区。由于集训队样本多是通过层层选拔确定，其分布状况不受抽样等因素的影响，因此，参赛样本地区间严重不均衡的分布状况可能反映了东、中、西部科技教育质量的差异。

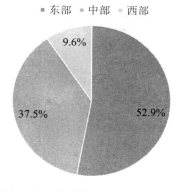

图 3-42　依据所属地区参赛学生分布

4. 依据学校所在地参赛学生分布情况

从参赛学生的学校所在地分布情况来看，大约 69.9％的参赛学生来自省会城市，学校处于一般城市的参赛学生占总人数的 28.7％，而学校位于县城的参赛人数仅有 7 人，占参赛总人数的 1.3％。参赛学生学校所在地分布的差异表明了省会城市与一般城市和县城高中科技教育质量的差异，同时也表明在省会城市就读的学生也有更多的机会参与高级别的学科竞赛或科技竞赛活动。参见图 3-43。

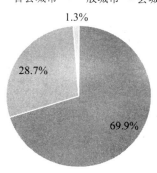

图 3-43　依据学校所在地参赛学生分布

5. 依据学校类型参赛学生分布情况

从参赛学生所属的学校类型来看，大约 91.8％的参赛学生就读于省级重点学校，5.9％的学生就读于市级重点学校，就读于县级重点和非重点学校的参赛学生分别只有 1％和 1.3％。将近 92％的学生来自于省级重点学校，充分地反映了不同类型学校科技教育质量的差异以及高级别学科竞赛或科技竞赛参与机会的不均衡。参见图 3-44。

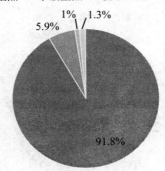

图 3-44 依据学校类型参赛学生分布

6. 依据班级类型参赛学生分布情况

从参赛学生就读的班级类型来看，大约 84％的学生就读于重点班或实验班，16％的参赛学生就读于普通班。

7. 分性别样本学生参赛分布情况

从参赛学生的性别比例来看，86.7％的参赛学生为男生，远远高于女生所占比例（13.3％）。充分反映了高级别学科竞赛或科技竞赛活动参与者性别比例失衡。

8. 依据民族样本学生参赛分布情况

从参赛学生的所属民族来看，97.6％的参赛学生为汉族，少数民族学生仅占参赛学生总人数的 2.4％。充分反映了高级别学科竞赛或科技竞赛活动参与者民族比例失衡。

3.3.4　主要结论

本节从参赛类型、所属地区、学校所在地、是否重点校、是否重点班、性别、民族等维度分别考查了总样本、五省调研样本和集训队样本学生参赛的分布状况。

总样本和五省调研样本学生参赛分布表明，超过 40％的调研学生参加过科技和学科竞赛活动，学科竞赛的参赛比例高于科技竞赛参赛比例；东、中、西部地区学生参赛比例呈现显著性差异；省会城市和一般城市学生参赛比例较高，显著高于县城学生参赛比例；省级重点、市级重点、县级重点和非重点校学生参赛比例呈依次递减趋势，且差异显著；重点班学生参赛比例显著高于普通班；男生参赛比例显著高于女生；汉族和少数民族学生参赛比例差异不显著。

集训队样本参赛学生分布可以反映我国优秀高中生参与高级别学科和科技竞赛的情况。研究发现，集训队参赛学生中，参与学科竞赛的比例远高于参与科技竞赛的比例（这与样本选择偏差有关）；参加高级别竞赛学生比例在东、中、西部呈依次递减趋势（这一结果可能反映了东、中、西部学校科技教育质量的差异）。参加高级别竞赛学生绝大多数就读于省会城市学校，尤其集中在省级重点高中和重点班。值得关注的另一结果是，参加高级别竞赛中的男生比例远远高于女生，汉族学生比例也远远高于少数民族学生。

第4章 中国高中生参与科技竞赛情况及影响分析

中国高中生参与科技竞赛①情况及影响分析主要从参赛目的、参赛对学生的积极和消极影响、获取科学知识的渠道、参赛对高中生的专业学习和职业选择，以及参赛对高中生科学兴趣和科学价值观的影响共五个方面进行分析，并重点考查科技竞赛与学科竞赛、"明天小小科学家"奖励活动与"青少年科技创新大赛"参赛学生在这些影响方面的差异。本章数据来源于 3.3 节所述课题组正式调研样本。

---

① 本章中在比较科技竞赛与学科竞赛参赛影响时，将科技竞赛与学科竞赛区分开，科技竞赛指青少年科技创新大赛和"明天小小科学家"奖励活动，学科竞赛指五项学科奥赛。其他情形为简便起见，仍将两类竞赛统称为科技竞赛。

4.1　参赛目的

1. 总样本学生的参赛目的

总体来看，超过 50％的高中生认为"拓展科学知识"和"满足科学兴趣"是参加科技竞赛活动的主要目的；将近 40％的高中生将科技竞赛活动看做"获得高考保送或加分资格"的重要途径。其他目的选择比例由高到低依次为："提高科技创新能力""促进相关学科的学习""锻炼自己的意志力""证明个人能力、获得他人认可""为自己或学校争得荣誉"。结果表明，"拓展科学知识"和"满足科学兴趣"是青少年参加科技竞赛活动的主要动因；同时，能否"获得高考保送或加分资格"也是高中生参加青少年科技竞赛活动关注的重要方面。参见图 4-1。

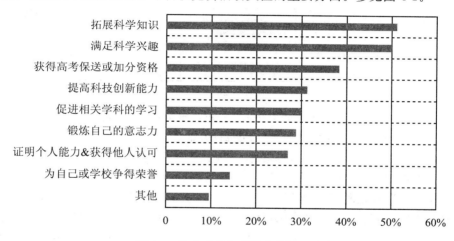

图 4-1　高中生参与科技竞赛的目的

2. 获奖学生与未获奖学生"参赛目的"的差异

由图 4-2 可知，对于获奖学生而言，"满足科学兴趣""拓展科学知识""获得高考保送或加分资格"三项是其参加科技竞赛的最主要动因；对未获奖的学生来说，参赛目的选择频次最多的三项分别是"拓展科学知识""满足科学兴趣"和"促进相关学科的学习"。通过比较发现，获奖与未获奖学生在参赛动机方面差异最大的三项依次为"满足科学兴趣""获得高考保送或加分资格"以及"促进相关学科的学习"。由卡方检验知，获奖学生与未获奖学生在"满足科学兴趣""获得高考保送或加分资格""促进相关学科学习"三个方面的选择比例在 0.01 水平上具有极其显著的统计差异。获奖学生在"满足科学兴趣"和"获得高考保送或加分资格"两项动机上相比未获奖学生更强烈，而未获奖学生则更注重"促进相关学科的学习"。中央教育科学研究所 2007 年关于青少年科技竞赛获奖学生创新能力和综合素质状况①的研究报告表明，"爱好"，即"满足科学兴趣"，是获奖学生参与科技竞赛活动的最主要动因，与本研究的结论完全一致。

研究发现，绝大多数获奖学生是基于科学兴趣和拓展科学知识而参赛，也有部分学生考虑到可以高考加分因素而参赛；而未获奖学生可能是由于自身水平较低，因而对于获得高考保送资格或加分期望不高。

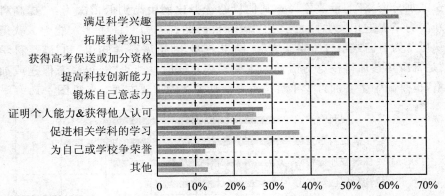

图4-2　获奖学生与未获奖学生"参赛目的"的差异

3. 科技竞赛与学科竞赛学生"参赛目的"的差异

由图4-3可知，科技竞赛参赛学生的主要目的在于"满足科学兴趣""提高科技创新能力"和"拓展科学知识"，学科竞赛参赛学生的主要动机依次为"拓展科学知识""满足科学兴趣"和"获得高考保送或加分资格"。学科竞赛和科技竞赛学生在参赛目的方面差异最大的三项为"提高科技创新能力""获得高考保送或加分资格"以及"锻炼自己意志力"。由卡方检验知，科技竞赛和学科竞赛学生在"提高科技创新能力""获得高考保送或加分资格"以及"锻炼自己意志力"三个方面在0.01水平呈现极其显著的统计差异。

学生参赛目的的差异与学科竞赛和科技竞赛活动的特点紧密相关，学科竞赛注重对科学知识的掌握和促进相关学科的学习，普及程度更广，通常是参赛学生获取高考保送或加分资格的重要途径；科技竞赛相对学科竞赛而言，层次较高，侧重培养学生科学兴趣，考查学生的创新能力，因此，科技竞赛参赛学生更为注重通过竞赛提高自身的科技创新能力。

---

①　中央教育科学研究所教育督导与评估研究中心. "青少年科技竞赛获奖学生创新能力和综合素质状况"研究报告[R]，2007：14.

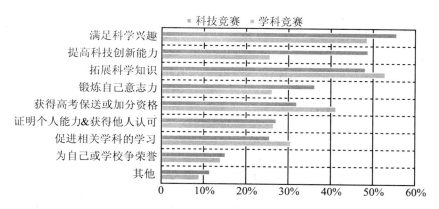

图 4-3   科技竞赛与学科竞赛学生"参赛目的"的差异

4. "明天小小科学家"与"创新大赛"学生"参赛目的"的差异

由图 4-4 可知,"明天小小科学家"和"创新大赛"学生的参赛目的较为相似,排在前三项的目的依次为"满足科学兴趣""拓展科学知识"和"提高科技创新能力"。但是"明天小小科学家"参赛学生在三项动机上均比"创新大赛"学生更为强烈,而在"锻炼自己意志力"方面,"明天小小科学家"参赛学生也表现更为明显。由卡方检验知,"明天小小科学家"与"创新大赛"学生在"满足科学兴趣"上在 0.05 水平呈现显著差异,在"拓展科学知识""提高科技创新能力"以及"锻炼自己意志力"三个方面在 0.01 水平呈现极其显著的统计差异。

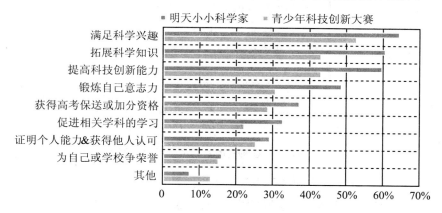

图 4-4   "明天小小科学家"与"创新大赛"学生"参赛目的"的差异

"明天小小科学家"与"创新大赛"学生"参赛目的"的差异与两类竞赛的宗旨及特点密切相关,"明天小小科学家"活动更注重对学生创新意识与实践能力的培养,在参赛要求、选拔标准方面更为严格,参赛学生的综合素质较高,参赛动机更明确。

4.2　参赛影响

考查科技竞赛和学科竞赛活动对高中生的影响分为两个方面：一方面，考查不同类型竞赛活动对高中生科学素质的整体影响；另一方面，分别从积极和消极的视角考查竞赛活动对参赛高中生的影响。

4.2.1　不同类型竞赛对高中生科学素质的整体影响

主要从四个维度考查不同类型竞赛对高中生科学素质的影响，依次为拓展科学知识、提升科学探究能力、增强科学兴趣、提高科学创造力。

1. 科技竞赛和学科竞赛对高中生科学素质的影响

图 4-5 呈现了科技竞赛和学科竞赛参赛学生在科学素质四个维度选择"非常符合"与"符合"选项所占比例。

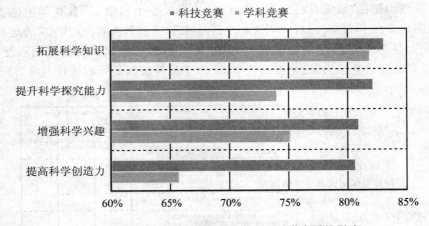

图 4-5　科技竞赛和学科竞赛对高中生科学素质的影响

总体来看，科技竞赛和学科竞赛学生对"拓展科学知识"一项的选择均超过 80%，说明竞赛活动对于参赛学生"拓展科学知识"成效显著；在"增强科学兴趣""提升科学探究能力""提高科学创造力"方面，科技竞赛对参赛学生的影响均超过学科竞赛。

就不同类型竞赛活动对高中生的影响而言，科技竞赛参赛学生对四项影响的选择均超过 80%，其中对参赛学生影响最大的是"拓展科学知识"和"提升科学探究能力"。学科竞赛对参赛学生影响最大的是"拓展科学知识",其次为"增强科学兴趣"和"提升科学探究能力"。科技竞赛和学科竞赛对学生影响差异最大的两项是"提高科学创造力"和"提升科学探究能力"。由卡方检验知,科技竞赛与学科竞赛学生在"提升科学探究能力"方面在 0.05 水平呈现显著差异,在"提高科学创造力"方面在 0.01 水平呈现极其显著的统计差异。

科技竞赛和学科竞赛对学生科学素质影响的差异充分反映了两类竞赛活动的不同宗旨和特征。科技竞赛注重培养学生的探究能力和创新意识,而学科竞赛侧重于普及科学知识,培养学生科学兴趣。

2. "明天小小科学家"和"创新大赛"对参赛学生的影响

由图 4-6 可知,超过 85％的学生认为参加"明天小小科学家"奖励活动能够"提升科学探究能力""增强科学兴趣"和"拓展科学知识",超过 80％的学生认为参赛"提高科学创造力"。对"创新大赛"学生来说,影响最大的三项分别为"拓展科学知识""提升科学探究能力"和"提高科学创造力"。由卡方检验知,"明天小小科学家"和"创新大赛"学生在"提升科学探究能力"和"增强科学兴趣"两方面在 0.05 水平呈现显著差异。

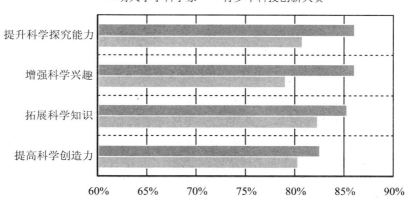

图 4-6　"明天小小科学家"和"创新大赛"对参赛学生的影响

4.2.2　参赛对高中生的积极影响

1. 参赛对于高中生的积极影响

如图 4-7 所示,超过 60％的参赛学生认为通过科技和学科竞赛活动对"提高科学素质"影响大或很大，其次为"提高创新能力"和"促进学业成就"，50％的参赛学生认为科技竞赛活动对"促进职业发展"影响大或很大。

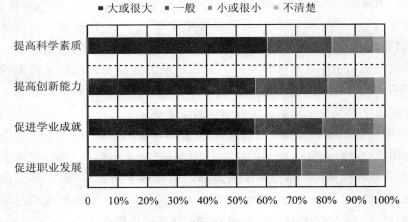

图 4-7　参赛对高中生的积极影响

2. 科技竞赛与学科竞赛对高中生的积极影响

如图 4-8 所示，科技竞赛活动在参赛积极影响的四个方面均超过学科竞赛对学生的影响。超过 60％的参赛学生认为通过科技竞赛活动"提高科学素质"和"提高创新能力"，而接近 60％的学科竞赛参赛学生认为学科竞赛活动的最大影响是"提高科学素质"和"促进学业成就"。如前所述，二者在"提高创新能力"和"促进学业成就"方面的差异充分反映了竞赛宗旨的差异，科技竞赛活动注重提高学生的科学创新能力，学科竞赛则注重学生掌握相关学科知识，促进学业进步。这也说明科技竞赛和学科竞赛活动对于自身宗旨和目标的达成度较高。由卡方检验知，科技竞赛和学科竞赛学生在"促进学业成就"方面在0.01 水平呈现极其显著的统计差异。

3. "明天小小科学家"与"创新大赛"对高中生的积极影响

如图 4-9 所示，"明天小小科学家"参赛学生在参赛积极影响的四个方面的选择比例都大于"创新大赛"参赛学生的选择比例。其中，超过 80％的"明天小小科学家"参赛学生认为参赛提高了自身的科学创新能力，而"创新大赛"参赛学生选择该项的比例不足 50％。在"提高科学素质"和"促进职业发展"方面，"明天小小科学家"参赛学生选择比例均比"创新大赛"学生的选择比例高出 20％。说明"明天小小科学家"相比"创新大赛"带给更多参赛者积极影响。由卡方检验知，"明天小小科学家"和"创新大赛"参赛者在参赛的四项积极影响中，"提高创新能

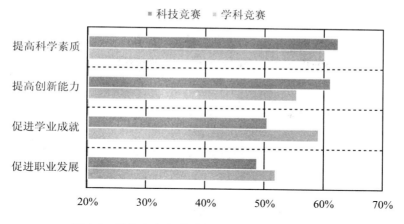

图 4-8 科技竞赛和学科竞赛对高中生的积极影响

力""提高科学素质"和"促进职业发展"三项比例均在 0.01 水平呈现极其显著的统计差异。

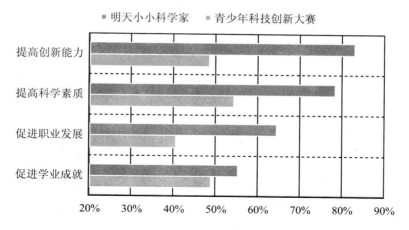

图 4-9 "明天小小科学家"和"创新大赛"对高中生的积极影响

4. 竞赛活动对获奖与未获奖学生的积极影响

如图 4-10 所示，参赛积极影响的四个方面，获奖学生选择比例均明显高于未获奖学生选择比例，说明获奖学生通过竞赛活动"提高科学素质、提高创新能力、促进学业成就和促进职业发展"的能力普遍高于未获奖学生。由卡方检验知，获奖与未获奖学生在参赛积极影响的四个方面的选择比例都在 0.01 水平呈现极其显著的统计差异。中央教育科学研究所 2007 年的《青少年科技竞赛获奖学生创新能力和综合素质状况》研究报告表明，高达 94% 的获奖学生认为参加青少年科技竞赛活动对其发展有积极作用，这也进一步佐证了本研究的结论。

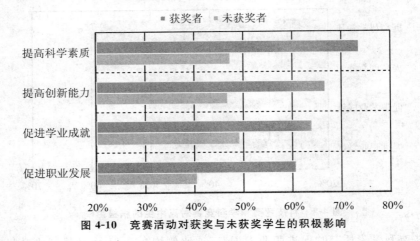

图 4-10　竞赛活动对获奖与未获奖学生的积极影响

4.2.3　参赛对高中生的消极影响

1. 参赛对高中生的消极影响

将近 70% 的参赛学生认为，参赛对于"减弱自身科学兴趣"的影响小或很小，认为其他三项消极影响小或很小所占比例依次为"造成失败挫折感""加重学生学习负担"和"挤占其他科目学习时间"。同时，超过 20% 的参赛学生认为参赛对于"挤占其他科目学习时间"和"加重学生学习负担"的影响大或很大。说明参加竞赛活动在一定程度上挤占了学生学习其他科目的时间，加重了学生学习负担。参见图 4-11。

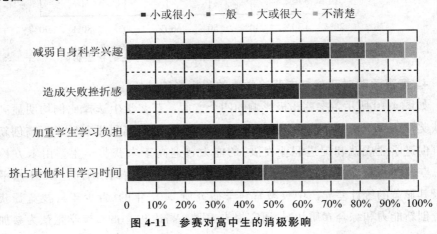

图 4-11　参赛对高中生的消极影响

2. 科技竞赛与学科竞赛对高中生的消极影响

如图 4-12 所示，相对于科技竞赛而言，学科竞赛学生选择"加重学生学习负担"和"挤占其他科目学习时间"两方面的消极影响的比例更高；而在"造成失败挫折感"和"减弱自身科学兴趣"两方面，科技竞赛的消极影响范围更大，这也是由科技竞赛和学科竞赛自身的特点导致的。科技竞赛与学科竞赛在参赛消极影响的四个方面的选择比例差异并不大，由卡方检验可知，两类参赛学生在参赛的消极影响的四个方面的选择比例均不存在显著差异。

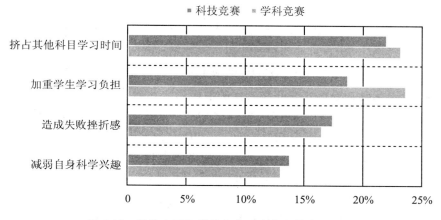

图 4-12　科技竞赛和学科竞赛对高中生的消极影响

3. "明天小小科学家"与"创新大赛"对高中生的消极影响

如图 4-13 所示，在"挤占其他科目学习时间""加重学生学习负担"和"造成失败挫折感"三个方面，"明天小小科学家"学生选择比例都明显大于"创新大赛"学生的选择比例，说明"明天小小科学家"活动给参赛者带来的消极影响范围大于"创新大赛"。由卡方检验知，"明天小小科学家"与"创新大赛"参赛学生在"加重学生学习负担"方面的选择比例在 0.05 水平呈现显著差异，"挤占其他科目学习时间"和"造成失败挫折感"方面在 0.1 水平呈现显著差异。

"明天小小科学家"与"创新大赛"对高中生消极影响的差异与两类竞赛活动在参赛资格、竞赛申报、参赛程序等方面要求有关，参加"明天小小科学家"活动主要是个人行为，对参赛者各方面的要求较高，申报程序相对复杂，从而给参赛者造成的压力较大；而"创新大赛"通常由学校组织申报，参赛人数较多，学生个人花费的精力要低于前者，因此，对参赛者挤占学习时间方面的消极影响低于"明天小小科学家"竞赛。此外，"明天小小科学家"奖励活动的决赛竞争比"创新大赛"更为激烈，因而，参赛学生更易产生失败挫折感。

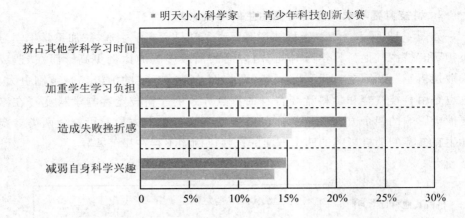

图 4-13 "明天小小科学家"和"创新大赛"对高中生的消极影响

4. 竞赛活动对获奖与未获奖学生的消极影响

如图 4-14 所示，在"挤占其他科目学习时间"和"造成失败挫折感"方面，获奖学生选择比例均高于未获奖学生。一方面说明，获奖学生为参加竞赛活动花费的时间较多；另一方面也表明，获奖学生自我期望较高，容易造成失败挫折感。中央教育科学研究所 2007 年的《青少年科技竞赛获奖学生创新能力和综合素质状况》研究报告表明，"与准备高考冲突""担心不能获奖"是获奖学生参与竞赛活动时面临的较大压力，进一步证明了本研究的结论。

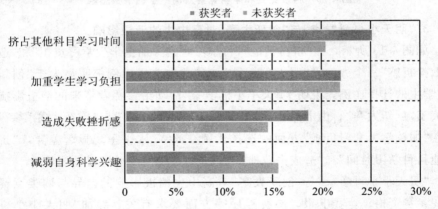

图 4-14 竞赛活动对获奖与未获奖学生的消极影响

在"减弱自身科学兴趣"方面，未获奖学生选择比例高于获奖学生，说明没有获奖可能会减弱学生的科学兴趣。由卡方检验知，竞赛获奖者与未获奖者在"挤占其他科目学习时间"方面的选择比例在 0.01 水平呈现极其显著的统计差异，"造成失败挫折感"和"减弱自身科学兴趣"方面的选择比例在 0.05 水平呈现显著差异。

4.3　获得广义科学知识的渠道

1. 总样本学生获取科学知识的渠道

对于总样本学生而言，获得广义科学知识的渠道选择比例排在前三位的依次为"电视/广播/网站""书籍/杂志/报纸"和"学校科学教育"，其中选择前两项的比例均超过70％，通过"学校科学教育"获得广义科学知识的比例超过60％。其他获得广义科学知识的渠道分别为"科技场所""科普宣传活动""家庭教育"以及"科技竞赛活动"。

选择通过"科技竞赛活动"获得广义科学知识的比例不到20％，说明"科技竞赛活动"更多体现了选拔性和筛选性功能，对于科学知识传播等方面的功能开发不够。参见图4-15。

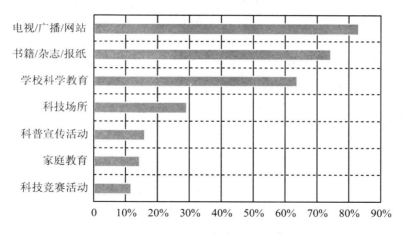

图 4-15　获得广义科学知识的渠道

2. 参赛与未参赛学生获取科学知识的渠道

如图 4-16 所示，在获取科学知识的渠道方面，未参赛学生通过"电视/广播/网站"和"科普宣传活动"获取科学知识的比例高于参赛学生。参赛学生通过"科技竞赛活动"获取科学知识的比例远高于未参赛学生，说明竞赛活动在科学知识方面的宣传、普及方面仍需完善，特别是通过竞赛活动的普及和宣传，使未参赛学生也能够获取一定的科学知识。由卡方检验知，参赛者与未参赛者在获取科学知识的渠道方面，"电视/广播/网站""科技竞赛活动"和"科普宣传活动"三种途径被选比例在 0.01 水平呈现极其显著的统计差异。

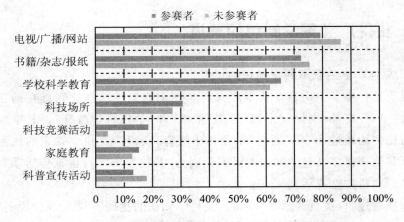

图 4-16　参赛与未参赛学生获取科学知识的渠道

3. 参赛获奖者与未获奖者获取科学知识的渠道

如图 4-17 所示，与参赛者和未参赛者获取科学知识的渠道类似，参赛未获奖者通过"电视/广播/网站"和"科普宣传活动"两个途径获取科学知识的比例高于参赛获奖者，而参赛获奖者通过"科技竞赛活动"获取科学知识的比例远高于未获奖学生。由卡方检验知，参赛获奖者与未获奖者"电视/广播/网站""科技竞赛活动"和"科普宣传活动"三个途径选择比例在 0.01 水平呈现极其显著的统计差异。

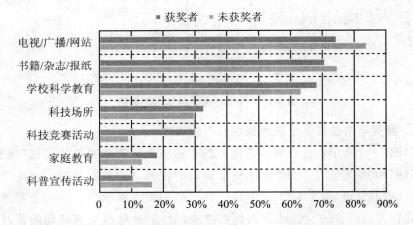

图 4-17　参赛获奖者与未获奖者获取科学知识的渠道

4. 科技竞赛与学科竞赛学生获取科学知识的渠道

如图 4-18 所示，在获取科学知识最主要的三个渠道，即"电视/广播/网站""书籍/杂志/报纸"和"学校科学教育"方面，学科竞赛学生选择比例略高于科技竞赛学生，但并无显著差异。在"科技场所""家庭教育"和"竞赛活动"三个途径上，科技竞赛学生选择比例明显高于学科竞赛学生。由卡方检验知，科技竞赛与学科竞赛参赛者在"家庭教育""科技场所"和"科技竞赛活动"三种获取科学知识的途径选择比例上在 0.01 水平呈现极其显著的统计差异。一方面，说明科技竞赛学生更多需要从科技场所、科技竞赛活动和家庭教育来获取科学知识；另一方面，也反映学校更多注重科学课程的教育，对科技教育重视程度不够。

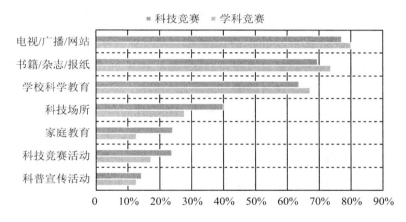

图 4-18　科技竞赛和学科竞赛学生获取科学知识的渠道

5. "明天小小科学家"和"创新大赛"学生获取科学知识的渠道

如图 4-19 所示，在获取科学知识的所有渠道上，"明天小小科学家"参赛学生选择比例都高于"创新大赛"学生，尤其在"家庭教育"和"科技竞赛活动"两个途径选择比例差异更悬殊。由卡方检验知，"明天小小科学家"与"创新大赛"参赛学生在"家庭教育"和"科技竞赛活动"两个途径选择比例上在 0.01 水平呈现极其显著的统计差异。一方面，反映了"明天小小科学家"参赛学生通过家庭教育获取更多的支持；另一方面，也说明"明天小小科学家"活动在传播科学知识方面成效更为明显。

6. 东部、中部与西部地区学生获取科学知识的渠道

如图 4-20 所示，在获取科学知识最主要的三个渠道上，东部和西部学生比中部学生更多利用"电视/广播/网站"和"书籍/杂志/报纸"，而中部学生通

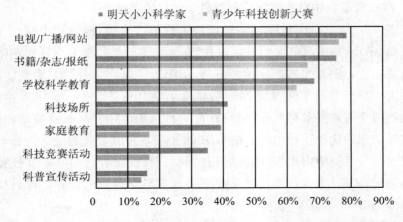

图 4-19　"明天小小科学家"和"创新大赛"学生获取科学知识的渠道

过"学校科学教育"获取科学知识的比例高于东部和西部，说明中部地区学校科学知识传播活动开展得更好。而在利用"科技场所"和"科技竞赛活动"方面，东部和中部地区学生选择比例要明显高于西部地区。

　　由卡方检验知，东、中、西部地区学生除了在"科普宣传活动"和"家庭教育"两个渠道选择比例在 0.05 水平呈现显著差异外，其他四个渠道选择比例均在 0.01 水平呈现极其显著的统计差异。值得注意的是，西部地区学生在利用"科技场所"和"科技竞赛活动"获取科学知识的方面的选择比例远低于东中部地区学生，可能反映西部地区的科技场所覆盖范围相对较小，科技竞赛普及范围不及东、中部地区。

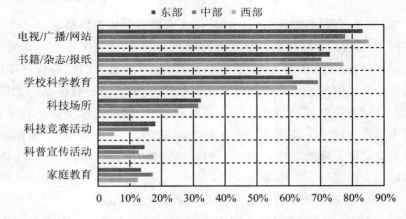

图 4-20　东、中、西部地区学生获取科学知识的渠道

4.4　职业支持与职业选择

本部分主要考查两个方面：其一，考查学校师资条件和教育教学活动是否为学生提供了未来"从事与科学相关的职业"所需的基本知识和技能，即职业支持；其二，考查学生未来的学习专业和职业选择。

4.4.1　职业支持

1. 总样本学生获取职业支持的情况

如图 4-21 所示，超过 50％的学生认为自己"所学课程"、自己的"老师"以及"学校开设课程"为未来从事与科学相关的职业提供了基本知识或技能，其中，选择"所学课程"的比例最高，其次为"老师"和"学校开设课程"。总体而言，学校师资条件和教育教学活动在为学生提供未来从事与科学相关的职业所需的基本知识和技能方面效果较好。其中，"所学课程"是学生获得职业支持的首要渠道，充分说明了课程学习的重要性，同时，有必要提升教师在学生获取职业支持过程中应发挥的作用。

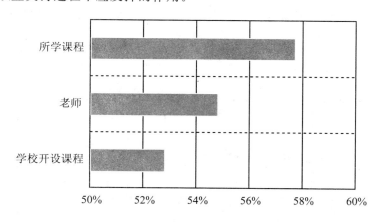

图 4-21　总样本学生获取职业支持的情况

2. 参赛与未参赛学生获取职业支持的情况

如图 4-22 所示，参赛者在利用学校师资条件和教育教学活动获取未来从事职业所需的基本知识和技能方面的比例远高于未参赛学生，说明学生自身的能力是影响其从学校现有资源中获取知识和技能的重要影响因素。同时，也反映了学校现有资源对相对较差水平学生的照顾不够。由卡方检验知，参赛与未参赛学生在职业支持的三个维度选择比例均在 0.01 水平呈现极其显著的统计差异。

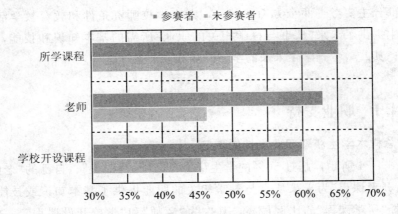

图 4-22　参赛与未参赛学生获取职业支持的情况

3. 参赛获奖与未获奖学生获取职业支持的情况

如图 4-23 所示，与参赛者和未参赛者的状况类似，参赛获奖者利用学校现有资源获取未来职业所需知识方面的比例也远远高于未获奖学生。由卡方检验知，参赛获奖与未获奖学生在职业支持的三个维度选择比例均在 0.01 水平呈现极其显著的统计差异。

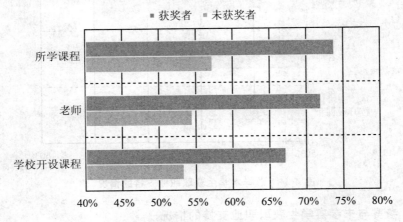

图 4-23　参赛获奖与未获奖学生获取职业支持的情况

4. 科技竞赛与学科竞赛学生获取职业支持的情况

如图 4-24 所示，科技竞赛学生利用学校现有资源获取未来职业所需知识和技能方面的比例高于学科竞赛学生。由卡方检验知，科技竞赛与学科竞赛学生在"所学课程"和"学校开设课程"方面的选择比例在 0.01 水平呈现极其显著的统计差异。

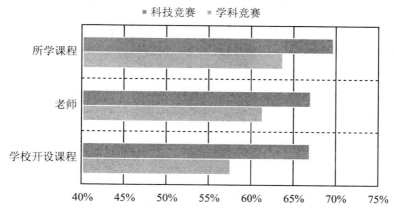

图 4-24　科技竞赛和学科竞赛学生获取职业支持的情况

5. "明天小小科学家"与"创新大赛"学生的职业支持情况

如图 4-25 所示，"明天小小科学家"参赛学生在获取职业支持的三个途径选择比例都明显高于"创新大赛"学生。这也进一步验证了学生能力的差异导致的对学校师资条件和教育教学资源利用效率的差异。由卡方检验知，"明天小小科学家"和"创新大赛"学生在职业支持的三个维度选择比例均在 0.01 水平呈现极其显著的统计差异。

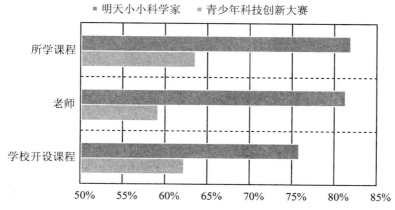

图 4-25　"明天小小科学家"与"创新大赛"学生获取职业支持的情况

4.4.2 专业和职业选择

1. 总样本学生的专业和职业选择情况

如图 4-26 所示，超过 50% 的学生选择未来会"继续学习广义科学"或"从事涉及广义科学职业"，不到 40% 的参赛学生选择"毕生从事前沿广义科学研究"。由于样本主要为高中阶段一二年级学生，选择"继续学习广义科学"的比例最高，说明参赛对青少年未来学习专业的影响非常明显；选择"毕生从事前沿广义科学研究"的比例最低，并不能说明参赛对青少年未来职业选择的影响小，可能是由于高中阶段学生尚没有明确的职业规划等因素造成。

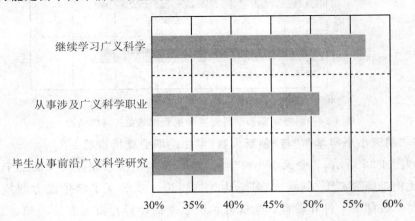

图 4-26 总样本学生的专业和职业选择情况

2. 参赛与未参赛学生的专业和职业选择情况

如图 4-27 所示，在继续学习的专业选择和未来职业选择方面，参赛学生选择广义科学的比例都明显高于未参赛学生。一方面说明参加科技和学科竞赛确实对参赛学生未来的专业和职业选择产生了积极影响；另一方面也说明参赛学生在广义科学方面的兴趣高于未参赛学生。由卡方检验知，参赛与未参赛学生在专业和职业选择的三个维度上的选择比例均在 0.01 水平呈现极其显著的统计差异。

3. 参赛获奖与未获奖学生的专业和职业选择情况

如图 4-28 所示，与参赛学生和未参赛学生在专业和职业选择方面的情形类似，参赛获奖学生选择继续学习或未来从事与广义科学有关职业的比例也明显高于未获奖学生。接近 80% 的获奖学生选择大学会"继续学习广义科学"。

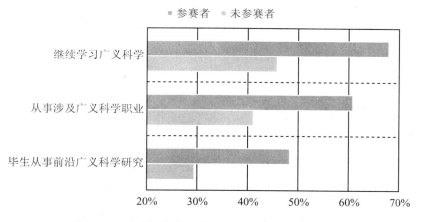

图 4-27　参赛与未参赛学生的专业和职业选择情况

中央教育科学研究所 2007 年的《青少年科技竞赛获奖学生创新能力和综合素质状况》研究报告表明，2/3 以上的获奖学生大学所学专业与参赛时所报专业一致，说明科技和学科竞赛活动对大多数获奖学生在专业和职业选择方面产生了积极影响。由卡方检验知，参赛获奖与未获奖学生在职业选择的三个维度上的选择比例均在 0.01 水平呈现极其显著的统计差异。

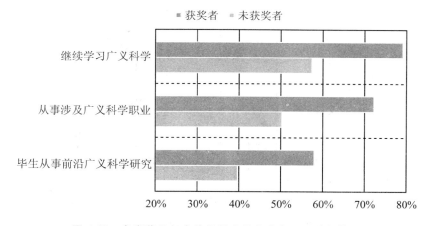

图 4-28　参赛获奖与未获奖学生的专业和职业选择情况

4. 科技竞赛与学科竞赛学生的专业和职业选择情况

如图 4-29 所示，科技竞赛和学科竞赛学生在"继续学习广义科学"上的选择没有明显差异，但是在"从事涉及广义科学职业"方面，科技竞赛学生高于学科竞赛学生。由卡方检验知，科技竞赛和学科竞赛学生在"从事涉及广义科学职业"和"毕生从事前沿广义科学研究"上均在 0.05 水平呈现显著差异。说明科技竞赛活动对学生职业选择方面的影响大于学科竞赛。

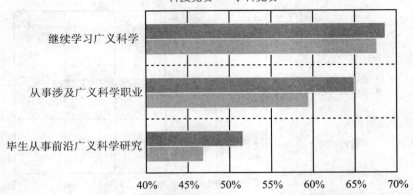

图 4-29　科技竞赛与学科竞赛学生的专业和职业选择情况

5. "明天小小科学家"与"创新大赛"学生的专业和职业选择情况

由图 4-30 知，在未来专业选择和职业选择方面，"明天小小科学家"参赛学生选择广义科学的比例都远远高于"创新大赛"学生。由卡方检验知，"明天小小科学家"参赛学生和"创新大赛"参赛学生在专业和职业选择的三个维度上的选择比例均在 0.01 水平呈现极其显著的统计差异。

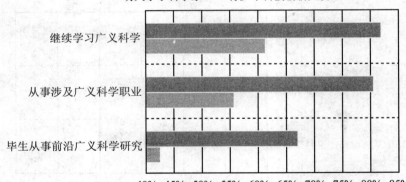

图 4-30　"明天小小科学家"与"创新大赛"学生的专业和职业选择情况

"明天小小科学家"活动宗旨的一个重要方面是"选拔和培养具有科学潜质的青少年科技后备人才，鼓励他（她）们立志投身于科学技术事业"。超过 80％的"明天小小科学家"活动参赛学生选择了"从事涉及广义科学职业"，超过 65％的"明天小小科学家"活动参赛学生选择了"毕生从事前沿广义科学研究"。此结果表明"明天小小科学家"活动对于青少年专业和职业选择方面的影响成效显著，该竞赛活动的目标基本实现。

4.5　科学兴趣和科学价值观

科学兴趣和科学价值观是影响青少年科学素质的重要因素，本研究通过考查学生对科学问题的态度和看法，间接测量学生的科学兴趣和科学价值观，主要借鉴 PISA 学生问卷中的相关题目进行测量。为便于比较和分析，将科学兴趣和科学价值观的原始得分转化为十分制，具体方法参见附录 1。

4.5.1　总样本学生的科学兴趣和科学价值观

由表 4-1 可知，总样本学生科学兴趣的平均得分为 8.45 分，标准差为 1.05 分；50％分位数为 8.66 分，表明 50％以上的学生科学兴趣得分大于 8.66 分。总样本学生科学价值观的平均得分为 7.71 分，标准差为 1.03 分；50％分位数为 7.80 分，说明 50％以上的学生科学价值观得分超过 7.80 分。总体来看，总样本学生具有较高的科学兴趣和科学价值观得分，说明样本学生对科学及相关的问题具有较高的兴趣，树立了良好的科学价值观。

表 4-1　总样本学生科学兴趣与科学价值观

	科学兴趣	科学价值观
均值	8.45	7.71
标准差	1.05	1.03
最大值	10	9.09
75％分位数	9.09	8.45
50％分位数	8.66	7.80
25％分位数	7.84	7.11
最小值	2.5	1.28

4.5.2　不同类别样本学生的科学兴趣和科学价值观比较

表 4-2 呈现了不同类别样本科学兴趣与科学价值观得分的描述性统计和差异比较结果。描述性统计的指标包括均值和标准差；差异比较主要采用独立样本 t 检验方法。图 4-31 和图 4-32 分别呈现了不同类别样本科学兴趣和科学

价值观得分的分布状况。即将科学兴趣和科学价值观分为较高、一般和较低[①]三个水平，考查不同类别样本在三个水平的分布状况。

表 4-2 不同类别样本学生科学兴趣与科学价值观差异比较

样本类别	科学兴趣		科学价值观	
	均值（标准差）	t 值	均值（标准差）	t 值
参赛者	8.55(1.00)	4.97***	7.91(0.92)	11.00***
未参赛者	8.35(1.09)		7.49(1.10)	
获奖者	8.67(0.94)	4.35***	8.18(0.80)	11.28***
未获奖者	8.44(1.02)		7.66(0.96)	
科技竞赛	8.63(1.00)	2.05**	7.99(1.04)	1.79*
学科竞赛	8.51(1.00)		7.89(0.87)	
小小科学家	8.82(0.84)	2.78***	8.35(0.66)	6.07***
创新大赛	8.55(1.06)		7.77(1.17)	
男生	8.50(1.06)	2.98***	7.81(1.08)	6.95***
女生	8.38(1.00)		7.55(0.92)	

注：* 表示在 0.1 水平显著，** 表示在 0.05 水平显著，*** 表示在 0.01 水平显著。

1. 参赛和未参赛学生科学兴趣、科学价值观对比

如表 4-2 和图 4-31 所示，参赛学生科学兴趣平均得分为 8.55 分，未参赛学生平均得分为 8.35 分，参赛学生比未参赛学生高 0.2 分。参赛学生科学兴趣得分为"较高"的比例达到 37%，未参赛学生科学兴趣得分为"较高"的比例不到 30%。由 t 检验知，参赛学生与未参赛学生的科学兴趣得分差异在 0.01 水平显著，意味着参赛学生在科学兴趣方面的得分极其显著高于未参赛学生。

由表 4-2 和图 4-32 知，参赛学生科学价值观平均得分为 7.91 分，未参赛学生平均得分为 7.49 分，参赛学生比未参赛学生高 0.42 分。参赛学生科学价值观为"较高"的比例为 41.7%，而仅有 24.4% 的未参赛学生科学价值观达到"较高"水平。t 检验结果显示，参赛学生与未参赛学生的科学价值观得分差

---

① 分类标准为总样本科学兴趣和科学价值观得分的 33.33% 和 66.67% 分位数。具体而言，科学兴趣：较高：9.02 分及以上，一般：8.13～9.02 分，较低：8.13 分以下；科学价值观：较高：8.24 分及以上，一般：7.35～8.24 分，较低：7.35 分以下。

异在 0.01 水平显著，意味着参赛学生在科学价值观方面的得分极其显著高于未参赛学生。

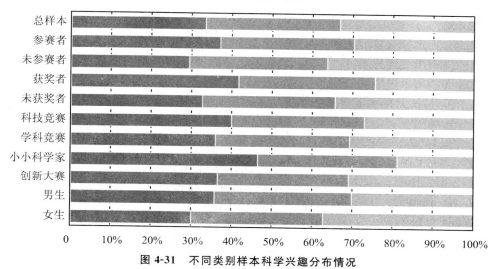

图 4-31　不同类别样本科学兴趣分布情况

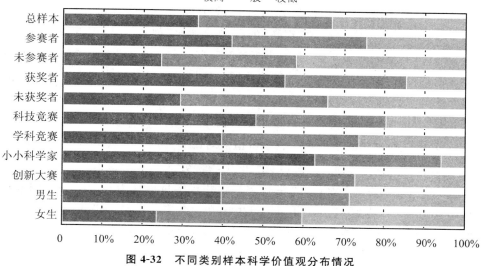

图 4-32　不同类别样本科学价值观分布情况

2. 获奖和未获奖学生科学兴趣、科学价值观对比

在科学兴趣方面，获奖学生平均得分为 8.67 分，未获奖学生平均得分为 8.44 分，获奖学生比未获奖学生高 0.23 分。获奖学生科学兴趣得分为"较高"的比例比未获奖学生高 9%。由 t 检验知，获奖学生与未获奖学生的科学兴趣得分在 0.01 水平呈显著差异，获奖学生比未获奖学生具有更高的科学兴趣。

在科学价值观方面，获奖学生平均得分为 8.18 分，未获奖学生平均得分为 7.66 分，获奖学生比未获奖学生高 0.52 分。获奖与未获奖学生科学价值观得分为"较高"的比例差别更大，54.9% 的获奖学生科学价值观为"较高"，未获奖学生这一比例仅为 29.2%。t 检验结果显示，获奖学生与未获奖学生的科学价值观得分在 0.01 水平呈显著差异，二者在科学价值观方面的差异要大于科学兴趣方面的差异。

3. 科技竞赛和学科竞赛学生科学兴趣、科学价值观对比

科技竞赛学生在科学兴趣和科学价值观上的平均得分分别为 8.63 分和 7.99 分，相应高出学科竞赛学生 0.12 分和 0.1 分。科技竞赛学生在科学兴趣和科学价值观得分为"较高"的比例分别比学科竞赛学生高 4% 和 8.4%。t 检验结果显示，科技竞赛与学科竞赛学生的科学兴趣得分在 0.05 水平呈显著差异，科学价值观得分在 0.1 水平呈显著差异。总体来看，科技竞赛和学科竞赛学生在科学兴趣和科学价值观上的差异相对较小。

4. "明天小小科学家"和"创新大赛"学生科学兴趣、科学价值观对比

"明天小小科学家"参赛学生在科学兴趣和科学价值观上的平均得分均明显高于"创新大赛"学生，差值分别为 0.27 分和 0.58 分。"明天小小科学家"学生科学兴趣和科学价值观"较高"的比例分别比"创新大赛"学生高 9.9% 和 23.4%。t 检验结果显示，"明天小小科学家"与"创新大赛"学生科学兴趣和科学价值观得分均在 0.01 水平呈显著差异，且二者在科学价值观方面的差异远远大于科学兴趣方面的差异。这一结果说明"明天小小科学家"学生相对于"创新大赛"学生具有更高的科学兴趣和更为良好的科学价值观。

5. 男生和女生科学兴趣、科学价值观对比

男生在科学态度和科学价值观上的平均得分为 8.5 分和 7.81 分，分别高出女生 0.12 分和 0.26 分。男生科学兴趣和科学价值观为"较高"的比例分别高出女生 5.7% 和 16.1%。可知，男生比女生具有更高的科学兴趣和更为良好的科学价值观。t 检验结果显示，男生和女生的科学兴趣和科学价值观均在 0.01 水平呈显著差异。

4.6　主要结论

本章主要从参赛目的、参赛影响(总体影响、积极和消极影响)、获取科学知识的渠道、职业支持和职业选择以及科学兴趣和科学价值观五个方面考查参赛对高中生的影响,并比较不同类别样本在五个方面影响的差异。

第一,在参赛目的方面,"拓展科学知识""满足科学兴趣"和"获得高考加分或保送资格"是学生参加科技和学科竞赛活动的最主要目的;不同类别样本参赛目的有所差异,具体而言,科技竞赛学生更注重"提高科技创新能力",学科竞赛学生更注重"拓展科学知识";"明天小小科学家"与"创新大赛"学生参赛目的较为相似,但"明天小小科学家"学生参赛动机更强烈。

第二,从参赛对学生的科学素质影响来看,科技竞赛在"拓展科学知识""提升科学探究能力""增强科学兴趣"和"提高科学创造力"四项影响方面均超过学科竞赛,尤其是在"提升科学探究能力"和"提高科学创造力"方面呈显著差异。"明天小小科学家"活动在四个方面的影响均超过"创新大赛"活动。

从参赛的积极影响来看,影响由高到低依次为"提高科学素质""提高创新能力""促进学业成就"和"促进职业发展"。其中,科技竞赛在"提高创新能力"方面影响更大,学科竞赛的影响侧重于"促进学业成就";"明天小小科学家"活动在参赛的积极影响方面显著高于"创新大赛",竞赛活动对于获奖学生的积极影响显著高于未获奖学生。

从参赛的消极影响来看,"挤占其他科目学习时间"和"加重学生学习负担"是最主要的两项。"明天小小科学家"活动对参赛学生的消极影响超过"创新大赛"活动。

第三,中学生获取科学知识的渠道方面,排在前三位的渠道依次为"电视/广播/网站"和"书籍/杂志/报纸"和"学校科学教育"。参赛学生和参赛获奖学生通过科技竞赛活动获取科学知识的比例远高于未参赛学生和参赛未获奖学生。

在利用"科技竞赛活动"和"科技场所"获取科学知识方面,科技竞赛学生选择比例远高于学科竞赛,"明天小小科学家"学生选择比例远高于"创新大赛"学生。

东、中、西部地区在获取科学知识的渠道上有所差异,但没有表现出明显的趋势。东部和中部地区通过"科技竞赛活动"和"科技场所"获取科学知识的比例高于西部，中部则通过"学校科学教育"获取科学知识的比例高于东部和西部地区。

第四，从职业支持与职业选择的维度来看，"所学课程""老师"和"学校开设课程"依次为学生获取职业支持的主要途径。学生专业和职业选择方面，选择比例由高到低依次为"继续学习广义科学""从事涉及广义科学职业"和"毕生从事前沿广义科学研究"。

在利用学校资源获取"职业支持"的能力以及参赛对学生专业和职业选择的影响方面，均表现出参赛学生高于未参赛学生、获奖学生高于未获奖学生，科技竞赛学生高于学科竞赛学生；"明天小小科学家"参赛学生高于"创新大赛"参赛学生的趋势。

第五，科学兴趣和科学价值观方面，样本学生对科学及相关的问题具有较高的兴趣，树立了良好的科学价值观。从不同类别样本学生在科学兴趣和科学价值观得分的差异比较来看，参赛学生在科学兴趣和科学价值观的得分显著高于未参赛学生、获奖学生高于未获奖学生、科技竞赛学生高于学科竞赛学生、"明天小小科学家"参赛学生高于"创新大赛"参赛学生、男生高于女生。并且，不同类别样本学生在科学价值观方面的差异大于科学兴趣上的差异。

第5章 中国高中生科学素质测评及科技竞赛影响效应评估

　　监测和评估青少年科学素质是对基础教育科学课程教学质量以及课内外科技教育活动实施效果的直接考查，研发测评工具已成为国内科学教育界十分紧迫的任务。本研究借鉴PISA2006的科学素养测评框架，并参照我国基础教育科学课程标准的理念和目标，构建了针对我国青少年的科学素养测评框架并编制了测评试卷。大规模施测的结果表明，该测评框架及试卷具有较高的理论价值和应用价值。本章包括以下四方面内容：1. 青少年科学素养测评工具研发及质量分析；2. 中国高中生科学素质现状及差异分析；3. 中国高中生科学素质影响因素分析；4. 科技竞赛对中国高中生科学素质的影响效应评估。

5.1　青少年科学素养测评工具研发及质量分析

5.1.1　引言

　　近年来，随着我国社会经济的快速发展和科学技术的不断进步，政府和社会高度重视青少年的科学教育工作。按照《全民科学素质行动计划纲要》实施工作方案的部署①，教育

---

　　① 《全民科学素质行动计划纲要》实施工作方案[EB/OL]. [2011-03-01]. http://www. dyast. org/news. asp? /＝122.

部、共青团中央等部门制订并颁布了《未成年人科学素质行动方案》，以推动学校科学教育的发展和课内外科普活动的开展，增强未成年人的创新精神和实践能力，提高未成年人的科学素质。与此相呼应，我国新一轮基础教育科学课程改革首次将"提高每个学生的科学素养"作为科学教育的基本目标。如何科学地评估青少年科学素养[①]？这是目前科学教育界急需解决的问题。国内已有研究绝大多数是对公民科学素养的调查或是对部分中小学学生科学素养的调查[②~⑥]，鲜有针对青少年科学素养测评的研究[⑦]。科学素养调查仅是对公民或青少年科学素养概况的一个初步了解，而且由于采用自我报告的方式，主观性较强。科学素养测评则是基于科学设计的测评试卷，要求被试在限定的时间和空间内完成有关科学知识、技能和态度等方面的试题，从而相对准确地评估被试的科学素养。本研究借鉴国际学生能力评估项目（Programme for International Student Assessment，PISA）的科学素养评估框架，建构了与我国基础教育

---

① 本研究中"科学素养"和"科学素质"是一个概念的两种不同表述方式，基于国内学者习惯将"science literacy"译成"科学素养"，本研究也沿用这一表述。但在引用我国公民科学素质纲要和相关研究时，亦会出现"科学素质"这一词汇，特此说明。

② 王以芳，房瑞标. 第八次中国公民科学素养调查结果[J]. 科协论坛，2010(12)：30.

③ 王学义，曾祥旭. 区域人口科学素养研究[J]. 人口与经济，2008(3)：1—7.

④ 秦浩正，钱源伟. 上海青少年科学素养调查报告[J]. 教育发展研究，2008(24)：31—35.

⑤ 胡卫平，杨环霞. 新旧科学课程对初中生科学素养影响的比较研究[J]. 教育理论与实践，2008(3)：58—61.

⑥ 冯明，蔡其勇，付国经，等. 小学生科学素养调查与分析研究[J]. 重庆教育学院学报，2004(6)：90—92.

⑦ 2011年11月22日以"科学素养测评"和"科学素养评估"为主题词在CNKI中检索1992～2011年的文献，仅有21篇文献，其中12篇探讨美国公民科学素养测评指标体系和我国公民科学素养测评的现状及问题，4篇分析PISA测评工具，5篇是关于中小学科学素养测评工具研究的论文。

科学新课标的理念和目标相一致的青少年科学素养测评框架，编制了《中国青少年科学素养测评试卷》，并进行了大规模施测。调查分析结果表明，该测评框架及试卷具有较高的信度和效度，以期为后继研究者开展我国青少年科学素养测评工具的相关研究提供理论参考和实践支撑。

5.1.2　青少年科学素养的内涵

科学素养(Scientific Literacy)作为国际科学教育的重要内容，是当前科学教育改革中"普及科学"(Science for All)和提高科学教育质量这两大目标的基石①。国外众多学者和国际学生评价组织对科学素养都有各自的理解和界定。其中，应用最为广泛的是美国国际科学素养促进中心主任米勒(Miller)提出的科学素养概念模型，主要包括对科学原理和方法(科学的本质)的理解、对科学术语和科学概念(科学知识)的理解以及认识并了解科学和技术对社会生活的影响等三个维度②。米勒的科学素养三维模型是在佩拉③、沙瓦尔特④对科学素养定义的基础之上提出的，其界定简单而且更具概括性，是各国公民科学素养调查问卷设计的理论基础。美国学者克劳普福将科学探究、科学态度、科学兴趣和生活情境亦纳入科学素养的范畴⑤。PISA2009 提出，科学素养的内涵包括以下四个方面的内容：掌握并运用科学知识界定科学问题、解释科学现象，并做出有科学依据的推论；理解科学和科学探究的本质特征；了解科学、技术如何塑造物质、

①　郭元婕．"科学素养"之概念辨析[J]．比较教育研究，2004(11)：12－15.

②　Miller J D．The Scientific Literacy：A Conceptual and Empirical Review[J]．Daedalus，1983，112(2)：29－48.

③　Pella M O，O'Hearn G T and Gale C W．Referents to scientific literacy[J]．Journal of Research in Science Teaching，1966，4(3)：199－208.

④　Showalter V．What is unified science education? Program objectives and scientific literacy[R]．Prism Ⅱ，1974：2，1－6.

⑤　Klopfer L E．Scientific Literacy[M]．In：Husen T and Poatlethwaite T N(Eds)．The International Encyclopedia of Education：Research and Studies．Oxford：Pergamon，1985(8)：4478.

文化和精神世界；做一个反思型公民，积极参与科学活动①。这四个方面的内容也是 PISA2009 科学素养测评框架的基础。PISA2009 关于科学素养的概念界定与 PISA2006 基本相同②。

我国《全民科学素质行动计划纲要（2006－2010－2020）》对公民科学素质进行了最新界定，"科学素质是公民素质的重要组成部分。公民具备基本科学素质一般指了解必要的科学技术知识，掌握基本的科学方法，树立科学思想，崇尚科学精神，并具有一定的应用它们处理实际问题、参与公共事务的能力"③。与公民科学素质有所不同，《全日制义务教育科学（7～9 年级）课程标准（实验稿）》提出，学生科学素养的内涵包括以下四方面内容：科学探究的过程、方法和能力；科学知识与技能；科学态度、情感与价值观；对科学、技术与社会关系的理解④。

在借鉴上述学者、PISA 评价项目和我国基础教育科学课程新课标对科学素养概念界定的基础之上，结合青少年身心发展的特点，本研究将"青少年科学素养"界定为：理解并掌握与其心智成熟程度相当的有关科学知识、科学本质以及科学—技术—社会关系（Science-Technology-Society，STS）等方面的内容，培养科学兴趣和科学态度，逐步形成正确的科学价值观，初步具备在社会生活情境中应用科学知识、技术和方法解决实际问题的能力。这一概念综合了众多学者、国际组织对青少年科学素养界定的主要维度（科学知识、态度和能力），也强调了 PISA 和我国科学课程新课标中提及的科学—技术—社会关系。这一概念的基本内涵具有三个特点：（1）普遍性与特殊性相结合。既考查在科学知识、科学本质等方面普通公民应具备的基本素养，又要结合青少年的年龄特点，强调科学知识要符合其身心和认知发展水平。（2）知识与能力相结合。既考查对具体科学

---

① OECD. PISA 2009 Assessment Framework：Key Competencies in Reading，Mathematics and Science [R]. Paris：OECD，2009：127.

② OECD. Assessing Scientific，Reading and Mathematical Literacy：A framework for PISA 2006[R]. Paris：OECD，2006：23.

③ 全民科学素质行动计划纲要（2006－2010－2020）[EB/OL]．[2011-02-26].

④ 中华人民共和国教育部. 全日制义务教育科学（7～9 年级）课程标准（实验稿）[S]. 北京：北京师范大学出版社. 2003：3.

知识的掌握程度，又考查运用科学知识、技术和方法解决实际问题的能力。(3)认知因素与非认知因素相结合。既考查理解、推理、应用等认知因素，又重视对兴趣、态度、价值观等非认知因素的评价。

5.1.3　青少年科学素养测评框架的建构依据

科学素养评估框架是研发科学素养测评工具的重要理论基础。本研究基于青少年科学素养的概念，借鉴 PISA2006 科学素养测评框架，并参照我国基础教育科学新课标的理念和目标，构建针对我国青少年的科学素养测评框架。此外，鉴于数学和科学之间的密切联系，将数学也纳入青少年科学素养测评的范围。

1. PISA2006 科学素养测评框架

PISA 创立于 1997 年，是在经济合作与发展组织（Organization for Economic Co-operation and Development，OECD）成员国中开展的一项国际学生能力评估项目。它主要以即将完成普及教育的 15 周岁学生的测评成绩来检测教育系统的结果，评价学生阅读、数学、科学素养三个方面内容。PISA 认为，15 岁年龄段的学生所掌握的知识和技能程度将影响他们迎接未来社会挑战的能力。因此，PISA 科学素养的测评重在对学生三种基本科学能力的评估：识别科学问题的能力（包括识别科学调查的可行性、科学信息中的关键词以及科学调查的主要特征）；科学地解释现象的能力（包括在给定情境中应用科学知识，科学地描述、解释现象以及预测变化）；运用科学证据的能力（包括推演科学证据，得出和交流结论，识别结论背后的假设、证据和推理，以及反思科学和技术发展的社会意义）（OECD，2009）[①]。PISA2006 主要测评学生的科学素养，其测评工具已经较为成熟，PISA2009 基本上沿用了 2006 年的科学素养测评框架，只是由于 2009 年的测评重点不再是科学素养，因而在其测评框架中舍去了态度维度。如图 5-1 所示，PISA2006 从四个方面对青少年的科学素养进行评估，具体包括：（1）情境。认识到涉及科学和技术的生活背景，包括个人情境、社会情境和全球情境。（2）胜任力。包括识别科学问

---

① OECD. PISA 2009 Assessment Framework：Key Competencies in Reading，Mathematics and Science[R]. Paris：OECD，2009：137.

题、科学地解释现象、运用科学证据。（3）知识。既要掌握具体的科学知识，同时也要理解关于科学本身的知识(科学本质)。（4）态度。对科学的兴趣，对科学探究的支持，有责任的行为动机等。

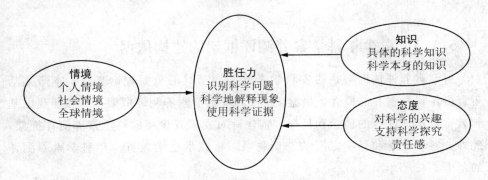

图 5-1　PISA2006 科学素养测评框架

与 PISA 相比，国际数学和科学趋势评测（The Trends in International Mathematics and Science Study，TIMSS)和美国国家教育进步评价（National Assessment of Educational Progress，NAEP)的科学素养测评框架在测评内容、题目建构形式等方面有所不同，但是在评估的核心内容(知识和能力)以及知识维度涵盖的主题和能力的层次分类上，三者是一致的(IEA，2007[①]；NAGB，2009[②])。PISA2006 首次将情境和态度作为独立的考查变量纳入科学素养测评框架中，具有一定的前瞻性。TIMSS 和 NAEP 也将对科学兴趣、态度等非认知因素的考量作为未来科学素养测评体系扩展的发展趋势。尽管当前各国关于科学素养的测评不尽相同，但就整体而言，这些评估框架都没能超越 PISA2006 的测评框架。2006 年，教育部考试中心引进并启动了 PISA2006 中国试测研究项目，虽然这并不代表中国正式参与 PISA 项目，该实践的目的在于学习、借鉴 PISA 先进的考试评价理念、理论、技术，构建符合中国国情的评价标准、手段、技术和方法体系，促进考试内容和形式

---

① IEA. TIMSS2007 Assessment Framework[R]. Boston：IEA，2007：39－77.

② NAGB. Science Framework for the 2009 National Assessment of Educational Progress[R]. National Assessment Governing Board，U. S. Department of Education，2009：10－64，95－122.

的改革。2009 年，上海成为大陆地区第一个正式参与 PISA 项目的城市，并取得全球第一的佳绩①。这些都为 PISA 评估框架在中国的本土应用奠定了基础。

2. 全日制义务教育科学课程标准(实验稿)的理念和目标

教育部制定的《全日制义务教育科学(7～9 年级)课程标准(实验稿)》(以下简称《科学课程标准》)于 2001 年正式颁发并实施。《科学课程标准》在我国科学教育史和课程改革与发展史上第一次开宗明义地指出："全面提高每一个学生的科学素养是科学课程的核心理念。"这充分表明了《科学课程标准》融合于世界科学教育的总趋势，对扭转我国长期以来科学教育目标的偏向具有重要的理论意义和实践价值。长期以来，我国的科学教育仅着眼于"双基"，过分强调对公式、定理、定律、规律的记忆、理解、掌握和运用，而这种运用又主要是运用于分析问题与解决问题，甚至极端化为在解题中的运用。而对隐含于其中的科学观念、科学精神、科学思想、科学方法则无暇顾及。不懂得科学本质的科学教育，会不自觉地把科学教育异化成非科学甚至伪科学的教育②。《科学课程标准》明确提出："科学课程要引导学生初步认识科学本质，逐步领悟自然界的事物是相互联系的，科学是人们对自然规律的认识，必须接受实践的检验，并且通过科学探究而不断发展。"③这与 PISA2009 对科学本质的测评目标完全一致。《科学课程标准》的目标包括科学探究(过程、方法和能力)，科学知识与技能，科学态度、情感与价值观和对科学、技术与社会关系的理解四个方面，而科学探究是其核心，它既是《科学》学习的目标，又是《科学》学习的方式，贯穿在《科学》课程学习的整个过程中。袁运开对《科学课程标准》中的"科学探究"作了如下阐释："科学探究注重创设学习科学的情境，提供学生自己动手、动脑，主动去探究自然的条件与机会，从而激发他们的

---

① China Debuts at Top of International Education Rankings [EB/OL]. [2011-03-01]. http://abc-news. go. com/Politics/china － debuts － top － international－ education－ rankings/story? id＝12336108.

② 蔡铁权. 全日制义务教育科学(7～9 年级)课程标准(实验稿)述评[J]. 全球教育展望，2007(1)：84－89.

③ 中华人民共和国教育部. 全日制义务教育科学(7～9 年级)课程标准(实验稿)[S]. 北京：北京师范大学出版社，2003：2.

好奇心和求知欲，使之在探究过程中体验学习科学的乐趣，是促进学生学习科学的有效方式；科学探究就其一般的完整过程来说，从发现问题、提出科学问题，进行猜想和假设，制订计划和设计实验，通过观察实验获取了事实证据，检验与评价结果，到对取得的成果进行表达与交流，不但是一个逻辑的实证过程，同时还是一个充满创造性思维的过程，是一个发挥潜能、克服困难、艰辛探索、不断实践的过程。"①

从上文叙述中可以发现，《科学课程标准》中科学探究的过程与 PISA 科学胜任力考查的识别科学问题、解释科学现象以及运用科学证据三个方面极其吻合。此外，科学探究注重创设问题情境，这种问题情境来源于青少年的个人生活情境、社会情境乃至全球情境。《科学课程标准》的基本理念之一就是"科学课程的内容要满足社会和学生双方面的需要"，"选择贴近青少年生活、符合现代科技发展趋势和适应社会发展需要的内容，而且这些内容要强调知识、能力和情感态度与价值观的整合。"这也是我们参照 PISA 将问题情境作为科学素养测评的一个重要维度的依据。

3. 将数学纳入青少年科学素养测评的依据

数学是依靠逻辑和创造研究规律和关系的科学，在现代社会中扮演着重要角色。以下三个方面是将数学纳入青少年科学素养测评内容的重要依据。第一，科学和数学的结盟具有悠久的历史，可以追溯到许多世纪以前。科学为数学提出了值得研究的有趣问题，数学为科学提供了有力的用于分析数据的工具。科学和数学都试图找出事物的一般规律和关系，从这一意义上来说，它们都是科学事业的一部分。第二，数学是科学的主要术语。在准确表达科学概念时，数学符号具有极高的价值。更重要的是，数学提供了科学的法则，即严格地分析科学概念和数据的法则。第三，数学和科学具有许多共性且数学和技术的互动富有成效。一方面，数学与科技的结合形成了科学的推动力，并获得了极大的成功；另一方面，数学和其他基础科学及应用科学的关系日益密切。物理、化学、经济、生命科学等领域越来越多地使用数学，跨学科的问题研究也成为科学研究的发展趋势。因此，了解和掌握数学知识对提高青少年科学素养尤为重要。正如米勒所言，中学时期的数学教育和科学教育是决定科学素养的关键。无独有偶，《美国 2061 计划》（Project 2061）也将数学

---

① 袁运开. 科学课程标准的特点和我们的认识
[J]. 全球教育展望，2002(2)：12—16.

纳入科学素养范畴，并要求理解和运用数学知识、方法和思维方式解决实际问题①。

5.1.4　青少年科学素养的测评框架

如图 5-2 所示，青少年科学素养的测评框架主要从以下四个方面来构建：(1)情境。源于青少年真实的生活情境，而不仅仅局限于其学校生活，而且与科技密切相关。测评题目既要涉及学生本人、家庭和同辈群体的环境，即个人情境，也要包括社会团体环境，即社会情境，还有跨地域的生活情境，即全球背景下的情境。(2)知识。考查具体的科学知识掌握情况，主要包括数学、物质科学(包括物理和化学)、生命科学、地球和空间科学、科学技术和信息五个模块。其中物质科学、生命科学、地球和空间科学、科学技术和信息与我国《科学课程标准》中的五个内容模块基本相同。(3)胜任力。包括确定科学事件、科学地解释各种现象，运用科学证据解决实际问题三个层面。每个层面又细分为三个依次递进的子层次(如表 5-1 所示)。(4)态度。主要包括科学兴趣、对科学事件的看法和态度以及科学的价值观念三个方面；同时涵盖对科学—技术—社会(STS)的理解，即对科学与技术的相互联系、科学和技术的应用风险、科学技术对社会的影响等方面的理解。

表 5-1　青少年科学素养胜任力维度

识别科学问题

识别科学调查或实验中的关键信息

识别科学调查或实验中可以测量的变量和可控变量

确定科学调查或实验的主要内容

科学地解释现象

在给定的情境中运用科学知识和科学探究

---

①　代建军，谢利民. 中美科学教育目标的比较研究——基于《普及科学——美国 2061 计划》和我国《2049 行动计划》的思考[J]. 外国中小学教育，2005(9)：17—21.

科学地解释现象

　　描述、解释现象并能预测变化

　　确定适宜的描述、解释和预测（评判不同的解释或预测）

运用科学证据解决实际问题

　　推演科学证据、得出结论并交流结论

　　识别得出结论的依据并界定结论背后的假设

　　对结论及隐含的证据和推理进行分析、评价

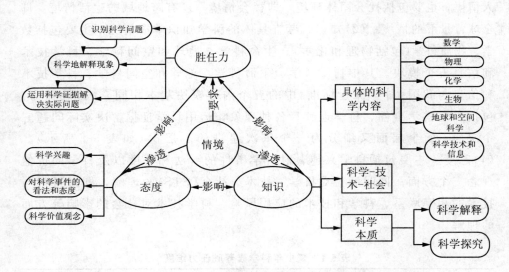

图 5-2　青少年科学素养的评估框架

　　青少年科学素养测评框架的四个方面相互关联，但四者之间并不是并列或平行关系。首先，情境指的是科学素养测评命题所依据的背景信息，它是为考查青少年利用科学知识在不同层面的环境下（个人情境、社会情境和全球情境）解决问题的能力提供背景信息，而非对情境本身的测评。具体的情境渗透着对科学态度和科学知识的考查，而且特定的情境要求具备一定的胜任力以解决实际问题。其次，知识和态度之间是相互影响的。一方面，科学知识的理解和掌握有利于提升科学兴趣、树立正确的科学价值观以及形成良好的科学态度；另一方面，良好的科学态度能够促进科学知识的学习。最后，具有良好的科学态度和丰富的科学知识能够提升科学胜任力，胜任力是青少年科学素养评估框架贯穿始终的主线与核心。

需要说明的是，此测评框架与 PISA2006 有所不同。首先，本研究构建的科学素养测评框架将数学纳入科学知识测评的范围，PISA 将数学作为单独学科进行评估；其次，胜任力的三个层面的子层次是依次递进的能力水平，这与 PISA 胜任力的三个层面所包含的内容不完全一样，PISA 子层次的内容之间没有递进关系，而是在评估被试能力时将其分为 6 个水平；此外，科学态度维度所包含的三个方面与 PISA 亦有所不同，考查青少年是否具有科学兴趣、对 STS 的理解以及科学价值观等，这与我国基础教育科学课程新课标中的目标一致，而 PISA 更侧重考量学生是否支持科学探究、对资源和环境的责任感。因此，该测评框架既吸纳了 PISA 科学素养测评框架的主要原理，又在此基础上与我国基础教育科学课程新课标的目标、内容相融合，符合我国青少年科学教育的目标和要求，对于科学教育研究者开展中国青少年科学素养测评相关研究具有重要参考价值。

课题组参照 PISA 科学素养的测评形式，研发了《中国青少年科学素养测评试卷》，该测评以纸笔测验为主，将科学知识与技能，科学方法与能力，科学态度、情感与价值观等方面结合起来，综合评估我国青少年的科学素养。测评试卷包括单项选择题、多项选择题、开放式问答题以及等级评定题等多种形式，其中等级评定题主要考查青少年的科学态度与科学价值观。试卷由分学科内容的若干单元组成，每个单元创设一个与科技相关的真实生活情境。此外，在开发科学素养测评试卷的同时，还设计了学生个体及家庭的背景信息问卷以及学校教育资源特征方面的问卷，这将有利于分析学生科学素养的影响因素以及考查学生所接受的科学课程和参与的科技或科普活动对学生科学素养的影响效应，为政府制定资源投入政策、学校改进科学课程、学生选择有效学习方式等提供参考信息。

5.1.5　青少年科学素养测评工具质量评估

1. 试卷质量分析指标及计算方法

基于上述测评框架，课题组采用自行编制的《中国青少年科学素养测评试卷》考查青少年的科学素养，该测评的结果是否有价值？其可信度如何？这些问题均关乎测评试卷的质量。测评试卷的质量主要包括稳定性、可靠性和有效性等方面，通常采用信度、效度、难度、区分度等指标予以考查。

信度指同一个测验（或相等的两个或多个测验）对同一组被试施测两次或

多次，所得结果的一致性程度，即测验的可靠性程度。根据研究需要，此处主要计算测评试卷各个维度以及总试卷的内部一致性 α 系数（Cronbach's Alpha，信度系数）。在测试中，内部一致性 α 系数一般应该在 0.6 以上。效度指一个测验对其所要测量的属性能够测到的程度，即测验的准确性。本研究主要使用因子分析方法考查科学知识和胜任力、科学态度的结构效度。一般情况下，结构效度应当大于 0.5。

难度指测验试题的难易程度。本研究使用的计算公式为 $P=1-X/W$，其中，P 表示难度，X 为某题目的平均得分，W 为该题的满分。因此，难度系数越高，题目越难。一般情况下，试卷的整体难度应以 0.50 左右为宜，每道题目的难度最好不要小于 0.2 或者大于 0.8。区分度指测验对考生实际水平的区分程度，具有良好区分度的测试题，实际水平高的学生应该得高分，实际水平低的学生应该得低分。本研究对每道题目及每个维度的区分度主要计算样本学生在该题目或维度上的得分与总分的相关系数。区分度越高，题目对于不同水平学生的区分能力越强。区分度与难度常常是相关联的，难度越接近 0.5，区分度就越高。一般情况下，区分度最好控制在 0.2 以上。

表 5-2 概括了试卷质量分析的四个指标及其评价标准。根据已有研究，为了保证测评质量，试卷题目应该遵循"一中三高"的原则，即试题的难度要适中，区分度、信度、效度则越高越好。接下来分析科学素养测评试卷的整体质量以及试卷中每道题目的质量。

表 5-2　试卷质量分析指标及标准

指标	计算方法	评判标准	说明
信度	Cronbach's Alpha 系数	最好在 0.7 以上，0.6～0.7 可以接受，0.6 以下应考虑重新修订量表或增删题目①	越接近 1 越好
效度	结构效度	结构效度最好 0.5 以上	越接近 1 越好
难度	失分率	最好在 0.2～0.8，0.2 以下偏易，0.8 以上偏难	适中
区分度	相关系数	0～0.2 较差，0.2～0.3 尚可，0.3～0.4 良好，0.4 以上为优良	越接近 1 越好

---

① 方积乾，陆盈. 现代医学统计学[M]. 北京：人民卫生出版社，2002：247－251.

2. 试卷整体质量分析

本部分利用四川、湖北、辽宁、甘肃、福建和北京六省市的高中生科学素养调查数据，样本合计 3 109 人，分析科学素养测评试卷的整体质量。试卷的整体难度为 0.412，区分度为 0.301，信度为 0.817，效度为 0.508，难度适中、区分度、信度、效度均良好。科学兴趣和科学价值观作为科学态度的两个维度，其结构效度分别为 0.536 和 0.621，效度较好；两者的信度分别为 0.758 和 0.870，信度较高。

3. 各题目质量分析

为了全面考查试卷质量，本研究使用项目反应理论(Item Response Theory，IRT)的方法评估科学素养试题质量。经典测量理论(classical Test Theory，CTT)虽然以随机抽样理论为基础，建立了简单的数学模型，但其在理论假设和实际应用方面还存在着结果的推广局限性、分数的测验依赖性、统计量的样本依赖性、信度估计的不精确性以及能力量表与难度量表的不一致性等问题。相反，IRT 则能够克服这些方面的缺陷。本研究使用 IRT 作为分析的理论依据，考查学生的能力水平和项目特征。

(1)IRT 的优势

总体来看，IRT 在理论和方法上具有以下优点：①项目参数的估计独立于被试样本。即难度和区分度的估计值与被试能力无关。同一个测验项目，高能力和低能力被试的反应拟合同一条项目特征函数曲线(Item Characteristic Curve，ICC)，同一条 ICC 所对应的项目参数是唯一的。②测验信息函数的概念代替了信度理论，用测验对能力估计所提供信息量的多少来表示测量的精度。这避免了平行测验的假定，并能给出不同能力被试的测量精度。③项目的难度参数和能力水平在同一个量尺上。对被试能力的估计不依赖于特定的测验题目。IRT 将被试能力和测题难度放在同一量尺上进行估计，无论测验的难易，被试能力估计值不变，不同的测验结果可直接比较。

(2)模型简介

由于本研究编制的试卷题项存在两个或多个等级关系，分析时使用 IRT 的等级反应模型来考查学生能力以及项目特征。这一模型是塞姆吉玛(Samejima)于 1969 年提出的，是项目反应模型的一种变化形式，可以用来处理两个或多个等级类别的项目反应测验。结合本研究，此处主要介绍等级反应模型中的同质模型。

模型假设对于每一个反应类别都有一条特征曲线，如果将项目 i 的反应划

分成 m_i+1 个类别，其分数分别记为 $x_i=0$, 1, …, m，那么，等级反应类别的操作特征就可以定义为

$$Px_i(\theta) = P^*_{x_i}(\theta) - P^*_{x_i+1}(\theta). \tag{5-1}$$

公式(5-1)中，$Px_i(\theta)$ 表示能力为 θ 的被试在第 i 个项目上得分恰好为 x_i 的概率，$P^*_{x_i}(\theta)$ 表示能力为 θ 的被试在第 i 个项目上得分在 x_i 及以上的概率。

经分析发现，对于多等级评分项目的任何一个 $Px_i(\theta)$ 都可以用二值评分项目反应函数表示出来，借用单维二值评分项目双参数模型中的正态肩形曲线和逻辑斯蒂克模型，可以分别得出等级反应模型的两种具体形式：

$$Px_i(\theta) = \frac{1}{\sqrt{2\pi}} \int_{a_i(\theta-b_{x_i+1})}^{a_i(\theta-b_{x_i})} \exp\left[\frac{-t^2}{2}\right] dt, \tag{5-2}$$

$$Px_i(\theta) = \frac{\exp\left[-Da_i(\theta-b_{x_i+1})\right] - \exp\left[-Da_i(\theta-b_{x_i})\right]}{\{1+\exp\left[-Da_i(\theta-b_{x_i})\right]\}\{1+\exp\left[-Da_i(\theta-b_{x_i+1})\right]\}}. \tag{5-3}$$

式(5-2)和式(5-3)中，a_i 表示第 i 题的项目区分度，b_{x_i} 表示第 i 题第 x_i 等级的等级难度。式(5-3)中的 D 为量表因子，一般为 1.7。在等级反应模型下，可以使用边际似然估计方法得出被试能力 θ 的估计值，边际似然函数由下式给出：

$$L(a_i, b_{x_i}) = \prod_{j=1}^{N} \int_{-\infty}^{\infty} g(\theta_j) P_{x_i}(\theta_j) d\theta_j, \tag{5-4}$$

其中，N 为被试人数，$g(\theta_j)$ 是能力的密度函数。

近年来，随着计算机的发展，这种等级反应模型已经可以通过电脑软件实现，本研究使用 Excel 中的 EIRT 程序模块来估计项目参数和被试能力(科学知识和胜任力)。

(3)项目特征分析

Excel 软件的 EIRT 模块程序是采用塞姆吉玛模型估计项目参数和学生能力水平，此处主要呈现各个项目(试题)的平均难度、区分度参数及其参数的标准误(S. E.)。

对于区分度来说，其取值范围可以为负无穷至正无穷，通常情况下的范围为 $-2.8\sim2.8$。难度与被试特质能力的量尺一致，对于大规模测评来说，通常难度的范围在 $-4\sim4$。总体来看(见表 5-3)，项目的区分度和难度符合试题编制的相关要求，其中 s12.1 和 s12.2 的区分度参数较佳(>1.5)。

表 5-3　各题目质量分析(项目反应理论)

题目	难度	S. E.	区分度	S. E.	题目	难度	S. E.	区分度	S. E.
s1.1	−1.453	0.208	0.626	0.039	s10.2	−2.290	0.000	0.169	0.000
s1.2	−5.831	0.807	0.391	0.051	s10.3	−2.785	0.229	0.854	0.057
s2.1	−2.886	0.300	0.528	0.049	s10.4	−1.974	0.147	1.211	0.065
s3.1	−0.911	0.312	0.527	0.038	s10.5	−3.536	0.283	0.712	0.047
s4.1	3.019	0.359	0.629	0.063	s11.1	3.303	0.256	0.902	0.052
s5.2	−2.321	0.343	0.330	0.045	s11.2	1.479	0.197	1.012	0.052
s5.3	0.608	0.207	0.471	0.039	s12.1	−0.991	0.067	1.858	0.075
s6.1	−1.645	0.206	0.505	0.040	s12.2	−0.756	0.051	1.946	0.074
s6.2	1.241	0.159	0.584	0.040	s12.3	1.478	0.120	0.891	0.051
s6.3	2.896	0.575	0.395	0.038	s13.1	−1.122	0.092	0.981	0.057
s7.1	−1.031	0.280	0.320	0.038	s13.2	0.179	0.044	1.179	0.050
s7.2	2.479	0.295	0.500	0.040	s13.3	1.522	0.108	1.151	0.053
s8.1	−0.391	0.125	0.648	0.039	s14.1	1.622	0.132	1.118	0.047
s8.2	−2.975	0.271	0.537	0.042	s14.2	0.524	0.057	1.157	0.049
s9.1	−1.257	0.130	0.554	0.044	s14.3	−0.724	0.054	1.388	0.059
s10.1	−2.126	0.184	0.633	0.041					

5.1.6　结论

本研究主要勾勒了我国高中生科学素养测评工具的开发及其质量分析结果,整体而言,本研究所建构的青少年科学素养测评框架及编制的试卷具有较充分的理论依据和较高的应用价值。具体来看:第一,测评框架建构和试卷编制具有理论依据和实践基础。课题组从科学素养的内涵界定出发,以我国《科学课程标准》为基础,有理可依、紧扣实践,从起点上保障了测评框架和测评试卷的科学性和实践性。第二,测评框架建构和试卷编制以国际学生科学素养测评项目为标杆,借鉴了国际上广受关注和认可的学生评价项目 PISA2006,在一定程度上保障了整个试卷的科学性和有效性。第三,《中国青少年科学素质测评试卷》大范围施测发现,试卷编制质量较高,可以大规模应用。通过信效度、难度和区分度分析考查试卷质量发现试卷整体的难度、区分度、信度、效度较好;采用项目反应理论的方法对各题目质量的分析结果亦表明,试卷编制质量较高,基本符合测验对于试卷各项指标的要求,该试卷在试题测量质量以及文字表述等方面均不存在明显问题,将来可以用于我国高中生科学素养的大规模测评。

5.2 中国高中生科学素质现状及差异分析

如前文所述，本研究将青少年"科学素质"界定为：理解并掌握与其心智成熟程度相当的有关科学知识、科学本质以及科学—技术—社会关系（STS）等方面的内容，培养科学兴趣和爱好以及良好的科学态度，逐步形成正确的科学价值观，初步具备在社会生活情境中应用科学知识、技术和方法解决实际问题的能力。从能力维度来看，科学素质又可分为识别问题、解释现象和运用证据三个层面。

5.2.1 总样本学生科学素质及能力现状

由表 5-4 可知，总样本学生科学素质平均分为 60.94 分，最高分为 92 分，50％的学生科学素质得分大于 61.58 分。从科学素质的能力维度来看，总样本学生"识别问题"平均得分为 62.73 分，"解释现象"平均得分为 65.68 分，"运用证据"平均得分为 54.58 分。三个维度中，"解释现象"得分最高，其次为"识别问题"，"运用证据"得分最低。说明我国中学生运用科学证据解决实际问题的能力较弱，这也是我国长期以来应试教育模式导致的后果。

表 5-4 总样本学生科学素质及能力现状

	科学素质	识别问题	解释现象	运用证据
均值	60.94	62.73	65.68	54.58
标准差	9.10	15.54	10.59	14.15
最大值	92	100	95.45	94.74
75％分位数	67.45	73.94	72.94	64.09
50％分位数	61.58	63.48	66.39	55.15
25％分位数	55.15	52.82	59.16	46.35
最小值	31.96	9.93	25.29	9.42

5.2.2　不同类别样本学生科学素质及能力状况

本部分从个体、班级、学校、地区四个层面考查高中生科学素质及能力现状和差异。个体层面变量包括是否参加科技和学科竞赛、是否参赛获奖者、参赛类型、性别、家庭经济状况、科学态度、科学价值观七个方面；班级层面考查重点班和普通班学生在科学素质和能力方面的差异；学校层面变量包括学校类型（是否重点校）和学校所在地；地区层面考查东、中、西部地区学生科学素质和能力的差异。

1. 基于学生个体层面不同类别样本科学素质及能力状况

表 5-5 呈现了基于学生个体层面的不同类别样本科学素质、能力得分及其差异，图 5-3～图 5-6 分别呈现了不同类别样本科学素质、能力得分的分布（较高、一般、较低）①状况。

表 5-5　不同类别样本学生科学素质及能力差异状况（个体层面）

样本类别	科学素质		识别问题		解释现象		运用证据	
	均值（标准差）	t 值	均值（标准差）	t 值	均值（标准差）	t 值	均值（标准差）	t 值
参赛者	63.72 (8.88)		66.20 (14.93)		68.34 (10.37)		58.72 (13.95)	
		18.34***		13.00***		14.77***		17.41***
未参赛者	57.96 (8.33)		59.01 (15.31)		62.83 (10.06)		50.15 (12.96)	

①　分类标准为总样本科学素质、能力得分的 33.33％和 66.67％分位数。具体而言，科学素质：较高：65.34 分及以上，一般：57.53～65.34 分，较低：57.53 分以下；识别问题：较高：70.11 分及以上，一般：57.05～70.11 分，较低：57.05 分以下；解释现象：较高：70.40 分及以上，一般：61.92～70.40 分，较低：61.92 分以下；运用证据：较高：60.85 分及以上，一般：49.57～60.85 分；较低：49.57 分以下。

中国青少年科技竞赛项目评估及国际比较研究

样本类别	科学素质 均值（标准差）	t值	识别问题 均值（标准差）	t值	解释现象 均值（标准差）	t值	运用证据 均值（标准差）	t值
获奖者	67.75 (7.66)		69.71 (13.68)		72.31 (9.20)		64.58 (12.44)	
		18.57***		8.97***		15.06***		16.98***
未获奖者	60.12 (8.30)		63.06 (15.13)		64.86 (10.03)		53.41 (13.05)	
科技竞赛	63.41 (8.54)		65.58 (14.71)		68.60 (10.01)		57.53 (13.09)	
		-1.63		-1.60		-0.29		-2.65***
学科竞赛	64.24 (88.85)		66.94 (14.62)		68.77 (10.18)		59.60 (14.13)	
小小科学家	64.15 (9.07)		65.83 (15.26)		69.79 (11.16)		57.95 (12.68)	
		1.31		0.25		1.74*		0.53
创新大赛	62.98 (8.28)		65.45 (14.42)		67.88 (9.29)		57.22 (13.60)	
男生	61.84 (9.23)		63.08 (15.33)		66.66 (10.58)		55.91 (14.56)	
		6.89***		1.30		6.17***		6.80***
女生	59.52 (8.67)		62.33 (15.74)		64.21 (10.36)		52.38 (13.21)	
家庭经济状况较好	62.73 (8.88)		65.11 (14.84)		67.55 (10.47)		57.03 (13.78)	
		10.78***		8.31***		9.62***		9.48***
家庭经济状况一般	59.22 (8.96)		60.45 (15.85)		63.88 (10.40)		52.21 (14.10)	
科学兴趣较高	62 (8.99)		64.13 (15.02)		67.10 (9.99)		55.75 (14.35)	
		3.80***		3.00***		4.40***		2.62***
科学兴趣一般	60.77 (8.29)		62.44 (15.30)		65.50 (9.56)		54.41 (13.21)	
科学价值观较高	63.18 (8.99)		65.06 (15.31)		68.07 (10.22)		57.80 (13.94)	
		11.63***		6.55***		10.62***		10.71***
科学价值观一般	59.31 (8.52)		61.27 (15.14)		63.92 (10.33)		52.25 (13.32)	

注：* 表示在 0.1 水平显著，** 表示在 0.05 水平显著，*** 表示在 0.01 水平显著。

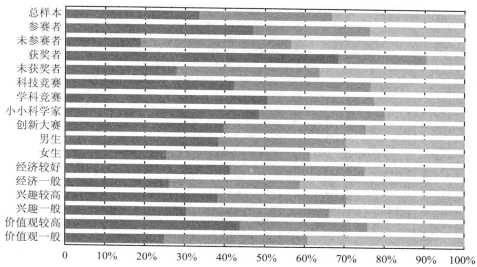

图 5-3　不同类别样本科学素质分布状况（个体层面）

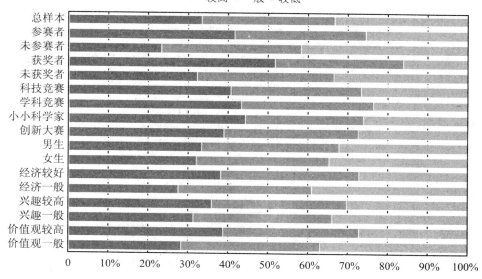

图 5-4　不同类别样本"识别问题"能力分布状况（个体层面）

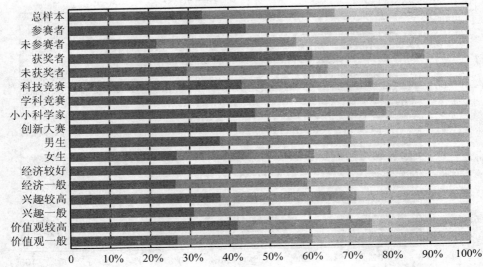

图 5-5　不同类别样本"解释现象"能力分布状况（个体层面）

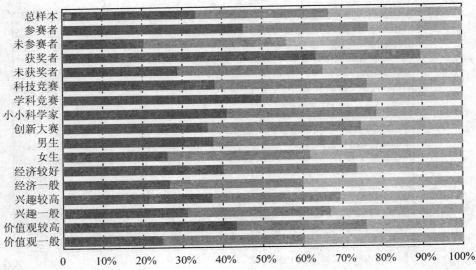

图 5-6　不同类别样本"运用证据"能力分布状况（个体层面）

(1)参赛与未参赛学生科学素质及能力差异

如表 5-5 所示,参加科技竞赛和学科竞赛的学生科学素质平均分为 63.72 分,高于未参赛学生的 57.96 分,差值为 5.76 分。图 5-3 显示,46.9%的参赛学生科学素质得分较高,远远高于未参赛学生 18.7%的比例;43.5%的未参赛学生科学素质较低,参赛学生这一比例为 23.8%。由 t 检验知,参赛学生与未参赛学生科学素质在 0.01 水平呈显著差异。一方面,由于参赛学生自身科学素质高于未参赛学生;另一方面,也表明参加科技竞赛和科技竞赛活动对青少年科学素质有积极促进作用。

从能力得分的各维度来看,参赛学生均明显高于未参赛学生,差异最大的两项分别为"运用证据"和"解释现象",差值为 8.57 分和 5.51 分。图 5-4~图 5-6 表明,参赛学生中,41.6%的学生"识别问题"能力较强,44.2%的学生"解释现象"能力较强,45.2%的学生"运用证据"解决实际问题能力较强;而未参赛学生在能力的三个维度为较高的比例分别为 23.2%,21.8% 和 20.3%。由 t 检验知,参赛和未参赛学生在能力的三个维度上均在 0.01 水平呈现显著差异。

(2)参赛获奖与未获奖学生科学素质及能力差异

如表 5-5 所示,参赛获奖学生科学素质平均分为 67.75 分,参赛未获奖学生科学素质平均分为 60.12 分,二者相差 7.63 分。获奖学生中,68.2%的学生科学素质为较高,仅有 27.8%的参赛未获奖学生科学素质较高,二者相差 40.4%。由 t 检验知,参赛获奖与未获奖学生科学素质在 0.01 水平呈显著差异,反映了参赛获奖与未获奖学生科学素质的较大差异。

从能力得分的各维度来看,获奖学生均明显高于未获奖学生,差值分别为 6.65 分、7.45 分和 11.17 分。参赛获奖学生中,51.6%的学生"识别问题"能力较强,60.8%的学生"解释现象"能力较强,63.3%的学生"运用证据"解决实际问题能力较强;而未参赛学生在能力的三个维度为较高的比例分别为 32.2%,29.4%和 28.7%。综合来看,"运用证据"解决实际问题的能力仍然是参赛获奖与未获奖学生能力方面相差最悬殊的一项。由 t 检验知,参赛获奖和未获奖学生在能力的三个维度上均在 0.01 水平呈现显著差异。

(3)科技竞赛与学科竞赛学生科学素质及能力差异

由表 5-5 可知,科技竞赛学生的科学素质平均得分低于学科竞赛学生,差值为 1.63 分。50.2%的学科竞赛学生科学素质较高,而科技竞赛学生这一比例为 42.1%。但是,二者在科学素质方面的差异并不显著。

从能力的三个维度得分和"较高"学生所占比例来看，学科竞赛学生均高于科技竞赛学生，其中以"运用证据"能力的差异最大，均值相差 2.65 分，"较高"学生的比例相差 11.7%。由 t 检验可知，学科竞赛学生"运用证据"解决问题的能力在 0.01 水平显著高于科技竞赛学生，在"识别问题"和"解释现象"两项能力上差异不显著。

学科竞赛学生科学素质和能力高于科技竞赛学生，一方面，反映参加学科竞赛的学生科学素质和能力相对较高；另一方面，与考查科学素质和能力的测评工具有关。科技竞赛活动更多是以"科技作品"的形式考查参赛学生的科学素质和能力，而学科竞赛多以纸笔测验的方式进行。因此，单纯以科学素质的"卷面得分"作为依据，存在低估科技竞赛学生科学素质尤其是科学探究能力的可能性。

(4)"明天小小科学家"与"创新大赛"学生科学素质及能力差异

由表 5-5 可知，"明天小小科学家"参赛学生科学素质均值为 64.15 分，"创新大赛"学生为 62.98 分，二者相差 1.31 分。由 t 检验知，二者在科学素质方面的差异并不显著。

从各能力维度来看，"明天小小科学家"参赛学生在三个能力维度的得分和"较高"学生所占比例均高于"创新大赛"学生，但是差异并不明显。由 t 检验知，"明天小小科学家"学生"解释现象"的能力在 0.1 水平显著高于"创新大赛"学生，在"识别问题"和"运用证据"方面的差异不显著。

(5)男生与女生科学素质及能力差异

如表 5-5 和图 5-3 所示，男生科学素质平均分为 61.84 分，比女生高 6.89 分。38.2% 的男生科学素质较高，比女生高出 12.9%。由 t 检验知，男生科学素质在 0.01 水平显著高于女生。

从各能力维度来看，男生在"识别问题""解释现象"和"运用证据"三个方面得分依次为 63.08 分、66.66 分和 55.91 分，分别比女生高出 1.3 分、6.17 分和 6.8 分。在"解释现象"和"运用证据"两个方面，男生为"较高"的比例分别高出女生 9.9% 和 11.6%。由 t 检验知，男生在"解释现象"和"运用证据"能力上均在 0.01 水平显著高于女生，在"识别问题"能力上没有显著差异。说明男生对科学知识的运用和解决实际问题的能力优于女生。

(6)家庭经济状况较好和一般学生科学素质及能力差异

由表 5-5 和图 5-3 可知，家庭经济状况较好的学生在科学素质得分和"较高"学生所占比例都明显高于家庭经济状况一般的学生。其中，科学素质得分相差 3.51 分，科学素质较高学生所占比例相差 15.2%。由 t 检验知，家庭经济状况较好的学生科学素质在 0.01 水平显著高于经济状况一般的学生。

从各能力维度得分和"较高"学生所占比例来看，家庭经济状况较好的学生在三个能力维度上均明显高于经济状况一般的学生。由 t 检验知，二者"识别问题""解释现象"和"运用证据"解决实际问题的能力都在 0.01 水平呈显著差异。这也说明家庭经济状况可能是影响学生科学素质和能力的重要因素。

(7)科学兴趣较高和一般的学生科学素质及能力差异

由表 5-5 和图 5-3 可知，科学兴趣较高的学生科学素质均值为 62 分，高于科学兴趣一般的学生 1.23 分，其科学素质较高学生的比例为 38.1%，比科学兴趣一般的学生高 7.8%。由 t 检验知，科学兴趣较高与一般学生的科学素质在 0.01 水平呈现显著差异。

从各能力维度得分和"较高"学生所占比例来看，科学兴趣较高的学生"识别问题""解释现象"和"运用证据"的能力和较高学生的比例均高于科学兴趣一般的学生。由 t 检验知，二者在 0.01 水平呈显著差异。一方面是由于科学兴趣高的学生，自身科学素质和能力也较高；另一方面说明可以通过培养学生的科学兴趣来提升学生科学素质和能力。

(8)科学价值观较高和一般的学生科学素质及能力差异

由表 5-5 和图 5-3 可知，科学价值观较高的学生科学素质平均得分为 63.18 分，高出科学价值观一般的学生 3.87 分，43.8% 的科学价值观较高的学生，其科学素质较高。由 t 检验知，科学价值观较高学生的科学素质在 0.01 水平显著高于科学价值观一般的学生。

从各能力维度得分和"较高"学生所占比例来看，科学价值观较高学生的"识别问题""解释现象"和"运用证据"能力以及"较高"学生的比例均明显高于科学价值观一般的学生。由 t 检验知，二者在 0.01 水平存在显著差异。与科学兴趣类似，科学价值观也是影响学生科学素质和能力的重要因素，可以通过引导学生树立正确的科学价值观来提升我国中学生的科学素质和能力。

2. 基于班级、学校、地区层面不同类别样本科学素质及能力状况

表 5-6 呈现了重点班和普通班学生科学素质及能力的差异状况，表 5-7 和表 5-8 呈现了重点和非重点学校以及不同学校所在地学生科学素质及能力差异状况，表 5-9 呈现了东、中、西部地区学生科学素质及能力的差异状况。图 5-7～图 5-10 分别描绘了不同类别样本科学素质和三个能力维度得分(较高、一般、较低)的分布状况。

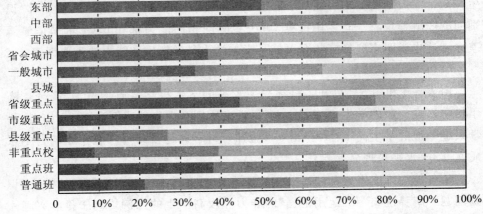

图 5-7　不同类别样本科学素质分布状况（班级、学校、地区层面）

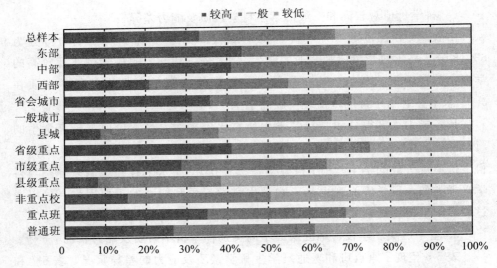

图 5-8　不同类别样本"识别问题"能力分布状况（班级、学校、地区层面）

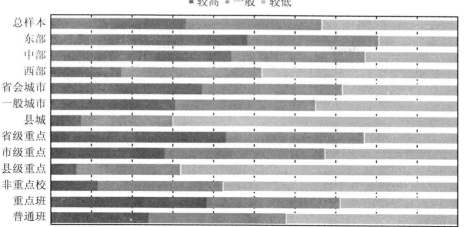

图 5-9 不同类别样本"解释现象"能力分布状况(班级、学校、地区层面)

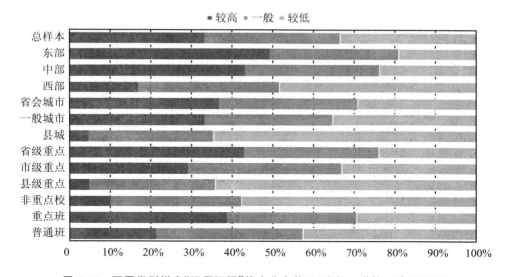

图 5-10 不同类别样本"运用证据"能力分布状况(班级、学校、地区层面)

(1)重点班和普通班学生科学素质及能力差异状况

由表 5-6 和图 5-7 可知,重点班学生科学素质均值为 61.96 分,比普通班学生高出 3.41 分。38%的重点班学生科学素质较高,比普通班高出 16.7%。由 t 检验知,重点班学生科学素质在 0.01 水平显著高于普通班学生。

从各能力维度得分和"较高"学生所占比例来看,重点班学生"识别问题"

"解释现象"和"运用证据"的能力分别高出普通班学生 3.77 分、3.48 分和 5.22 分。重点班学生在三个能力维度为较高的比例分别高出普通班学生 8.4%，14% 和 17.3%。由 t 检验知，重点班学生在三个能力维度上在 0.01 水平显著高于普通班学生。一方面，说明重点班学生本身科学素质和能力较强；另一方面，也说明重点班的学习环境和同伴效应等因素对提升学生科学素质和能力有极大的促进作用。

表 5-6　重点班和普通班学生科学素质及能力差异状况

	科学素质		识别问题		解释现象		运用证据	
	均值（标准差）	t 值	均值（标准差）	t 值	均值（标准差）	t 值	均值（标准差）	t 值
重点班	61.96 (8.95)		63.97 (15.14)		66.88 (10.36)		56.07 (14.08)	
		10.13***		6.44***		8.73***		10.07***
普通班	58.55 (8.67)		60.20 (15.64)		63.40 (10.52)		50.85 (13.19)	

注：* 表示在 0.1 水平显著，** 表示在 0.05 水平显著，*** 表示在 0.01 水平显著。

（2）重点校和非重点校学生科学素质及能力差异状况

由表 5-7 和图 5-7 可知，省级重点、市级重点、县级重点和非重点学校学生科学素质均值依次为 63.44 分、60.47 分、53.10 分和 55.03 分；各类学校学生科学素质较高的比例依次为 44.7%，25.2%，2.4% 和 9.1%。综合来看，省级重点和市级重点学校学生科学素质明显高于县级重点和非重点学校学生。其中，非重点学校学生科学素质高于县级重点学校学生，主要是由于调研选取的非重点学校属于城市中的普通学校，其学生科学素质水平高于位于县城的县级重点学校。由单因素方差分析知，省级重点、市级重点、县级重点和非重点学校学生科学素质均在 0.01 水平呈显著差异。

从各能力维度得分和"较高"学生所占比例来看，在"识别问题""解释现象"和"运用证据"三方面均呈现省级重点、市级重点、非重点和县级重点学校依次递减的趋势。其中，省级重点和市级重点、县级重点和非重点学校学生科学素质和能力得分及"较高"学生比例之间的差异小于省级重点和县级重点、省级重点和非重点、市级重点和县级重点以及市级重点和非重点校之间的差异。由单因素方差分析知，除了县级重点和非重点校学生"运用证据"能力之间没有显著差异之外，其他不同重点层次的学校学生均在能力的三个维度呈显著差异。不同重点层次学校学生科学素质和能力的差异，一方面，反映了学校学生自身的科学素质水平差异；另一方面也可能是由于不同重点层次学校教育教学资源和教育质量的差异所导致。

表 5-7　重点校与非重点校学生科学素质及能力差异状况

	科学素质均值（标准差）	科学素质均值之差	识别问题均值（标准差）	识别问题均值之差	解释现象均值（标准差）	解释现象均值之差	运用证据均值（标准差）	运用证据均值之差
省级重点	63.44 (8.70)	省级－市级 2.97***	65.92 (14.92)	省级－市级 3.28***	68.23 (10.18)	省级－市级 2.59***	58.12 (13.54)	省级－市级 4.41***
		省级－县级 10.34***		省级－县级 14.30***		省级－县级 10.82***		省级－县级 14.36***
市级重点	60.47 (7.53)	省级－非 8.40***	62.65 (13.75)	省级－非 10.21***	65.63 (8.59)	省级－非 8.63***	53.71 (12.76)	省级－非 12.14***
县级重点	53.10 (6.91)	市级－县级 7.37***	51.62 (14.70)	市级－县级 11.03***	57.41 (9.16)	市级－县级 8.22***	43.76 (11.36)	市级－县级 9.95***
		市级－非 5.44***		市级－非 6.93***		市级－非 6.04***		市级－非 7.73***
非重点校	55.03 (7.66)	县级－非 －1.93***	55.71 (14.40)	县级－非 －4.10***	59.59 (9.63)	县级－非 －2.18**	45.98 (12.63)	县级－非 －2.22

注：* 表示在 0.1 水平显著，** 表示在 0.05 水平显著，*** 表示在 0.01 水平显著。

（3）不同学校所在地学生科学素质及能力差异状况

由表 5-8 和图 5-7 可知，学校所在地位于省会城市的学生科学素质得分为61.98 分，一般城市和县城分别为 60.85 分和 53.08 分，省会城市与一般城市学生科学素质差异低于省会城市与县城、一般城市与县城学生的差异。从"较高"学生所占比例来看，省会城市和一般城市分别为 37% 和 33.8%，远远高于县城的 3.2%。由单因素方差分析知，省会城市与一般城市学生科学素质在0.1 水平呈显著差异，而省会城市与县城、一般城市与县城学生科学素质在0.01 水平呈显著差异。

从各能力维度得分和较高学生所占比例来看，省会城市、一般城市和县城学校的学生的"识别问题""解释现象"和"运用证据"能力呈依次递减趋势，尤其是县城学生在各能力维度的表现远远低于省会城市和一般城市学生。由单因素方差分析知，省会城市和县城、一般城市和县城学生在三个能力维度均在 0.01 水平呈显著差异。这反映了城市与县城学生在科学素质和能力上的差异，同时也反映了城市与县城教育教学资源和质量的差异。

表 5-8　不同学校所在地学生科学素质及能力差异状况

科学素质		识别问题		解释现象		运用证据	
均值（标准差）	均值之差	均值（标准差）	均值之差	均值（标准差）	均值之差	均值（标准差）	均值之差
省会城市 61.98 (8.79)	省会——般 1.13*	64.20 (14.97)	省会——般 1.18	66.82 (10.25)	省会——般 1.30**	56.02 (13.72)	省会——般 1.83*
一般城市 60.85 (9.11)	省会—县城 8.90***	63.01 (15.41)	省会—县城 12.64***	65.52 (10.27)	省会—县城 9.44***	54.19 (15.00)	省会—县城 12.34***
县城 53.08 (7.13)	一般—县城 7.76***	51.56 (14.65)	一般—县城 11.45***	57.38 (9.48)	一般—县城 8.14***	43.69 (11.21)	一般—县城 10.50***

注：* 表示在 0.1 水平显著，** 表示在 0.05 水平显著，*** 表示在 0.01 水平显著。

(4)东、中、西部地区学生科学素质及能力差异状况

由表 5-9 和图 5-7 可知，东、中、西部地区学生科学素质得分依次为 64.87 分、63.67 分和 56.83 分，呈东、中、西部依次递减趋势，东部与中部地区学生科学素质得分明显高于西部学生。从"较高"学生所占比例来看，东部和中部地区学生科学素质较高的比例分别是 50.3% 和 46.5%，远远高于西部地区的 14.9%。由单因素方差分析知，东部与中部、东部与西部、中部与西部学生科学素质均在 0.01 水平呈显著差异。

从各能力维度得分和"较高"学生所占比例来看，东部与中部地区学生"识别问题""解释现象"和"运用证据"的能力及"较高"学生所占比例的差异明显地低于东部与西部、中部与西部学生的差异。由单因素方差分析知，东部与西部、中部与西部学生在三个能力维度均在 0.01 水平呈显著差异，而东部与中部学生仅在"运用证据"解决实际问题的能力上在 0.01 水平呈显著差异。综合来看，西部学生科学素质和能力远远低于东部和中部学生，充分反映了加强西部地区学生科学素质和能力的重要性和紧迫性。

表 5-9　东、中、西部地区学生科学素质及能力差异状况

科学素质		识别问题		解释现象		运用证据	
均值（标准差）	均值之差	均值（标准差）	均值之差	均值（标准差）	均值之差	均值（标准差）	均值之差
东部 64.87 (8.13)	东部－中部 1.20***	67.44 (14.04)	东部－中部 1.92**	69.56 (9.42)	东部－中部 1.00	60.49 (12.94)	东部－中部 2.35***
中部 63.67 (8.41)	东部－西部 8.04***	65.52 (15.51)	东部－西部 9.35***	68.55 (9.68)	东部－西部 7.98***	58.14 (13.44)	东部－西部 11.86***
西部 56.83 (8.28)	中部－西部 6.84***	58.09 (15.14)	中部－西部 7.43***	61.58 (10.26)	中部－西部 6.97***	48.63 (12.93)	中部－西部 9.51***

注：*表示在 0.1 水平显著，**表示在 0.05 水平显著，***表示在 0.01 水平显著。

5.2.4　主要结论

本部分主要从个体、班级、学校、地区四个层面考查高中生科学素质及能力现状和差异。

首先，总体而言，总样本学生科学素质平均分达到及格水平。从科学素质的三个能力维度来看，样本学生"解释现象"能力得分最高，其次为"识别问题"，"运用证据"能力得分最低。说明我国高中生"运用证据"解决实际问题的能力相对较弱。

其次，从个体层面的比较来看，无论是整体科学素质水平还是三个能力维度，参赛学生显著高于未参赛学生，参赛获奖学生显著高于未获奖学生。一方面，反映参赛学生和获奖学生自身科学素质和能力水平较高；另一方面，也反映参与科技竞赛和学科竞赛活动对于提升我国高中生科学素质和能力水平有积极的促进作用。

学科竞赛学生科学素质和能力水平高于科技竞赛学生，一方面，反映了学科竞赛学生具有相对较高的科学素质和能力水平；另一方面，由于"纸笔测验"不能充分考查科技竞赛学生的科技创新意识和科学实践能力，存在低估科技竞赛学生科学素质和能力水平的可能性。"明天小小科学家"活动参赛学生科学素质和能力水平高于"创新大赛"活动参赛学生，但差异并不显著。

男生科学素质和能力水平显著高于女生，家庭经济背景较好的学生科学素质和能力水平显著高于家庭经济背景一般的学生；科学态度和科学价值观较高的学生科学素质和能力水平均显著高于科学态度和科学价值观一般的学生。说明性别、家庭背景可能是影响青少年科学素质和能力水平的重要因素，同时可以通过培养青少年的科学兴趣等方面引导青少年形成良好的科学态度和正确的科学价值观，从而提高其科学素质和能力水平。

再次，从班级和学校层面的比较来看，学生科学素质和能力的差异表现出重点班学生显著高于普通班、省级重点和市级重点学校学生均显著高于县级重点和非重点学校学生、省会城市和一般城市学生显著高于县城学生的趋势。一方面，由于重点班和重点校学生自身科学素质和能力水平较高；另一方面，人为划分的"重点班"和"重点校"政策会导致教育教学资源分配的不均衡，从而加剧不同类型班级和学校学生科学素质和能力水平的差异。

最后，从地区层面来看，东部和中部地区学生的科学素质和能力均显著高于西部地区学生。无论从科技竞赛活动开展的次数和参赛学生比例、经费支出水平还是学生科学素质和能力水平，均存在东中西部地区依次递减的趋势，其中尤以西部最低。因此，应当从经费和政策层面加大对西部地区的扶持和倾斜力度，逐步缩小地区间的青少年科技竞赛活动发展水平差异。

5.3　中国高中生科学素质影响因素分析

高中生是国家科技后备人才的主力军，科技后备人才科学素质直接关系到我国未来科技水平，因此探讨我国高中生科学素质的影响因素，对于提高我国青少年科技后备人才科学素质进而提升我国科技水平具有重要价值。我国高中生科学素质的影响因素非常复杂，由本课题个案研究报告的结论以及前面对不同群体科学素质差异分析的结果，可以将影响科学素质的因素归为以下几类：个人因素、家庭因素、学校因素、班级同伴因素、社会因素。由于社会因素比较复杂，且难以测量，这里仅以是否参加科技或学科竞赛以及学校所在地作为替代，并将学校所在地归入学校因素，是否参赛作为关键的解释变量单列。因此，本研究主要分析个人因素、家庭因素、学校因素、班级同伴因素以及参赛对我国高中生科学素质的影响。本部分研究对象为湖北、福建、北京、辽宁、四川、甘肃 6 省（市）抽样调查的 2 572 名高中学生。

5.3.1　科学素质影响因素分析理论模型

借鉴 Hanushek(1986)[①]和 Belfield(2000)[②]建立的分析学生成绩影响因素的教育生产函数理论模型，建立如下的我国高中生科学素质影响因素理论模型：

$$A_t = f(\mathbf{C}_{t-1},\ \mathbf{S}_{t-1},\ \mathbf{P}_{t-1},\ \mathbf{Z}_{t-1},\ \mathbf{F}_{t-1}).$$

其中，A_t 代表高中生科学素质能力，用学生的科学素质测试得分衡量；$\mathbf{C}_{t-1}$ 代表与竞赛有关的变量矩阵；$\mathbf{S}_{t-1}$ 代表与学校特征有关的变量矩阵；$\mathbf{P}_{t-1}$ 代表与学生班级同伴特征有关的变量矩阵；$\mathbf{Z}_{t-1}$ 代表与学生自身特征有关的变量矩阵；$\mathbf{F}_{t-1}$ 代表与学生家庭社会经济背景特征有关的变量矩阵。

---

①　Hanushek, E A. The Economics of Schooling: Production and Efficiency in Public Schools[J]. Journal of Economic Literature，1986，24(3)：1141－1177.

②　Belfield C R. Economic Principles for Education: Theory and Evidence[M]. Cheltenham: Edward Elgar Publishing Limited，2000：75－76.

5.3.2 科学素质影响因素普通线性回归模型分析

1. 变量定义

本研究对科学素质影响因素普通线性回归模型以及多层线性模型中涉及的各类变量定义见表 5-10。

表 5-10 模型中的变量定义

变量类型	变量名	变量说明
因变量	科学素质	用高中学生科学素质测试总分衡量
自变量	是否参加竞赛	如果参加过"全国青少年科技创新大赛"、"明天小小科学家"奖励活动、"中学生学科奥林匹克竞赛"中任意一项，就赋值为 1，否则为 0
	是否竞赛获奖	如果获得过"全国青少年科技创新大赛"、"明天小小科学家"奖励活动、"中学生学科奥林匹克竞赛"中任意一项奖项，就赋值为 1，否则为 0
	性别	1＝男，0＝女
	学习时间	周一至周五平均每天做家庭作业和自学的时间(h)
	是否参加科学类兴趣班	1＝是，0＝否
	科学兴趣	通过量表测试的学生科学兴趣得分，满分为 10 分
	科学价值观	通过量表测试的学生科学价值观得分，满分为 10 分
	自己教育期望	自己希望接受的最高程度教育，1＝小学及以下，2＝初中，3＝高中，4＝大专，5＝本科，6＝硕士，7＝博士
	前期成绩	上学期班级数学期末考试标准化成绩＋上学期班级物理期末考试标准化成绩＋上学期班级化学期末考试标准化成绩
	父亲学历	父亲受教育年限(年)
	母亲学历	母亲受教育年限(年)
	父亲教育期望	父亲希望孩子接受的最高程度教育，1＝小学及以下，2＝初中，3＝高中，4＝大专，5＝本科，6＝硕士，7＝博士
	母亲教育期望	母亲希望孩子接受的最高程度教育，1＝小学及以下，2＝初中，3＝高中，4＝大专，5＝本科，6＝硕士，7＝博士
	家庭科普书数	不包括报纸杂志的家中科普类藏书数量(册)
	家庭经济条件	1＝家庭经济条件较好，0＝家庭经济条件一般
	兄弟姐妹数	家庭亲兄弟姐妹个数(个)

续表

变量 类型	变量名	变量说明
自 变 量	中部地区	1＝中部，0＝西部或东部
	东部地区	1＝东部，0＝西部或中部
	班级规模	班级学生个数（人）
	是否重点班	1＝重点班，0＝非重点班
	学校类型	1＝非重点，2＝县重点，3＝市重点，4＝省重点
	学校所在地	1＝农村，2＝县城，3＝一般城市，4＝省会城市
	教师教学	我的老师使我具备了从事一个"与科学相关的职业"所需要的基本知识和技能，1＝非常不符合，2＝不符合，3＝一般，4＝符合，5＝非常符合
	班级同伴学习时间	班级同伴周一至周五平均每天做家庭作业和自学的时间(h)
	班级同伴家庭科普藏书数	班级同伴平均家中科普类藏书数量（册）
	班级同伴科学价值观	班级同伴平均科学价值观得分
	班级同伴科学兴趣	班级同伴平均科学兴趣得分
	班级同伴家庭经济条件	班级同伴平均家庭经济背景得分
	班级同伴父亲学历	班级同伴平均父亲受教育年限（年）

2. 普通线性模型回归分析

由于竞赛因素、个人因素和家庭因素都在个体层面上，数据之间不存在嵌套关系，因此采用普通线性模型回归分析方法，建立模型 1、模型 2、模型 3 来分别分析竞赛、个人和家庭因素对我国高中生科学素质影响，具体结果见表 5-11。模型 1、模型 2、模型 3 均通过了 0.01 的统计显著性水平检验，且各自变量的共线性检验 VIF 值均小于 10，表明自变量间不存在严重的共线性问题。

由模型 1 回归结果可知，竞赛因素能显著提高高中生的科学素质水平，调整后的 R^2 显示竞赛因素能解释 4.4% 的高中生科学素质变异。具体来说，参加竞赛的高中生科学素质要显著高出没有参加竞赛的高中生 4.678 分，竞赛获奖的高中生科学素质要显著高出竞赛没有获奖的高中生 1.761 分。非标准化回归系数结果显示，是否竞赛获奖对学生科学素质的影响要大于是否参加竞赛。

由模型 2 回归结果可知，调整后的 R^2 显示学生个人因素能解释 10.7% 的高中生科学素质变异。具体来说，性别和科学兴趣对学生科学素质影响不显著。除此之外，学习时间、是否参加科学类兴趣班、科学价值观、自己教育期望和前期成绩均对学生科学素质有显著影响。个人因素中，是否参加科学类兴趣班对学生科学素质影响最大，其次是前期成绩，然后是自己的教育期望。

由模型 3 回归结果可知，调整后的 R^2 显示学生家庭因素能解释 13.5% 的高中生科学素质变异。具体来说，父亲教育期望和母亲教育期望对学生科学素质影响不显著。除此之外，代表家庭社会资本的父亲学历和母亲学历、代表家庭文化资本的家庭科普书数、代表家庭经济资本的家庭经济条件均对学生科学素质产生显著正影响；兄弟姐妹数对学生科学素质产生显著负影响，兄弟姐妹数每增加 1 个，学生科学素质得分降低 1.209 分。家庭因素中，兄弟姐妹数对学生科学素质影响最大，其次是母亲学历。

表 5-11　竞赛、个人和家庭因素对我国高中生科学素质影响的普通线性模型回归分析

自变量	模型 1（竞赛因素）		模型 2（个人因素）		模型 3（家庭因素）	
	非标准化回归系数	标准化回归系数	非标准化回归系数	标准化回归系数	非标准化回归系数	标准化回归系数
是否参加竞赛	4.678***	0.101***				
是否竞赛获奖	1.761***	0.154***				
性别			0.354	0.022		
学习时间			0.497***	0.079***		
是否参加科学类兴趣班			3.100***	0.192***		
科学兴趣			0.018	0.002		
科学价值观			0.579***	0.072***		
自己教育期望			1.055***	0.124***		
前期成绩			0.424***	0.131***		
父亲学历					0.208**	0.088**
母亲学历					0.240***	0.103***
父亲教育期望					0.449	−0.051
母亲教育期望					0.344	−0.039
家庭科普书数					0.404***	0.064***
家庭经济条件					1.056**	0.062**
兄弟姐妹数					−1.209***	−0.155***
调整后 R^2	0.044		0.107		0.135	
模型卡方检验 p 值	0.000		0.000		0.000	

注：* 表示在 0.1 水平显著，** 表示在 0.05 水平显著，*** 表示在 0.01 水平显著。

　　采用普通线性模型回归分析方法，建立模型 4、模型 5 来分别分析学校和班级同伴因素对我国高中生科学素质影响，具体结果见表 5-12。模型 4、模型 5 均通过了水平 0.01 的显著性统计检验，且各自变量的共线性检验 VIF 值均小于 10，表明自变量间不存在严重的共线性问题。

　　由模型 4 回归结果可知，调整后的 R^2 显示学校因素能解释 28％的高中生科学素质变异。具体来说，与西部地区相比，中部地区学生素质得分要显著高出 1.297 分，东部地区学生素质得分要显著高出 6.527 分；重点班学生素质得分要显著高出非重点班学生 2.285 分；学校类型和教师教学均对学生科学素质有显著正影响；班级规模对学生科学素质有显著负影响，班级规模每增加 1 人，学生科学素质得分就下降 0.08 分；学校所在地对学生科学素质影响不显著。其中，学校类型对学生科学素质影响最大，其次是东部地区，然后为是否重点班。

表 5-12　学校、班级同伴因素对我国高中生科学素质影响的普通线性模型回归分析

自变量	模型 4（学校因素）		模型 5（班级同伴因素）	
	非标准化回归系数	标准化回归系数	非标准化回归系数	标准化回归系数
中部地区	1.297***	0.058***		
东部地区	6.527***	0.351***		
班级规模	−0.080***	−0.121***		
是否重点班	2.285***	0.135***		
学校类型	2.814***	0.356***		
学校所在地	0.604	0.047		
教师教学	0.288*	0.034*		
班级同伴学习时间			1.815***	0.125***
班级同伴家庭科普藏书数			3.000***	0.170***
班级同伴科学价值观			5.861***	0.195***
班级同伴科学兴趣			2.556***	0.081***
班级同伴家庭经济条件			0.209	0.041
班级同伴父亲学历			0.800***	0.191***
调整后 R^2	0.280		0.278	
模型卡方检验 p 值	0.000		0.000	

注：* 表示在 0.1 水平显著，** 表示在 0.05 水平显著，*** 表示在 0.01 水平显著。

由模型 5 回归结果可知，调整后的 R^2 显示班级同伴因素能解释 27.8% 的高中生科学素质变异。具体来说，班级同伴学习时间、班级同伴家庭科普藏书数、班级同伴科学价值观、班级同伴科学兴趣、班级同伴父亲学历均对学生科学素质得分有显著正影响，班级同伴家庭经济条件对学生科学素质得分影响不显著。同伴因素中，班级同伴平均科学价值观对学生科学素质影响最大，其次是班级同伴平均父亲学历，然后是班级同伴平均家庭科普藏书数。

为了更准确地分析竞赛因素对学生科学素质的影响，需要控制个人和家庭因素的影响，因此，分别建立了模型 6 和模型 7。模型 6 只控制住了个人因素，而模型 7 则既控制住了个人因素，又控制住了家庭因素。模型 6 和模型 7 的回归结果见表 5-13。模型 6、模型 7 均通过了 0.01 的统计显著性水平检验，且各自变量的共线性检验 VIF 值均小于 10，表明自变量间不存在严重的共线性问题。

由模型 6 回归结果可知，调整后的 R^2 显示竞赛和个人因素合起来能解释 12% 的高中生科学素质变异，明显高于模型 1 中的 R^2（4.4%）和模型 2 中的 R^2（10.7%），表明模型 6 的解释力度较模型 1 和模型 2 均有明显提高。由模型 7 回归结果可知，调整后的 R^2 显示竞赛、个人、家庭因素合起来能解释 20.3% 的高中生科学素质变异，明显高于模型 6 中的 R^2（12%），表明模型 7 解释力度较模型 6 有进一步提高。

在模型 6 和模型 7 中，在控制住个人以及家庭因素后，是否参加竞赛对学生科学素质影响均不显著，而是否竞赛获奖对学生科学素质影响均显著；性别和科学兴趣对学生科学素质影响均不显著；学习时间、是否参加科学类兴趣班、前期成绩对学生科学素质影响均显著。模型 6 显示，在控制住个人因素后，科学价值观和自己教育期望对学生科学素质仍有显著正影响；但模型 7 显示，在控制住个人和家庭因素后，科学价值观和自己教育期望对学生科学素质影响不显著。模型 7 也显示，在控制住个人和家庭因素后，父亲学历、母亲学历、父亲教育期望、家庭经济条件均对学生科学素质有显著正影响，而兄弟姐妹数对学生科学素质有显著负影响，家庭科普书数则对学生科学素质影响不显著。模型 7 中的标准化回归系数可知，前期成绩对学生科学素质影响最大，其次是兄弟姐妹数，再次是母亲学历，然后为是否竞赛获奖。

表 5-13　高中生科学素质影响因素普通线性模型回归分析

自变量	模型 6(竞赛＋个人因素)		模型 7(竞赛＋个人＋家庭因素)	
	非标准化回归系数	标准化回归系数	非标准化回归系数	标准化回归系数
是否参加竞赛	0.083	0.005	0.182	0.011
是否竞赛获奖	3.152***	0.121***	2.158***	0.088***
性别	0.258	0.016	0.171	0.011
学习时间	0.509***	0.081***	0.324*	0.052*
是否参加科学类兴趣班	2.641***	0.164***	0.961*	0.060*
科学兴趣	0.006	0.001	0.047	0.006
科学价值观	0.554**	0.069**	0.249	0.029
自己教育期望	0.928***	0.110***	0.399	0.045
前期成绩	0.412***	0.128***	0.544***	0.169***
父亲学历			0.207**	0.036**
母亲学历			0.232**	0.100**
父亲教育期望			0.607**	0.072**
家庭科普藏书数			0.098	0.017
家庭经济条件			0.944*	0.059*
兄弟姐妹数			−1.238***	−0.160***
调整后 R^2	0.120		0.203	
模型卡方检验 p 值	0.000		0.000	

注：* 表示在 0.1 水平显著，** 表示在 0.05 水平显著，*** 表示在 0.01 水平显著。

5.3.3　科学素质影响因素多层线性模型分析

1. 多层线性模型计量模型

考虑到数据的层次性问题[1]，本研究利用多层线性模型(Hierarchical Linear Model)方法建立两层的计量模型，从学生个体和学校两个层面对影响我国高中生科学素质水平的因素进行分析。

---

① Vignoles A，Levacic R，Walker T，et al. The Relationship Between Resource Allocation and Pupil Attainment：A Review[R]. Centre for the Economics of Education，2000：228.

具体的二层估计模型如下：

层 1 模型：将学生个体的科学素质得分表示为学生层面特征变量的函数与一个误差项的和，即

$$Y_{ij} = \beta_{0j} + \beta_{1j}\alpha_{1ij} + \beta_{2j}\alpha_{2ij} + \cdots + \beta_{pj}\alpha_{pij} + r_{ij} = \beta_{0j} + \sum_{p=1}^{P}\beta_{pj}\alpha_{pij} + r_{ij},$$

其中，Y_{ij} 表示第 j 个学校第 i 个学生的科学素质得分，β_{0j} 为回归截距；

α_{pij}，$p=1$，2，$\cdots$，P 表示学生层面的预测变量，主要包括学生个体学习特征及家庭社会经济特征；

β_{pj}，$p=1$，2，$\cdots$，P 表示学生层面的预测变量 α_{pij} 对因变量的回归系数，可以在学校层面随机变化；

r_{ij} 为学生层面的随机变异，表示学生的科学素质得分与预测变量的差异，假设服从正态分布，平均值为 0，方差为 σ^2。

层 2 模型：每一个学生层面的系数 β_{0j} 和 β_{pj} 可以由层 2（学校层面）的预测变量预测或解释，因此可将 β_{0j} 和 β_{pj} 表示为学校层面预测变量的函数。

$$\beta_{pj} = \gamma_{p0} + \gamma_{p1}x_{1j} + \gamma_{p2}x_{2j} + \cdots + \gamma_{pq}x_{qj} + \varepsilon_{pj} = \gamma_{p0} + \sum_{q=1}^{q_p}\gamma_{pq}x_{qj} + \varepsilon_{pj},$$
$$p=0，1，\cdots，P，$$

其中，γ_{p0} 表示第 j 个学校变量对 β_{pj} 回归的截距；γ_{pq} 表示第 j 个学校变量对 β_{pj} 回归的斜率；x_{qj} 表示学校层面的预测变量，主要包括学校类型、班级规模、班级同伴特征等；ε_{pj} 表示学校层面的随机误差，描述 β_{pj} 与预测值之间的差异。

2. 方差分析模型结果

在进行两层模型分析之前需要研究方差分析模型。该模型中，第一层和第二层模型里都没有预测变量，它只注重区别被研究对象的个体差异和背景差异的比较，而暂时不考虑控制相关变量对因变量的影响。方差分析模型的主要目的是将学生科学素质得分的总方差分解为学生个人和学校两个层次，以检验各层方差的比例是否显著，它决定了本研究是否有必要建立两层模型。

表 5-14 是我国高中生科学素质得分方差分析模型带有稳健标准误（with robust standard error）的方差成分估计结果。由表 5-14 知，层 2 随机项方差估计的卡方检验 p 值小于 0.01，这表明我国高中生科学素质得分在第二层（学校层面）存在极其显著的统计差异，也就是说学校和班级背景因素对高中生科学素质得分的变异有很大影响。因此，需要在第二层模型中增加一些解释科

学素质得分的预测变量。利用组内相关公式可计算出第一层、第二层方差占总方差的比例分别为 64.7% 和 35.3%，这说明了我国高中生科学素质得分约 65% 的差异来源于个体和家庭间的差异，约 35% 的差异来源于校际间的差异。

表 5-14　高中生科学素质得分方差分析模型结果

随机效应	标准误	方差	组内相关	自由度	p 值
层 2 随机项	1.400	27.113	0.353	14	0.000
层 1 随机项	10.760	49.682			

3. 随机截距模型结果

方差分析模型结果表明学生个人和学校两个层次方差的比例显著，因此有必要建立两层模型，故在层 1 和层 2 中均引入了部分自变量以建立随机截距模型，用于分析个体因素和学校因素对学生科学素质的影响。多层线性模型对模型中的自变量个数与样本数之间有一些要求，本研究中，层 2 的样本数较小，因此选择进入层 2 的自变量个数不宜多。根据前面普通线性回归模型的结果，本研究在层 2 中引入了如下变量：班级规模、是否重点班、学校类型、班级同伴科学兴趣。在层 1 中引入了如下变量：是否竞赛获奖、性别、自己教育期望、前期成绩、父亲学历、兄弟姐妹数。我国高中生科学素质影响因素随机截距模型固定效应结果见表 5-15。由表 5-15 可知，在层 1 个体层面因素中，是否竞赛获奖对学生科学素质得分有显著正影响，竞赛获奖的学生科学素质得分显著高出竞赛未获奖学生 1.184 分；性别对学生科学素质影响不显著；自己教育期望对学生科学素质有显著正影响，自己期望读到本科及以上的学生科学素质得分比自己期望读到本科以下的学生高出 2.534 分；前期成绩对学生科学素质影响有显著正影响，前期成绩每提高 1 个标准分，学生科学素质就提高 0.358 分；父亲学历对学生科学素质影响有显著正影响，父亲学历每提高 1 年，学生的科学素质得分就提高 0.115 分；兄弟姐妹数对学生科学素质影响有显著负影响，兄弟姐妹数每增加 1 个，学生科学素质就降低 0.317 分。

在层 2 学校层面因素中，班级规模对学生科学素质有显著负影响，班级规模每增加 1 人，学生科学素质得分就下降 0.148 分；是否重点班对学生科学素质影响不显著；学校类型对学生科学素质影响显著，具体来说，与非重点学校相比，省重点学校学生素质要显著高出 6.449 分，市重点学校学生素质要显著高出 5.217 分，县重点学校要高出 4.435 分。班级同伴科学兴趣对学生素质有显著正影响，班级同伴平均科学兴趣得分每提高 1 分，学生的科学素质得分就提高 2.785 分。

表 5-15 高中生科学素质影响因素随机截距模型固定效应结果

	自变量	系数	t 值
层 1：个体层面	截距项	39.924***	5.019
	是否竞赛获奖	1.184**	2.101
	性别	0.180	0.577
	自己教育期望(1＝本科及以上，0＝本科以下)	2.534**	2.430
	前期成绩	0.358***	4.847
	父亲学历	0.115**	2.198
	兄弟姐妹数	−0.317*	−1.802
层 2：学校层面	班级规模	−0.148***	−5.616
	是否重点班	0.606	1.547
	省重点(以非重点为基准)	6.449***	3.084
	市重点(以非重点为基准)	5.217**	2.575
	县重点(以非重点为基准)	4.435**	2.022
	班级同伴科学兴趣	2.785***	3.111

注：* 表示在 0.1 水平显著，** 表示在 0.05 水平显著，*** 表示在 0.01 水平显著。

5.3.4 结论与政策建议

根据我国高中学生科学素质影响因素普通线性回归模型分析以及多层线性模型分析结果，得出如下主要结论。

1. 竞赛因素对高中生科学素质有显著影响

竞赛因素能解释 4.4% 的高中生科学素质变异，是否参加竞赛以及是否竞赛获奖在模型 1 中均对高中生科学素质有显著正影响，而是否竞赛获奖在普通线性回归模型以及多层线性模型中对高中生科学素质一直有稳定的显著正影响，表明高中生的竞赛获奖经历很可能有助于提高其科学素质。

2. 学校因素对高中生科学素质有很大影响

我国高中生科学素质得分方差分析模型结果显示，校际间我国高中生科学素质得分存在显著差异，且我国高中生科学素质得分约 35％的差异来源于校际间的差异，而学校因素和班级同伴因素是造成校际间差异的主要原因。PISA2006 的测试结果显示，对 OECD 国家而言，平均来讲，学校因素可以解释学生科学素质差异的 1/3 左右(如德国、奥地利、日本和意大利等)①。本研究结论与 PISA2006 的测试结果非常接近。学校因素中，班级规模在普通线性回归模型以及多层线性模型中均对学生科学素质有显著负影响；而学校类型在普通线性回归模型以及多层线性模型中均对学生科学素质有显著正影响；东部和中部地区学校学生科学素质显著高于西部地区学校学生；重点班的学生科学素质显著高于非重点班学生。

3. 班级同伴因素对高中生科学素质有较大影响

模型 5 结果显示班级同伴因素能解释 27.8％的高中生科学素质变异。班级同伴科学兴趣在普通线性回归模型以及多层线性模型中均对学生科学素质有显著正影响。在普通线性回归模型中，班级同伴学习时间、班级同伴家庭科普藏书数、班级同伴科学价值观、班级同伴父亲学历均对学生科学素质得分有显著正影响。

4. 家庭因素对高中生科学素质有重要影响

我国高中生科学素质得分方差分析模型结果显示，我国高中生科学素质得分约 65％的差异来源于个体和家庭间的差异，家庭因素和个体因素是造成高中生科学素质差异的主要原因。父亲学历在普通线性回归模型以及多层线性模型中对学生科学素质均有显著正影响；家庭兄弟姐妹个数在普通线性回归模型以及多层线性模型中对学生科学素质均有显著负影响。此外，在普通线性回归模型中，母亲学历、父亲教育期望、家庭经济条件均对学生科学素质有显著正影响。本研究结论也得到了 PISA2006 的测试结果的支持，PISA2006 的测试结果显示一些国家(如美国、德国、希腊、新西兰等)的学生家庭社会经济背景对科学素质校际差异有显著影响。

---

① OECD. PISA 2006：Science competencies for tomorrow's world，2007，p4. http://www. oecd. org/document/2/0,3343,en_32252351_32236191_39718850_1_1_1_1,00. html♯Vol_1_and_2，2011-06-02.

5. 学生个体自身因素对高中生科学素质有较重要影响

模型 2 结果显示，学生个人因素能解释约 11% 的高中生科学素质变异。而 PISA2006 的测试结果显示，在芬兰、加拿大、日本、中国香港和爱沙尼亚等国家，学生个人背景对科学素质测评差异的解释力度不到 10%①。本研究结论显示，与上述国家相比，中国学生个体自身因素对其科学素质的影响可能要高些。学生前期成绩和自己教育期望在普通线性回归模型以及多层线性模型中均对学生科学素质有显著正影响。此外，在普通线性回归模型中，学生学习时间、是否参加科学类兴趣班均对学生科学素质有显著正影响。性别对学生科学素质影响不显著，这与 PISA2006② 和 PISA2009③ 对大多数国家学生的科学素质测试结果保持了一致。

高中生的科学素质直接关系到中国未来公民科学素质的水平，因此基于上述主要研究结论，为提高我国高中生科学素质水平，提出如下政策建议：

1. 重视青少年科技竞赛和学科竞赛活动对学生科学素质的提升作用

中国青少年科技和学科竞赛活动旨在培养年轻一代对科学的热爱，使他们树立科学的思想和精神，提高未来社会公民的科学素质。本研究表明，中国青少年科技和学科竞赛活动对提高高中生科学素质有显著正影响，因此，青少年科技和学科竞赛活动较好地实现了其竞赛目的。今后，社会各界应重视青少年科技竞赛和学科竞赛活动对学生科学素质的提升作用。青少年科技竞赛和学科竞赛活动组织部门，需要进一步扩大青少年科技竞赛活动的规模，丰富青少年科技竞赛活动的层次和形式，创新青少年科技竞赛活动的激励机制，鼓励各级各类学校和学生积极参与科技和学科竞赛活动，在竞赛活动中不断提高科学素质水平。

---

① OECD. PISA2006：Science competencies for tomorrow's world，2007，p. 4. http://www. oecd. org/document/2/0,3343,en_32252351_32236191_39718850_1_1_1_1,00. html♯Vol_1_and_2，2011-06-02.

② OECD. PISA2006：Science competencies for tomorrow's world，2007，p. 3. http://www. oecd. org/document/2/0,3343,en_32252351_32236191_39718850_1_1_1_1,00. html♯Vol_1_and_2，2011-06-02.

③ OECD. PISA2009 Results：What Students Know and Can Do，2010，p. 154. http://www. oecd. org/document/61/0，3343，en _ 2649 _ 35845621 _ 46567613_1_1_1_1,00. html，2011-06-02.

2. 缩小班级规模有助于提高学生科学素质

研究结果显示，班级规模对高中生科学素质有显著负影响。本研究样本中，高中班级平均规模为 55 人，最大规模为 89 人，过大的班级规模可能会降低高中生科学素质。我们推测缩小班级规模将能有效地提高高中生科学素质。因为班级规模缩小后，教师与学生、学生与学生之间接触与交往的机会随之增加，每个学生更有可能得到教师的个别辅导和帮助，每个学生有更多的积极参与的机会。因而有助于提高学生的学习兴趣，使学生有更积极的学习态度和更好的学习行为，进而提高学生的科学素质。特别是，如果在我国中小学科学课堂中采用小班教学，便于组织学生开展研究性学习，十分有利于培养学生科学探究能力和品质。

3. 积极利用班级同伴效应以提高学生科学素质

本研究显示，班级同伴因素对高中生科学素质有较大影响。班级同伴学习时间、科学价值观、科学兴趣对高中生科学素质均有显著正影响。因此，充分发挥班级同伴间联系紧密、交往频繁、交流深入等特点，在班级中成立各类科学社团或科学兴趣小组，通过班级营造良好的热爱科学、学习科学的氛围，相互激发班内同学的科学兴趣，吸引班内同学积极参与各类科学社团或科学兴趣小组，在班级同伴的互相影响中提高科学素质。此外，在中小学开展科学教育的过程中，可以考虑多采用小组合作学习的方式，更好地发挥同伴效应以激发学生学习科学的热情和兴趣。

4. 引导家长促进学生科学素质的提高

本研究结果显示，家庭因素对高中生科学素质有重要影响。家庭是青少年学生生活、学习和成长的重要场所，学生父母的科学素质以及教育方式很可能会影响青少年学生科学素质的形成。获得数学界最高荣誉"菲尔茨奖"的澳籍华人数学家陶哲轩教授以及越南数学家吴宝珠教授在总结成功经验时都认为父母的引导和教育非常重要。因此，激发学生父母的科学兴趣，提高学生父母的科学素质，引导学生家长树立科学的教育方式，有助于促进青少年学生科学素质的提高。家庭兄弟姐妹个数对学生科学素质有显著负影响，可能在于兄弟姐妹数较多的家庭，父母对孩子生活和成长的关心力度不够，也无法给予孩子充分、有效的学习指导。因此，社会和学校有责任引导和促使父母关心孩子学习和成长，为学生科学素质养成提供良好的家庭环境。

5. 加强中小学科学教育过程中对学生科学素质培养的渗透

科学素质包含了科学认知、科学态度、科学价值观、科学胜任力这几部分，当前我国中小学在开展科学教育过程中，均渗透了对学生科学认知、科学态度、科学价值观、科学胜任力的教学。因此，学生前期成绩作为反映科学教育教学效果的指标，对学生科学素质有显著正影响。进一步改善我国中小学科学教育教学效果，加强中小学科学教育过程中对学生科学素质培养的渗透，是提高我国青少年学生科学素质的基本途径。

6. 关注西部地区和非重点校学生科学素质提高

西部地区学校学生科学素质显著低于东部和中部学校学生，非重点班的学生科学素质显著低于重点班学生。因此，应关注西部地区和非重点校学生科学素质提高。西部地区和非重点校的科技教育投入以及科学教育辅导教师素质较低，是造成学生科学素质较低的重要原因。为了提高西部地区和非重点校学生科学素质，需加大对西部地区和非重点校学生参与科技和学科竞赛活动的扶持力度，在科技教育投入上向西部地区和非重点校倾斜，改善西部地区和非重点校科技活动所需的基础设施状况，提高西部地区和非重点校科学教育辅导教师的素质，促进科技教育资源在地区间和校际间的均衡配置。

综上所述，我国高中生作为国家科技后备人才的主力军，其科学素质将在一定程度上直接或间接影响到我国未来科技发展的水平。高中生科学素质的影响因素分析表明，竞赛因素对我国青少年科技后备人才科学素质有显著影响，而学校因素和班级同伴因素对我国青少年科技后备人才科学素质有很大影响，家庭因素和自身因素对我国青少年科技后备人才科学素质有重要影响。因此，首先，应重视不断增强科技竞赛和学科竞赛活动对青少年科学素质的提升作用，缩小班级规模、加强合作学习，从而更好地发挥班级同伴效应对于促进青少年科学素质提升的作用；其次，要引导家长形成科学的教育方式，促进青少年学生科学素质的提高。此外，需要加强中小学科学教育过程中对学生科学素质培养的渗透，重点关注提高西部地区和非重点校青少年科学素质问题。

5.4　科技竞赛对我国高中生科学素质的影响效应评估

5.4.1　引言

进入 21 世纪，科学技术迅猛发展，经济全球化的浪潮日益高涨，世界各国都在努力增强自己的综合国力，国家的综合国力取决于国家的科学技术水平，而提高科学技术水平的关键是对青少年科学素质的培养。基础教育阶段是青少年学生科学素质发展的关键时期，通过开展科学竞赛活动促进青少年学生科学素质的提升已成为世界各国的共识。正因如此，世界各国都对基础教育阶段科技竞赛非常重视，使得科技竞赛的开展十分广泛，例如我国的全国青少年科技创新大赛、全国中学生五项学科奥林匹克竞赛、"明天小小科学家"奖励活动、"我爱祖国蓝天"航模比赛，美国的英特尔国际科学与工程大赛、FLL 青少年机器人竞赛、头脑奥林匹克竞赛以及瑞典的斯德哥尔摩青少年水奖竞赛等。然而，科技竞赛究竟对青少年学生科学素质的提高产生了多大程度的影响？迄今为止，鲜有相关研究结论能提供令人信服的支持证据。本研究基于大规模基线调查数据评估科技竞赛对我国高中生科学素质的影响效应，研究结论将为回答上述问题提供强有力的证据。本节中科技竞赛包含全国青少年科技创新大赛、"明天小小科学家"奖励活动、"英特尔国家科学与工程大奖赛"以及全国中学生五项学科奥林匹克竞赛。

5.4.2　相关实证研究述评

国外一些学者认为科技竞赛能够提高学生的科学素质，如劳里·萨默斯和苏珊·卡伦通过网络和其他一些信息渠道对多个科学竞赛项目进行的调查发现，参与竞赛的学生不仅学习了相关科学知识还提高了他们的综合素质能力[1]；斯蒂芬·雷诺斯和尤金光·雷诺斯对西点桥梁设计竞赛（West Point

---

[1]　Somers L，Callan S. An Examination of Science and Mathematics Competitions [J]. Science and Mathematics Competitions，1999：1－68.

Bridge Design Contest)进行了综合评估，结果发现这样的国际性竞赛有利于参赛者扩散思维和学习更为丰富的工程知识[①]。国外也有学者发现参与科技竞赛对于学生的科学兴趣和积极性具有持续影响力，如对参与生物奥林匹克竞赛(the Biological Olympiads)的波兰学生进行的一项研究表明，竞赛能够作为强化参赛学生对科学的兴趣以及在高中持续保持兴趣的一种重要方式[②]；劳里·萨默斯和苏珊·卡伦在超级探索(Super Quest)的评估报告中，发现许多参赛学生在参与竞赛之后仍然多年积极地参与科学、工程和计算机科学领域研究[③]。有的国外学者还考查了不同竞赛所带来的影响可能存在差别，如彼特·伊斯特维尔和雷尼·莱奥妮认为科技竞赛整体上对学生具有积极的影响，但不同的竞赛活动对学生的科学兴趣和学习积极性的影响程度却不尽相同[④]。

我国只有少数学者通过实证研究评估了科技竞赛对青少年学生科学素质的影响，这些研究集中于探讨竞赛与青少年学生创新思维和能力以及科学兴趣培养的关系。他们大多认为，科技竞赛活动有利于培养学生创新型思维和

---

① Ressler S J, Ressler E K. Using Information Technology to Facilitate Accessible Engineering Outreach on a National Scale[C]// Proceedings of the American Society for Engineering Education Annual Conference & Exposition，American Society for Engineering Education，2005：1—16.

② Stazinski W. Biological Competitions and Biological Olympiads as a Means of Developing Students' Interest in Biology[J]. International Journal of Science Education, 1988, 10(2)：171—177.

③ Somers L, Callan S. An Examination of Science and Mathematics Competitions[J]. Science and Mathematics Competitions，1999：1—68.

④ Eastwell P, Rennie L. Using Enrichment and Extracurricular Activities to Influence Secondary Students' Interest and Participation in Science[J]. The Science Education Review，2002，1(4)：1—6.

综合素质以及激发学生对科学的兴趣①~③。2007 年中央教育科学研究所教育督导与评估研究中心通过重点调查 333 名获奖者的创新能力和综合素质水平，其结果发现 94% 的获奖学生认为参加青少年科技竞赛活动对其发展有积极作用④。陈祝明等还发现对于理科学生创新意识与创新能力的培养，科技竞赛所产生的效果更为直接、有效⑤。

综上所述，国内外文献研究表明，科技竞赛对于培养青少年学生科学素质有着积极的影响。尽管如此，由于数据获取的难度、有效性以及重视程度等问题的存在，目前国内评估竞赛对青少年学生科学素质的影响的实证研究尚很薄弱，已有研究存在如下不足或缺陷：1. 已有实证研究中，大多数学者一般运用访谈法、问卷调查法进行数据收集，而非科学的测量工具获得青少年科学素质数据，注削弱了评估结果的内在效度。2. 数据分析大多采用描述性统计，研究方法比较简单，实例分析力芫较弱，研究结果无法提供令人信服的证据。3. 已有研究的调查样本大多局限于某一地区几所学校，学生样本量偏小，样本选择可能存在较大的偏差问题。4. 已有研究在调查青少年学生科学素质时，大多侧重于某一学科科学素质，导致调查的科学素质内容不够全面和系统，调查结果不能真正反映青少年学生的科学素质现状。为了克服上述研究不足和局限，本研究拟基于大规模基线调查数据，在科学测量青少年学生科学素质基础上，采用倾向得分匹配法，准确评估科技竞赛对我国高中生科学素质的影响效应。

---

①　夏兴国. 数学竞赛与科学素质[J]. 数学教育学报，1996(3)：62—64.

②　黄丹，王正询，杨桂云. 生物学奥林匹克竞赛对高中生及保送生影响的调查[J]. 生物学教学，2005(6)：46—49.

③　景一丹，肖小明. 化学竞赛对高中生思维开发和能力培养影响的调查研究[J]. 化学教育，2007(11)：58—61.

④　中央教育科学研究所教育督导与评估研究中心. "青少年科技竞赛获奖学生创新能力和综合素质状况"研究报告[R]. 2007：3.

⑤　陈祝明，钟洪声，吕幼新. 利用课外科技活动培养大学生的创新意识和创新能力[J]. 电子科技大学学报(社科版)，2005(7)：30—32.

5.4.3　影响效应评估方法

借鉴 Hanushek(1986)和 Belfield(2000)建立的分析学生成绩影响因素的教育生产函数理论模型，可以建立如下的理论模型以分析科技竞赛对高中生科学素质的影响效应：

$$A_t = f(C_{t-1},\ S_{t-1},\ P_{t-1},\ Z_{t-1},\ F_{t-1}),$$

其中，A_t 代表高中生科学素质能力，用学生的科学素质测试得分衡量；C_{t-1} 代表与竞赛有关的自变量矩阵；S_{t-1} 代表与学校特征有关的自变量矩阵；P_{t-1} 代表与学生班级同伴特征有关的自变量矩阵；Z_{t-1} 代表与学生自身特征有关的自变量矩阵；F_{t-1} 代表与学生家庭社会经济背景特征有关的自变量矩阵。

由于模型中很难穷尽影响学生科学素质的所有变量，尤其有些影响科学素质的是不可观察的潜在变量，如学生能力变量，而且是否选择参加竞赛可能与模型遗漏的潜在变量具有相关性，即存在内生性问题。20 世纪 90 年代以来，对这类问题一般有以下两种较为常用的处理方法：一是条件独立假设下的平均处理效应方法[1][2]，二是工具变量方法[3][4]。本研究将采用第一种方法解决内生性问题。

在项目评价分析框架下，上述模型可以看成一个项目评估问题。将 $d=1$ 表示接受一项处理(treat)，$d=0$ 表示未接受处理。此处，$d=1$ 表示参加科技

---

①　Rosenbaum P R，Rubin D B.．The Central Role of the Propensity Score in Observational Studies for Causal Effects［J］．Biometrika，1983，70（1）：41—55.

②　Angrist J D Lavy V.．Using Maimonides' Rule to Estimate the effect of Class Size on Scholastic Achievement［J］．The Quarterly Journal of Economics，1999，114(2)：533—575.

③　Angrist J D. Lifetime Earnings and the Vietnam Era Draft Lottery：Evidence from Social Security Administrative Records［J］．American Economic Review，1990，80(3)：313—336.

④　Heckman J J，Ichimura H，Todd P. Matching as an Econometric Evaluation Estimator[J]．Review of Economic Studies，1998，65(2)：261—294.

或学科竞赛。因而估计项目干预效果就是估计项目处理效应（treatment effect），换言之，结果变量的变化有多大程度上是源于项目处理的干预。本文就是需要估计学生科学素质的变化多大程度上源于参加竞赛的因素。

　　如果是否参赛依赖于一些可观测的变量 $\boldsymbol{X}$，我们就可以使用匹配方法（Matching Method）来估计项目处理效应。倾向得分法（Propensity score matching，PSM）是匹配法中最常用的方法之一。1983 年 Rosenbaum 与 Rubin 提出了这种方法。其主要思想是将影响接受处理的各种因素作为协变量，在给定一组协变量的条件下估计出每个样本能够成为实验组（也称处理组）的条件概率，将其记为倾向得分。如果实验组样本和对照组（也称控制组）样本估计得出的倾向得分分布保持一致，则可以判断两个样本在协变量的分布上也是一致的。在对所有样本进行配对之后，通过计算配对之后的实验组和对照组之间在结果指标上的差异情况来考查项目处理对实验组的影响效应。

　　PSM 的基本原理如下。

　　首先构建产出方程：

$$
\begin{cases}
y_i^1 = \beta + \alpha_i + \mu_i, \\
y_i^0 = \beta + \mu_i.
\end{cases}
\tag{5-5}
$$

其中，y_i^1 和 y_i^0 分别指的是实验组和对照组的产出方程，μ_i 和 α_i 分别指的是项目效应和非项目效应。我们假设非项目效应 μ_i 和项目效应 α_i 均可由可测变量向量 $\boldsymbol{X}$ 解释一部分，将 α_i 记为 $\alpha_i = [\alpha_i - \alpha(\boldsymbol{X}_i)] + \alpha(\boldsymbol{X}_i)$，将 μ_i 记为 $\mu_i = [\mu_i - \mu(\boldsymbol{X}_i)] + \mu(\boldsymbol{X}_i)$，这样，方程(5-5)可以改写为

$$
\begin{cases}
y_i^1 = \beta + \mu(\boldsymbol{X}_i) + \alpha(\boldsymbol{X}_i) + [(\mu_i - \mu(\boldsymbol{X}_i)) + (\alpha_i - \alpha(\boldsymbol{X}_i))], \\
y_i^0 = \beta + \mu(\boldsymbol{X}_i) + (\mu_i - \mu(\boldsymbol{X}_i)).
\end{cases}
\tag{5-6}
$$

　　在方程(5-6)中，$\mu(\boldsymbol{X}_i)$ 是对 y_i^0 的可预测部分，$\mu_i - \mu(\boldsymbol{X}_i)$ 是在控制可观测的配对向量 $\boldsymbol{X}$ 后的残差部分；$\alpha(\boldsymbol{X}_i)$ 是项目干预对具有可测配对向量 $\boldsymbol{X}_i$ 的项目参与组的平均影响效应，α_i 是项目对第 i 个样本的特殊影响效应，α_i 与 $\alpha(\boldsymbol{X}_i)$ 的差异在于，α_i 考虑到了个体 i 的一些不可测因素可能造成的项目影响效应的差异。

PSM 方法的两个前提假设：

假设 1（Conditional independence assumption，条件独立假设）：在给定可测配对向量 $\boldsymbol{X}$ 的条件下，(Y^0, Y^1) 与 d 独立。

假设 2（Matching assumption，匹配假设）：在给定可测配对向量 $\boldsymbol{X}$ 的条件下，样本接受项目处理的条件概率大于 0 小于 1，即 $0 < P(d_i = 1 \mid \boldsymbol{X}_i) < 1$。

假设 1 表示，给定可测配对向量 $\boldsymbol{X}$ 后，处理的分配是与结果相互独立的。也就是说，在控制了向量 $\boldsymbol{X}$ 之后，所有的个体看起来都是相似的，处理分配不会影响潜在结果，潜在结果也不会影响处理的分配。假设 2 表示，给定同样的控制向量 $\boldsymbol{X}$ 后，每一个处理个体均可以找到一个特征相似的对照个体。从而，我们总是可以估计出处理效应。

在这两个假设下，我们可以利用 PSM 方法估计项目处理效应的参数。

$$\alpha^{ATT}(S) = E[y^1 - y^0 \mid d = 1, \boldsymbol{X}_i \in S]$$

$$= \frac{\int_S E[y^1 - y^0 \mid d = 1, \boldsymbol{X}]\mathrm{d}F(\boldsymbol{X}_i \mid d = 1)}{\int_S \mathrm{d}F(\boldsymbol{X}_i \mid d = 1))}. \tag{5-7}$$

在式(5-7)中，S 代表了实验组与对照组的可测变量 $\boldsymbol{X}_i$ 分布的子空间。$F(\cdot)$ 是在条件 $d = 1$ 下，$\boldsymbol{X}$ 的累积分布函数。$\alpha^{ATT}(S)$ 是项目对空间 S 中具有特征 $\boldsymbol{X}_i$ 的样本产生的平均影响效应（average treatment effect on the treated，ATT，即项目处理的平均影响效应）。

在实际估计中，式(5-7)中 $\alpha^{ATT}(S)$ 可以写成如下形式：

$$\hat{\alpha} = \sum_{i \in T} \{ y_i - \sum_{j \in C} \tilde{\omega}_{ij} y_j \} \omega_i. \tag{5-8}$$

在式(5-8)中，T 和 C 分别代表项目实验组与对照组集合；ω_i 是实验组人群的权重，一般选择为简单权重，即 $\omega_i = \dfrac{1}{N_1}$（其中 N_1 为项目处理组样本的数量）；$\tilde{\omega}_{ij}$ 为作为项目处理组样本 i 的对照组样本 j 的估计权重，且 $\sum_{j \in C} \tilde{\omega}_{ij} = 1$，$\tilde{\omega}_{ij}$ 依赖于 $\boldsymbol{X}_i$ 与 $\boldsymbol{X}_j$ 之间的距离。目前常用的距离有倾向得分距离（Propensity score distance）、马氏距离（Mahalanobis distance）、欧氏距离（Euclidean distance）等。估计 ATT 有四种常用的方法：分层匹配（stratification matching）、近邻匹配（nearest neighbor matching）、半径匹配（radius matching）以及核匹配（kernel matching）。

分层匹配实际是区间匹配，它首先将倾向得分分成不同的区间，保证每个区间里处理组和控制组的倾向得分基本上相同，然后计算每个区间里处理组和控制组的平均结果，两者做差即得到该区间的处理效应，所有区间根据处理点的数量进行加权平均，即得到平均处理效应。该方法的缺点是会丢掉那些仅有处理组或仅有控制组的区格，可能会丢失一些信息。因而，此方法并不常用。近邻匹配会对每个处理个体，根据其倾向得分找到一个与它的倾向得分最近的一个控制个体作为估计其潜在结果的匹配，然后对每个处理点的处理效应进行加权平均。半径匹配是对每个处理个体，根据设定的半径，将所有倾向得分落入该半径内的对照个体的结果平均值作为该处理个体的潜在结果的估计。半径越小，匹配的效果越好，但有可能找不到对照个体进行匹配；半径越大，找到对照个体的可能性大，但匹配效果会比较差。核匹配使用所有对照组的个体结果的加权平均作为每个处理个体的匹配，对照个体的倾向得分离处理个体的倾向得分越近，权重越大，越远则权重越小。下面我们就使用后三种倾向得分匹配方法估计参加竞赛对高中生科学素质的影响效应。

5.4.4　研究结果

PSM 方法实际是分两步估计，首先是采用 Probit 模型估计倾向得分。影响一个学生选择是否参赛的因素很多，比如家庭背景、个人能力、个人兴趣、同伴影响、学校科学实验条件等。根据已有研究结果[①]，发现以下变量（参见表 5-16）既对学生是否参赛有显著影响，又对学生科学素质具有较大影响，因而选择这些变量进入 Probit 模型。第二步是根据某种匹配方法（比如近邻匹配法）给每个处理个体找到一个对照个体，计算处理组与对照组在结果变量上的加权平均差值（参见公式 5-8），此差值即为 ATT 的估计值。

表 5-16　Probit 模型中的变量定义

变量类型	变量名	变量说明
因变量	是否参赛	如果参加过"全国青少年科技创新大赛"、"明天小小科学家"奖励活动、"中学生学科奥林匹克竞赛"中任意一项，就赋值为 1，否则为 0

[①]　北京师范大学教育经济研究所课题组. 青少年科技竞赛项目评估及跟踪管理[R]. 2011：78—88.

变量类型	变量名	变量说明
自变量	性别	1＝男，0＝女
	是否参加科学类兴趣班	1＝是，0＝否
	自己教育期望	自己希望接受的最高程度教育，1＝小学及以下，2＝初中，3＝高中，4＝大专，5＝本科，6＝硕士，7＝博士
	前期成绩	上学期班级数学期末考试标准化成绩＋上学期班级物理期末考试标准化成绩＋上学期班级化学期末考试标准化成绩
	家庭经济条件	1＝家庭经济条件较好，0＝家庭经济条件一般
	班级规模	班级学生个数(人)
	班级同伴科学兴趣	班级同伴科学兴趣平均得分
	学校类型	1＝省重点中学，0＝非省重点中学

由表 5-18 可知，除了家庭经济条件以外，其余变量对是否参赛的影响均是显著的(在 0.10 水平下)，尤其是是否参加了科学类兴趣班对参赛概率的影响很大。班级同伴的科学兴趣以及是否重点学校(此变量是学校科学实验条件的一个替代变量)对参赛概率也有较大的影响。

表 5-17　采用近邻匹配法的竞赛效应 Probit 模型结果

	系数	标准误	Z 值	p 值
性别	0.173	0.062	2.78	0.005
是否参加科学类兴趣班	0.717	0.067	10.37	0.000
自己教育期望	0.227	0.035	6.49	0.000
前期成绩	0.099	0.014	7.32	0.000
家庭经济条件	−0.034	0.067	−0.51	0.609
班级规模	0.005	0.003	1.92	0.054
班级同伴科学兴趣	0.235	0.125	1.88	0.060
学校类型	0.248	0.069	3.61	0.000

注：采用半径匹配法、核匹配法的结果与此表系数基本相似[1]，为简洁起见，此处省略。

---

[1]　由于这三种匹配方法下的共同支持域(common support region)上的样本比例均很高，因而 PSM 方法对具体的匹配方法不敏感，即三种匹配方法的结果很相近。

　　表 5-17 中的四种匹配方法在统计上都是显著有效的。在匹配的过程中，必须满足前文所述的条件独立假设，否则估计结果就是有偏差的。我们利用 t 检验，对匹配后各变量（X）是否存在显著的组间差异进行了检验。结果表明，四种方法匹配后处理组和控制组各变量（X）均不存在显著性差异，且通过似然比（LR）检验，p 值分别为 0.333，0.998，0.996，0.902（参见表 5-18），满足条件独立假设，表明我们的匹配质量是比较好的，结果是可信的。此外，由表 5-19 知，按照近邻匹配后，各变量均值的偏差下降了 50% 以上，其中学校类型的均衡效果最好，偏差下降达 100%，这也反映匹配效果较好。

表 5-18　三种匹配法下匹配效应的检验

匹配方法	样本	Pseudo R^2	LR	p 值
近邻匹配法	未匹配 匹配后	0.130 0.004	337.35 9.11	0.000 0.333
半径匹配法(0.05)	未匹配 匹配后	0.130 0.001	337.35 1.10	0.000 0.998
半径匹配法(0.01)	未匹配 匹配后	0.130 0.001	337.35 1.26	0.000 0.996
核匹配法	未匹配 匹配后	0.130 0.002	337.35 3.47	0.000 0.902

表 5-19　近邻匹配下各变量均值偏差及组间差异检验

变量	样本	均值 处理组	均值 控制组	偏差百分比	偏差下降百分比	t	p 值
性别	未匹配 匹配后	0.606 0.606	0.511 0.632	19.3 −5.2	 72.8	4.14 −1.05	0.000 0.295
是否参加科学类兴趣班	未匹配 匹配后	0.573 0.572	0.276 0.538	62.8 7.4	 88.2	13.65 1.38	0.000 0.167
自己教育期望	未匹配 匹配后	6.086 6.086	5.650 6.167	48.0 −9.0	 81.3	10.18 −1.87	0.000 0.061
前期成绩	未匹配 匹配后	0.644 0.644	−.381 0.678	43.1 −1.4	 96.7	9.22 −0.30	0.000 0.764

续表

变量	样本	均值		偏差百分比	偏差下降百分比	t	p 值
		处理组	控制组				
家庭经济条件	未匹配	0.475	0.424	10.3		2.22	0.027
	匹配后	0.475	0.5	−5.0	51.9	−0.97	0.334
班级规模	未匹配	53.819	54.445	14.8		−1.02	0.310
	匹配后	53.819	53.657	1.2	74.1	0.25	0.805
班级同伴科学兴趣	未匹配	8.431	8.368	22.6		4.80	0.000
	匹配后	8.431	8.431	−0.1	99.6	−0.02	0.983
学校类型	未匹配	0.622	0.479	29.0		6.23	0.000
	匹配后	0.622	0.622	0.0	100.0	−0.00	1.000

倾向得分匹配方法估计结果表明（见表 5-20），参加科技或学科竞赛对提高学生科学素质的影响效应是较大的，平均在 1.37 分左右。也就是说，高中生个体由于选择了参加竞赛，使得他们的科学素质平均提高了 1.37 分。传统的普通最小二乘（Ordinal least square，OLS）方法估计参加竞赛收益仅为 0.858 分（见表 5-21），低于匹配方法的估计结果。这可能是由于低能力的学生选择不参赛的概率更大，高能力的学生选择参赛概率更大，即自选择是建立在比较优势基础上的，则参赛学生将比在 OLS 的随机配置（random assignment）的假设下具有更高的竞赛收益。因而如果不考虑自选择问题，用 OLS 来估计竞赛效应，会出现较大的选择性偏差[①]。另外，未参赛个体的潜在竞赛收益低于参赛组的竞赛收益，原因可能是由于竞赛过程对提升学生科学素质的收益受学生个体能力约束所致。参赛对所有学生提高科学素质的平均影响效应是 0.957 分。因而，应当鼓励广大青少年学生积极参加各类科技竞赛，从而提升整个青少年群体的科学素质。

---

① Heckman J J，Li X S. Selection Bias，Comparative Advantage，and Heterogeneous Returns to Education：Evidence from China in 2000[J]. Pacific Economic Review，2004，9(3)：155—171.

表 5-20　竞赛收益的倾向得分匹配方法的估计结果

匹配方法	处置组/控制组样本数	ATT	ATU[1]	ATE[2]
近邻匹配法	772/1155	1.610	0.795	1.121
半径匹配法(0.05)	772/1151	1.232	0.594	0.850
半径匹配法(0.01)	769/1138	1.275	0.646	0.900
核匹配法	772/1155	1.359	0.688	0.957
平均	771/1150	1.369	0.681	0.957

注：1. ATU(average effect on non－treatment)指项目干预对没有参加竞赛的样本的影响效应。

2. ATE(average treatment effect)是指项目干预对所有样本的平均影响效应。

表 5-21　竞赛收益的 OLS 估计结果

	系数	标准误	t 值	p 值
是否参赛	0.858	0.362	2.37	0.018
性别	0.349	0.329	1.06	0.290
是否参加科学类兴趣班	0.931	0.372	2.50	0.013
自己教育期望	0.927	0.182	5.10	0.000
前期成绩	0.237	0.071	3.34	0.001
家庭经济条件	1.181	0.355	3.33	0.001
班级规模	−0.171	0.014	−12.42	0.000
班级同伴科学兴趣	6.037	0.659	9.16	0.000
学校类型	5.163	0.365	14.14	0.000
R^2	0.284			

5.4.5　结论与相关政策建议

综上所述，本研究基于大规模基线调查数据，在科学测量高中生科学素质基础上，采用倾向得分匹配法，评估了科技竞赛对我国高中生科学素质的影响效应。研究结果发现：1. 参加科技竞赛对提高高中生科学素质的影响效应是较大的，平均在 1.37 分左右，比传统 OLS 方法估计的影响效应高出59.7%；2. 科技竞赛对不同高中生群体科学素质的影响效应有较大差异，未参加竞赛学生的潜在竞赛收益明显低于已参加竞赛学生的竞赛收益；3. 学生前期成绩、教育期望、是否参加科学类兴趣班、班级同伴的科学兴趣以及是否在重点中学就读等因素均对学生选择参加科技竞赛的概率影响显著。

中国青少年科技竞赛活动旨在培养年轻一代对科学的热爱，使他们树立科学的思想和精神，提高未来社会公民的科学素质。本研究结论表明，中国青少年科技竞赛活动对提高高中生科学素质有重要影响，因此，青少年科技竞赛活动较好地实现了其竞赛目的。今后，社会各界应重视青少年科技竞赛活动对青少年学生科学素质的提升作用。青少年科技竞赛活动组织部门需要进一步扩大青少年科技竞赛活动的规模，丰富青少年科技竞赛活动的层次和形式，创新青少年科技竞赛的激励机制，倡导学校举办科学类兴趣班或兴趣小组，鼓励各级各类学校和学生积极参与科技竞赛活动，在科技竞赛活动中不断提高青少年科学素质。

第6章 青少年科技竞赛对科技创新人才成长影响的个案研究——兼论科技创新后备人才培养

6.1 引言

本研究中青少年科技竞赛指的是全国青少年科技创新大赛、"明天小小科学家"奖励活动以及国际学科奥林匹克竞赛。为了探究青少年科技竞赛与科技创新人才成长路径之间的关系，我们搜集了早期获得国际学科奥林匹克竞赛金奖、全国青少年科技创新大赛一等奖以及"明天小小科学家"奖励活动学生的信息，并筛选出部分已经在科技领域事业有成的精英人士。通过与这些精英人士的深度访谈，以及对曾获得奥数金牌的华人数学家陶哲轩和越南数学家吴宝珠成长经历的分析，了解他们的参赛经历对其个人成长的影响，以及家庭教育、学校教育与社会环境等在其成长中发挥的作用，提出如何培养科技创新后备人才的对策建议。

本研究中选择的个案研究对象如下：

孙平川（1964— ），1982年第一届全国青少年创新大赛小论文高中数学组一等奖获得者，目前为南开大学化学学院高分子研究所研究员。国家杰出青年科研基金获得者，中国物理学会王天眷波普学奖获得者。

王小川（1978— ），1996年第八届国际奥林匹克信息学科竞赛金奖获得者，1999年美国大学生数学建模邀请赛一等奖获得者，目前为搜狐公司首席技术官（CTO）和搜狗公司首席执行官。

李平立（1968— ），1986 年第二十七届国际数学奥林匹克竞赛金奖获得者，目前为北京大学计算机科学技术研究所副研究员。1997 年他参与主持的方正彩色中文排版软件获得首届中国软件设计大赛一等奖，2005 年他获得第十届森泽信夫印刷技术奖。

陈晞（1971— ），1988 年第二十九届国际数学奥林匹克竞赛金奖获得者，1997 年在哈佛大学获得数学博士学位，目前为加拿大阿尔伯塔大学数学系副教授。主要研究领域是代数几何，涉及广义 Hodge 猜想、K3 曲面上的有理曲线、Kobayashi 双曲性猜想等众多国际前沿问题的研究。

郑嵩岳（1983— ），第十七届全国青少年科技创新大赛"医学与健康学"一等奖、英特尔英才奖获得者，并于 2009 年 8 月获得"明天小小科学家"奖励活动二等奖。2009 年至今在香港大学李嘉诚医学院攻读博士学位。

陶哲轩（1975— ），出生于澳大利亚，1988 年第二十九届国际数学奥林匹克竞赛金奖获得者，现任教于美国加利福尼亚大学洛杉矶分校（UCLA）数学系教授，澳洲唯一荣获国际数学界大奖"菲尔茨奖"的数学家，也是继 1982 年丘成桐之后获此殊荣的第二位华人。

吴宝珠（1972— ），出生于越南，1988 年和 1989 年第二十九届和第三十届国际奥林匹克数学竞赛金牌获得者。2010 年 38 岁的吴宝珠凭借其通过引入新的代数几何学方法，证明了朗兰兹纲领自守形式中的基本引理而荣获"菲尔茨奖"。

6.2　科技竞赛对科技创新人才成长的影响

1. 参赛动因：科学兴趣是参加竞赛重要的内在驱动力

在参加竞赛的过程中，个人的动机是很重要的因素。在心理学上，动机是指激发和维持个体行动，并将使行动导向某一目标，以满足个体某种需要的内部动因。动机对人类活动具有激发、指向、维持和调节功能。动机按照起因可以分为内部动机和外部动机。内部动机是指人们对学习任务或活动本身的兴趣所引起的动机，是与自我奖励的学习活动相联系的。内部动机的满足在活动之内，不在活动之外，它不需要外界的诱因、惩罚来使行动指向目标，因为行动本身就是一种动力。如学生读自己喜欢的故事书，解答自己感兴趣的数学题，活动本身就能给他们带来愉悦，其动机来源于愉悦感带给他们的自我奖励，而不是这些活动对他们有什么功利价值。外部动机是指向学习结果的，往往由外部诱因引起，与外部奖励相联系。这些外部奖励来自学习情境之外，例如，有的学生学习是为了获得一个好分数，而且这些外部奖励往往是社会性的，有的学生学习是为了取悦于父母、老师或朋友等。

内部动机和外部动机决定着学生是否去持续掌握他们所学的知识。有的学生本身对科研活动有浓厚的兴趣，这种内部动机能使其在参赛活动中得到满足。他们积极地参与科研过程，而且在评审专家评估之前能对自己的参赛表现有所了解，他们具有好奇心，喜欢挑战，在解决问题时具有独立性。以兴趣为参赛导向的学生也更能够持续关注自己所从事的研究领域，从而在科研的道路上走得更远。而有的学生参赛则主要是基于加分、保送、外部奖励等外部动机，他们一旦达到了目的，继续从事科研的动机便会下降。此外，为了达到目标，他们往往采取避免失败的做法，或是选择没有挑战性的任务，或是一旦失败，便一蹶不振。

对7个个案研究对象的参赛动机进行分析后发现：在最初选择是否参加竞赛的时候，个人的科学兴趣是其重要的内在驱动力。

南开大学孙平川研究员回忆自己当初选择参加竞赛的情境，"那时候的竞赛没有加分，也没有保送，总的来说，在参加比赛的过程中我完全是受到内心驱动的影响，没有任何功利思想。"

搜狐公司首席技术官王小川表示："自己本身的兴趣及当时学校对竞赛活动的推动，两者因素相作用的结果，导致自己参加了信息学科的竞赛。"

北大方正技术研究院副研究员李平立表示："当时参赛更多的是基于自己的兴趣，老师只是提出建议引导我去参赛而不是强制要求参赛。"

加拿大阿尔伯塔大学数学系副教授陈晞表示："参加数学竞赛出于兴趣"。

美国加利福尼亚大学洛杉矶分校（UCLA）数学系的华裔数学家陶哲轩在两岁的时候就对数字表现出浓厚的兴趣，他的父亲说："他主要是喜欢做数学，而不是为了（获）奖去做数学。"①

从这些成功人士的案例可以看出，基于兴趣这一内部动机参加竞赛而获奖的学生，对科学研究能够保持持久的动力，在相关领域的研究上也更有可能脱颖而出，甚至能为人类知识的进步作出巨大贡献。

而在对目前我国部分参与科技竞赛和学科竞赛的学生进行访谈调查中发现，有部分学生的参赛动机不是基于真正的兴趣或者对科研有一定的兴趣但不强烈。如全国化学奥林匹克竞赛一位金奖获得者表示，"希望通过参加竞赛能够获得上名牌大学的保送资格，毕竟为了准备竞赛花费了很多时间和精力，如果没有获奖，再回到学校准备参加全国统一高考就比较让人难以接受。"参加物理奥林匹克竞赛国家队选拔赛的一位同学表示，"首先是自己比较喜欢，感兴趣才会参加，其次是高考加分保送政策很有吸引力。如果没有高考加分保送政策，不知道是否还会参加。"

本课题组调查也发现：超过50％的学生认为"拓展科学知识"和"满足科学兴趣"是参加科技和学科竞赛活动的主要目的，不过仍有将近40％的学生将科技和学科竞赛活动看做是"获得高考保送或加分资格"的重要途径。

一项成功的竞赛不仅能筛选出有天赋的学生，而且能够更好地激发潜在精英的兴趣，引导其走向成功。获得过国际数学界大奖"菲尔茨奖"的越南数学家吴宝珠说："从参加奥林匹克数学竞赛开始，我就真正喜欢上数学，高中

---

① 邹守文. 教育博客《中外数学科普故事之探索教育篇》第二十一章. http://zsw. mathe. blog. 163. com/blog/static/73907747200910224303 1564/［EB/OL］. 2009-11-22/2010-10-24. （注：本文后面所引陶哲轩及其父亲的话均来自该文章。）

毕业后，我决定以数学为职业。"①因此，我们应该积极倡导学生真正基于兴趣来参赛，通过基层选拔、参赛过程、参赛结果激励等环节的科学设计来激发和培养学生的科学兴趣。

2. 参赛过程：开阔科学视野、形成科学品质、提升科研能力

在参加竞赛的过程中，参赛学生开阔了科学视野，从中也能体会到科学探究活动的乐趣，加深了对科学探究活动的认识，培养了学生坚韧不拔的科学品质，锻炼了科学探究能力。

有的研究对象在参赛过程中接触到其他相关学科，或是对本学科领域的前沿知识加深了认识。这一过程不仅开阔了选手的科学视野，激发了其潜在兴趣，引起了他们探索未知的欲望，而且对一些选手日后的研究方向产生了影响，促使其在科研的道路上走出了一片新天地。

从事核磁共振研究的孙平川研究员回忆自己参加数学竞赛的过程时，认为"参与青少年科技创新大赛的经历对我的影响巨大而深远！我在参赛期间感受到一种氛围，至今仿佛仍在眼前；其他学科比如物理学生的参赛作品让我大开眼界，参赛期间有很多奇妙的发明，让我一下子发现了一个不同的世界。"

从事信息技术行业的王小川表示："参加竞赛对计算机算法，对扩大计算机领域的视野有很大的影响。"

对于在校学生来说，参加科技竞赛活动完成项目是一种经历，通过研究的过程，体会到在研究过程中遇到困难时应该用什么态度对待才能够克服困难；理解到只有用良好的心态去面对困难和挫折，才有可能解决难题，才能有所突破、有所提高。参加过全国青少年科技创新大赛、"明天小小科学家"奖励活动、英特尔国际科学与工程大赛等多项竞赛并获奖的郑嵩岳对此深有感触："我觉得是整个参加比赛的过程对我影响是很大的，因为我们整个参赛的过程是很曲折的。概括来讲，我觉得是对我的科学探究品质和人生态度有很大影响……整个过程让我认识到了'坚持不懈，天道酬勤'这八个字的重要含义。因为做任何事情，包括科学探究活动，都是需要有这样的精神才能做

① 王丹红，季理真. 越南数学家吴宝珠：从奥数冠军到菲尔茨奖获得者. 科学时报，2010 年 11 月 18 日. http://www.ce.cn/xwzx/kj/2010/11/18/t20101118_21978128_1.shtml［EB/OL］—2011-06-28. （注：本文后面所引吴宝珠的话均来自该文章。）

成功的。所以说，我觉得这是对我影响非常大的一个过程，也是改变我一生的一个过程。"

为了参加科技和学科竞赛，需要学习大量的超过学校课程所提供的知识，在这一过程中，学生的自主学习能力、科学探究能力和科学创新能力得到了很大提升。陈晞认为"数学竞赛拓宽了我的视野，锻炼了我的自学能力，对我大学的学习很有帮助。中学数学竞赛虽然只涉及了初等数学，其中的技巧却是数学研究中必不可少的。"吴宝珠认为"参加奥数竞赛不同于做数学研究。参加奥数竞赛，需要在有限的时间里精通各种技能，这有助于人们解决复杂和技巧性的问题，有助于帮助学生理解复杂的具有挑战性的数学问题。"

在参加全国大赛的过程中，主办方安排参赛学生参观国家重点实验室，体验国家重点实验室的科研氛围，与一线科学家们深入交流；聆听科普讲座，与著名科学家座谈等。这一系列的活动能激发一颗颗热爱科学的心，激励参赛学生立志投身自然科学研究事业，而参赛期间与身边同学关于人生理想及研究经验的交流，也会让这些学生对科学研究有一种全新的理解和认识。

3. 赛后激励：强化科研行为、调动科研积极性

激励理论指出：激励作用于人的内心活动，能够激发、驱动和强化人的行为。人的动机来自需要，由需要确定人们的行为目标。马斯洛的需要层次动机理论认为，尊重和自我实现的需要是高级的需要，它从内部使人得到满足，这种高层次的需要比低层次的需要更有价值。通过精神激励和恰当的物质奖励满足获奖者的高级需要来调动其科研积极性，将会有更稳定、更持久的力量。

通过分析激励因素对研究对象的影响发现：奖金等物质奖励对其影响并不大。例如，王小川对当时学校的奖励没有太多印象："学校好像有奖励，但是当时没怎么注意这个事情。"多数访谈对象表示更多的激励是精神上的，如荣誉称号、学校宣传、提供更好的接受教育的机会等，而获奖本身就是对选手一种肯定和激励。

孙平川回忆说："科协有人到家里来采访，还拍了照片，放在一个橱窗里宣传，说是因为我获得青少年科技创新大赛的一等奖；学校对我当时的获奖一直宣传了很多年……获得第一届全国青少年科技创新大赛小论文一等奖之后，我的参赛作品被选登在《中学科技》1982 年第 6 期的首页，这对当时的我来说也是一种莫大的鼓励和肯定。"

郑嵩岳也向我们展示了她们学校的奖励措施："学校的配套的奖励可以分

两方面来讲。一方面就是精神鼓励。我们学校对获得市级以上级别的奖项，都会出宣传海报的。获得国家级别的奖项时，学校会邀请报社来采访，相关事迹会刊登到报纸上。等到从美国参加 ISEF 回来以后，学校组织了新闻记者招待会，来公布这个好消息。"

通过参加竞赛而保送进入北京大学学习的李平立认为："奥赛的保送机制还是可取的，毕竟有一些尖子生需要通过保送这个途径冒出来。"同时他也指出，竞赛这种筛选机制的有效性是存在的，只是别让它承载过多的其他角色。

一些象征性的物质奖励对获奖者继续从事科研起到了很好的促进作用，如 1982 年孙平川获奖的奖品是一个收音机散件、科技发明书籍和一本厚厚的《辞海》。他通过这些奖品找到了其第二个兴趣（天赋）：电子。"当我通过自己的手组装出收音机，听到声音从自己做的第一个无线电传出来的时候，我觉得自己很伟大，感觉整个世界都不同了，这种感觉很神奇，持续至今。我通过第一次对电子产品的尝试，开始了持续的探索与创造：开发过金属检测仪、单片机监控系统、示波器和 LED 电子显示屏控制器等。"

通过分析访谈资料可以发现，获奖者后期的科研成绩与其早期参赛受到的激励密不可分。因此，根据竞赛环境、竞赛者能力分布情况等设计合理的激励机制，能够强化获奖者探索未知的欲望、调动其从事科研的积极性，为其在科学研究上取得更大成绩助力。

4. 参赛经历：明确专业选择和职业选择

学生选择大学专业受到多种因素的影响，已有调查研究表明[1]，学生在选择专业时，专业、个人、学校和家庭是其考虑的四大主要因素，其中个人因素主要指能力特长和兴趣。奥藤基（Altonji）认为在收益率既定的条件下，决定在校大学生选择何种专业至少受三种因素的影响：个人偏好、已有知识存量水平和结构、在不同学习领域中具有的不同学习能力[2]。参加竞赛首先可以激发和培养获奖者在该领域或相关领域的兴趣；相对于其他专业，获奖者对于所参赛的专业有更多的知识存量和更好的知识结构，而且在该领域其学习

① 孟大虎. 从专业选择到职业定位——专用性人力资本视角下大学生就业行为分析[J]. 中国青年研究，2005(7)：48－51.

② 孟大虎. 拥有专业选择权对大学生就业质量的影响[J]. 现代大学教育，2005(5)：94－97.

能力可能更强，因此参加竞赛能够让获奖者更加聚焦专业选择。从专用性人力资本的角度看，选择与专业对口的职业，可以减少专用性人力资本投资的损失；路径依赖导致初始专业选择形成的投资构成了基本的职业专用性人力资本，限定了未来的职业选择和职业流动方向。参加竞赛对获奖者来说，更加明确了自己未来的专业和职业方向，有利于专用性人力资本的累积，有利于他们未来的职业发展。

本研究的访谈对象多数都选择了与参赛专业相对应的专业和职业并取得了成功，他们认为参加竞赛对于后来的专业和职业选择起到了指导性作用。王小川告诉我们："参加竞赛对计算机算法，对扩大计算机领域的视野有很大的影响，进入大学以后专业课的学习也更自如些……"孙平川表示："中学时期参与科技竞赛活动的经历对我大学时期的专业选择以及后来的科研活动非常有影响……竞赛以后我发现物理更加诱人，应用性也更强，与我们的生活息息相关，可以自己动手的地方也更多，于是我大学时选专业就选择了物理，并且是与原子核相关的物理……中学时期参与科技竞赛的经历让我初步明确了自己未来要做什么，就是在科学领域有所发展。"郑嵩岳认为自己参赛所做的项目是其大学专业选择的背景。

参加科技竞赛和学科竞赛的经历成为这些学生真正走上科学研究征途的起跑线，学生在参赛之后也更加明确了自己的职业方向。

6.3　科技创新人才成长的启示

唯物辩证法认为事物的内部矛盾（内因）是事物自身运动的源泉和动力，是事物发展的根本原因。外部矛盾（外因）是事物发展、变化的第二位原因。内外因的关系表明：内因是变化的根据；外因是事物发展变化不可缺少的条件，有时外因甚至对事物的发展起着重大的作用；外因通过内因而起作用。

科技创新人才的成功受多种重要因素的影响，创新人才本身的个性品质这种内在因素是其取得成功的根本，学校、家庭、社会等多种外在因素是其成功必不可少的条件。试想一个天赋普通、个性品质不优秀的学生，无论外界施以何种力量，他也无法取得巨大成绩；而一个天资聪颖的学生如果没有任何外界力量的助推，他也很难攀登科研的巅峰。我们力求改进家庭教育、学校教育，在社会上倡导尊重科学的文明之风，设计科学的科技创新后备人才选拔机制，培养优秀学子的内在个性品质，使外因真正起到推动而非抑制作用。

本节具体分析框架如图 6-1 所示。

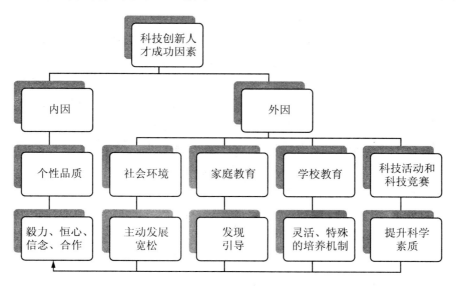

图 6-1　科技创新人才成功的影响因素分析框架

6.3.1 个性品质

坚韧不拔的毅力和恒心、致力于科学事业的坚定信念，善于合作的精神是科技创新人才成功的必备品质。

从事科学研究，要有坚韧不拔的毅力和恒心，要有从小问题做起的意愿。"性格决定命运。"一些学者对许多成功人士的人生历程进行了研究，发现人的性格在很大程度上决定他一生的道路。心理学家曾就性格、精神品格与创新能力的关系问题，对日本160位有突出成就的科学家或发明家进行了调查。结果表明，这些人均具有与众不同的性格特征和精神品格。他们有恒心有毅力，在遇到困难时，往往凭着一股"不达目标决不罢休"的精神，绝路逢生、柳暗花明。这些性格因素与精神品格在其创新活动中起到了重要作用。菲尔茨奖获得者陶哲轩曾参加过国际数学奥林匹克竞赛。他在1988年获得金牌时，尚不满13岁。中国也有不少奥数奖牌得主，却没有人能够取得像陶哲轩这样杰出的成就，有些人甚至远离了数学。陶哲轩说："数学研究和奥数所需的环境不一样，奥数就像是在可以预知的条件下进行短跑比赛，而数学研究则是在现实生活的不可预知条件下进行的一场马拉松，需要更多的耐心。而且在攻克大难题之前，要有首先研究小问题的意愿。"孙平川也在采访时提到："科学的发现往往是那些具有执著性、对某个领域非常热爱的人，才能在那个领域内做出伟大的贡献。"

在中国，有学生将科技竞赛视为升入大学的一条捷径。陶哲轩认为，如果参加奥数比赛只是为了升入一所好的大学，"这个目标太小。"洛杉矶加州大学数学系前主任约翰·加内特（John Garnett）评价他，"他就像莫扎特，数学是从他身体中流淌出来的。"因此，奥数奖牌得主没有致力于数学事业的目标和坚定信念，是难以继续在数学研究领域做出杰出贡献的。

善于与同行合作，取长补短，解决跨学科领域的难题。陶哲轩说："我喜欢与合作者一起工作，我从他们身上学到很多。实际上，我能够从谐波分析领域出发，涉足其他的数学领域，都是因为在那个领域找到了一位非常优秀的合作者。我将数学看做一个统一的科目，当我将某个领域形成的想法应用到另一个领域时，我总是很开心。"

吴宝珠在证明基本引理的过程中，曾经与洛蒙合作共同证明了基本引理的酉群情形，这为他后续的工作奠定了基础。而后他与普林斯顿高等研究院的马克·戈瑞斯基(Mark Goresky)的交谈，为其提供了启示，"我意识到我得出了证明，我相信我得到了一般情形下基本引理的证明。"从两位数学家成功的经历可以看出，以开放、宽容的心态容纳他人的见解，与不同领域的学者真诚合作，虚心学习，才能取长补短，更好地发挥自己的专长，解决更多跨学科领域的尖端难题。

6.3.2　社会环境

主动发展的宽松成长环境是科技创新人才成长的土壤。

在科学创新人才成长的过程中，有利于个体主体性发展的成长环境以及有利于产生创造性观点和原创性成果的研究环境是一个很重要的因素。正如孙平川所说，"不一定要把精英放在一起培养，那样会让部分孩子有挫折感，而让孩子在一个自然、宽松的环境下成长未尝不可。就我个人的学习经历来说，我初中和高中就读的中学是普通的学校，但我在学校很受老师的重视，正是这种宽松自如的环境给了我良好的学习心态。后来，从这个中学出来的很多同学都发展得很好。我觉得可以搞一些精英学校，但是不要把所有的优质资源都倾注到几所学校上。不要忽视一般的学校，很多一般的学校里面也是人才辈出，因为有很多人在短期之内是看不出他的潜在天赋的。所以，不要在精英校和普通校之间人为造成一些等级的差异，不要有重点和非重点的贵贱之分，还有就是也不要单纯的以分数来评判学生。"李平立认为，"在高等教育以前的阶段不要做过多的强制性引导，而是给这些学生以自由的发展空间。在大学以后的阶段，其实更多的是需要引导这些特长生找到一些适合他们自己发展的道路。"

吴宝珠谈起他在法国国家科学研究中心(CNRS)工作的感受时说："我博士毕业后的那段时间真是黄金时光，我成为 CNRS 的研究人员，这是一个终身职位，没有申请经费、发表文章、晋升职位和教学任务的压力，我所做的就是选择留在这里，用更多的时间做数学研究，而不是别的事情。"迄今为止，吴宝珠共发表 15 篇论文。他说："我没有兴趣写糟糕的论文，我只写几篇好论文。一篇好论文胜过 100 篇垃圾论文。这不是我的方式，这是法国的(评价科研人员水平的)标准。"国内高校和科研机构为了大学排名和提升高校声誉，而给教师制定科研年度考评标准，采取绩效考评方式"激励"教师发表大量文章，甚至引发学术腐败等行为。法国等西方科技发达国家的经验表明，给科研人员提供一个鼓励创新、宽容失败的科研评估制度环境是产生原创性重大科研成果的制度保障。此外，大量的事实证明，在新的想法未完全成熟和被证明有效之前，保持它的神秘性，不让批评者过早了解，能够激发创新。现在也有一些公司的经理们鼓励技术人员做他们想做的事，而不要求了解技术人员所做的这些事的细节。譬如，3M公司的"不必询问、不必告知"原则，即允许技术人员可以把15％的时间花在他自己选择的项目上。另外，还专门为创新型人才量体裁衣，设计有别于一般技术人员的弹性工作制度，不拘泥于时间和地点，给予他们充分的自由和无限的创新空间。

6.3.3　家庭教育

家长要善于发现和引导有天赋的子女走上科学之路。

天文学家卡尔·萨根曾说："每个人来到这个世界之初都像一个科学家，每个儿童都具有科学家（对世界及事物）的惊奇感和敬畏之情。"保持儿童的这种惊奇感是教师、家长及其他与儿童关系密切的人的重要责任。很多科学家都声称，他们最初对科学萌发兴趣，他们的父母和教师起到了很大的鼓励、支持和引导作用。

家长是儿童的第一教师。在国外，对儿童及早开始科学启蒙教育正成为一种时尚。而要做到这一点，就必须发挥家长与儿童接触紧密的成年人的作用。国外科技博物馆针对周末家长多陪孩子到博物馆参观的特点，很注重举办一些由家长与孩子一起参加的动手型展览活动。

分析已有的访谈资料可知，家庭对于学生的科学兴趣的培养起到了重要的作用。如孙平川所说："父亲对我的影响是潜移默化的。我的父亲是一名数学老师，父亲给了我一箱书让我自己去看，让我自己去琢磨去领悟，而我也从这些书里找到了学习的乐趣，其中《爱迪生的故事》对我的影响很大，从这个故事里我学到要挑战自己，学会忍耐。父亲并没有教过我怎样解题，但是从父亲的这些书里，我慢慢地开始喜欢数学。"

李平立说："最初对我产生影响的是我的父母和外祖父，他们在闲暇时间会经常看报，家里的环境就是看书的环境。我的兴趣形成于学前，父母没有给我施加任何压力，这非常有效地保证了我的兴趣一直保持到现在。譬如，父母从来没有对我提出过一定要考第一名的要求，甚至是当我考试不理想的时候，反而是我的父母安慰我，让我不要看重考试的结果。他们只是引导我看中对知识的掌握程度。在高中之前我自己一直很看重分数，直到高中，在家庭环境的熏陶下，我才不再那么看中分数。"

31 岁就获得菲尔茨奖的天才数学家陶哲轩的成才与其父母陶象国夫妇的培养密不可分。早在陶哲轩两岁的时候，陶象国夫妇就发现这个孩子对数字非常着迷。他们通过阅读天才教育书籍，加入南澳大利亚天才儿童协会等途径，主动寻求天才儿童的科学培养方式。陶哲轩的母亲利用自己的专业优势对孩子进行超前辅导，在陶哲轩上幼儿园的一年半里，指导其完成了几乎全部小学数学课程。陶象国夫妇也很注重孩子的身心全面发展。他们没有因为陶哲轩超高的智商测试记录就让孩子提前升入大学，而是希望他在科学、哲学、艺术等各个方面打下更坚实的基础，让陶哲轩在中学阶段多待 3 年，同时先研修一部分大学课程，等到升入大学以后，他才可以有更多的时间去做一些自己感兴趣的事情，去创造性地思考问题。陶象国还认为培养孩子一定要与孩子的天分同步，太快太慢都不是好事。

吴宝珠的父亲吴辉瑾（音译）是越南国家力学研究所物理学教授，母亲陈刘云贤（音译）是越南中央传统医学院的医学副教授。父亲对他的影响很大，他说："我在河内一所实验小学读书，这所小学用特别的方法教育学生，比如鼓励我们独立阅读、自由表达等。但父亲回来后，不满意我上的小学，决定让我离开，并将我送到针对有数学天分学生的天才学校。从初中开始，因为父母的缘故，我做了许多数学练习，也喜欢上了数学。"

由以上成功人士父母对子女的教育方式可以看出，他们非常重视对子女的早期教育，善于发现并引导子女走向科学之路。作为天赋高的儿童的父母，他们一方面学习并遵循天才儿童的成长规律来帮助子女选择合适的教育；另一方面也注重子女健全人格的形成，使他们具有乐观、开放、谦虚、真诚、友善的品格，保持好奇心、探索未知的欲望，以及逐渐形成坚韧不拔的毅力、与他人精诚合作的精神。此外，"淡泊名利、宁静致远"，如此品格的学者才有望成为到达科学顶峰的攀登者。

6.3.4　学校教育

学校教育需要为有天赋的学生提供灵活、特殊的培养机制。

对于天赋一般的儿童，学校教育要给其提供一个良好的学习科学知识的氛围，在不同的教育阶段发挥不同的作用。小学教育阶段是学生的兴趣保持阶段，在该阶段不要给学生任何压力，不要让学生对知识产生逆反的心理。初中教育阶段是学生开始寻找目标的阶段。而高中阶段是学生开阔视野的阶段，在这个阶段，学校教育应发挥作用，为学生打开一扇知识之窗。

对于天赋高的儿童，学校教育要提供灵活、弹性的学制以及特殊的教育教学方式。如王小川所说："每个学生都有不同的成长和发展路线。让学生根据自己的兴趣发展，不要强迫他们；不要用一种课本去教学生，也不是所有的学生都适合特定领域的培养方式。"陶哲轩的成长经历也给我们在培养天赋高的儿童方面以很好的启迪。陶哲轩5岁进入一所公立学校，这所小学的校长答应他的父母，为陶哲轩提供灵活的教育方案。刚进校时，陶哲轩和2年级孩子一起学习大多数课程，数学课则与5年级孩子一起上。7岁时，陶哲轩开始自学微积分。而小学校长也意识到小学数学课程已经无法满足陶哲轩的需要，他在与其父母协商后，成功地说服附近一所中学的校长，让陶哲轩每天去中学听一两堂数学课。陶哲轩8岁半升入了中学。9岁半时，他有1/3时间在离家不远的弗林德斯大学学习数学和物理。陶象国说："如果陶哲轩在中国内地成长，恐怕就没有那么幸运了。在国外，我们做家长的可以与学校协商（培养方案），哲轩7岁开始在中学修课，在中国哪个学校肯收他？"吴宝珠在越南完成了小学、初中和高中的学业。在上初中时，吴宝珠上的是专门培养天才学生的特殊班，高中则上了一所针对全国天才学生的学校中的数学专修班。这种特殊的培养机制对于吴宝珠早期数学兴趣的培养很有裨益，高中期间他参加了两次国际奥数竞赛并且获奖。他的大学教育是在法国完成的。法国的教育体系不同于其他国家，"在法国，我接受建议从高中开始，在高中待了两年，之后在法国高等师范学校上大学。当时，我的指导老师迈克·布鲁意（Michel Broue）建议我跟随巴黎第十一大学的热拉尔·洛蒙（Gerard Laumon）教授做研究，所以，我在大学阶段就开始了博士研究。"在法国高中的学习对吴宝珠产生了相当的影响，"在法国，高中阶段有两年的大学预备学习，法国的高中预科非常不同于越南的'奥数'班，法国的高中学习是为研究做准备，越南的高中学习是为考试做准备。"这一点与我国的高中教育非常相似。

陶哲轩和吴宝珠两个有着很高天赋的儿童，因为受益于灵活、特殊的培养机制而在数学研究道路上不断探索，最终走向了成功。对于天赋高的早慧儿童，能否为他们提供灵活、特殊的教育方案，允许他们按照适合其成长的学习方式来学习，甚至跨学段学习，应当成为我国基础教育在培养天赋儿童方面的改革方向。

6.3.5　科技活动和科技竞赛

科技活动和科技竞赛是提升科技创新后备人才科学素质的重要途径。

不管在校内还是校外，科技活动是学生课外活动中与创新能力发展关系最为密切的一项活动。通过科技活动，可以开阔视野，激发对新知识的探索欲望，增强学生自学能力、研究能力、操作能力、组织能力和创造能力。

在国外，美国、英国、日本等国家积极开展对青少年的校外科普教育。在这些国家，众多的科技中心/博物馆、青少年科技活动中心散布在学校和社区，为青少年提供亲自动手探究科学的场所和机会；电视台在政府等的资助下不断推出趣味横生的科普节目；高品位的科普科幻类书刊琳琅满目，赢得众多青少年读者；科普专业组织、大学、研究机构、企业等也经常为青少年安排科普讲座、科技博览会、科技设计发明比赛、见习研究等科技活动。在这些科学教育形式中，青少年科技俱乐部、科学营地以及让青少年直接从事科学研究活动是比较典型及值得借鉴的做法。

在我国，针对青少年科技创新后备人才的培养也采取了一些新的形式，如科技馆活动进校园。建立校外教育、非正规教育与学校教育良性互动的伙伴关系。在机制方面，尝试建立校外科技活动场馆与试点学校建立长期合作的工作机制和工作模式；在资源方面，促进科技活动场馆科普资源（功能）与学校科学教育的要求（包括科学课程、综合实践活动、研究性学习等）有效衔接等。所有这些丰富了青少年的科技经历，拓宽了青少年的科技视野，对青少年科技兴趣、创造力、想象力的培养起到了不可低估的作用。

相对于科技活动，科技竞赛具有规则性、竞技性等特点，更能够激发和培养青少年的创新精神和实践能力，培养青少年的责任感、务实作风、顽强毅力和规则意识等健康人格，促进其全面发展[1]。从本质上说，青少年参与科技竞赛的过程，是使青少年的生活、精神世界与科学世界交流的活动过程，是使其将所理解的科学转化为体验科学的过程，是态度的转变和精神的升华过程。

目前国外对青少年科技竞赛非常重视，科技竞赛活动的开展也十分广泛。

---

① 刘佳. 青少年科技创新大赛在培养健康人格中的作用[J]. 科协论坛，2009(11)：161－162.

例如，美国的英特尔国际科学与工程大赛、英特尔科学人才选拔赛（STS）、FLL 青少年机器人大赛、头脑奥林匹克竞赛、欧盟的科技竞赛以及瑞典的斯德哥尔摩青少年大奖竞赛等。这些不同类型的青少年科技竞赛的共同目标都是培养年轻人的科技能力和增进科学知识。

国外许多学者研究发现，科技竞赛对青少年学生具有积极影响，主要表现为参赛学生科学创造力和科学素质的提高，甚至对科学兴趣、学习积极性、学业成绩、课堂表现、其他学科的学习以及除学业以外的方面（如获得较好的教育发展和理想职业等）都会带来不同程度的影响。例如，美国 STS 科学人才选拔赛在甄别、选拔具有科学潜质的人才，鼓励他们立志从事科学事业方面成效卓著。据统计，曾参加 STS 决赛的选手，目前获得诺贝尔奖的有 7 人、菲尔茨奖的有 2 人，并且有 42 位美国国家科学院院士、11 名美国国家工程学院院士。

国内目前开展的青少年科技竞赛主要有全国青少年科技创新大赛、"明天小小科学家"奖励活动以及青少年机器人大赛。以全国青少年科技创新大赛为例，参赛的青少年不论是参加基层竞赛，包括学校、县区、市级、省赛选拔，还是全国大赛，或是参加国际赛事，都必须遵守赛事的规定，按照赛事的要求完成项目研究的全过程，体验做科研的各个环节。从选题到研究设计再到研究结果分析、展示，整个过程增强了青少年对科学的兴趣，增进了他们对科学技术的理解，促使其掌握科学研究的一般方法和有关的发明技法。此外，在科技作品制作活动中强调手脑并用，更有利于青少年学习并掌握相关的技能，使其综合能力和创造能力得到提高。

6.4　结论

通过对 7 位科技精英人士成长的个案研究发现，科技竞赛对科技创新人才成长的影响主要体现在四个方面：一是增强了他们的科学兴趣；二是参赛过程开拓了他们的科学视野，促使其逐步形成了科学品质，并且提升了科研能力；三是竞赛激励机制（如荣誉称号、学校宣传、提供更好的接受教育的机会等）强化了获奖者探索未知的欲望、激发其从事科研的积极性；四是参赛经历使他们更加明确专业选择和职业选择，有利于他们立志从事科学研究事业。通过分析科技创新人才成功的关键因素，发现个性品质、成长环境、家庭教育、学校教育、科技竞赛和科技活动等都会对科技创新人才的成长产生积极影响。此外，对于科技创新人才的培养模式还可借鉴国际经验①，如从立法上确保创新人才的培养制度，建立专门的创新人才培养学校等，从国家层面在制度、体制上予以保障。

---

①　1978 年 11 月美国国会通过了《天才儿童教育法》，1988 年通过了《杰维斯资赋优异学生教育法案》，强调学校必须提供资赋优异者特殊的教育活动或服务，以培养发展其特殊的潜能。该法案还明确每年联邦政府为法案落实所需拨款的额度。杰弗逊科技高中是全美闻名的资赋优异者学校，学生研修大学课程，从事相当于硕士、博士水平的研究。法国著名的路易大帝中学盛产大数学家，如庞加莱、阿达玛、埃尔米特等。

孙平川访谈记录

访谈对象：孙平川

访谈时间：2010 年 7 月 26 日 20：00～23：45

访谈地点：南开大学附近某咖啡馆

访谈者：薛海平

记录人：杨玉琼、郭俞宏

访谈整理：杨玉琼

孙平川简介：

孙平川于 1982 年获得第一届全国青少年创新大赛小论文高中数学组一等奖，同年毕业于天津市第 43 中学，考入南开大学物理系固体物理专业；1986～1988 年在河北工学院做助教，1991 年在南开大学获得理学硕士学位，1994 年在南开大学获理学博士学位，1994 年至今在南开大学化学学院高分子研究所工作。他主持了三项国家自然科学基金（20774054，20374031，20274020）和两项教育部基金项目。自 1997 年至今在国内外核心刊物共发表学术论文 80余篇，SCI 收录论文 60 余篇；获国家授权发明专利一项；2006 年获得中国物理学会波谱学专业委员会王天眷波谱学奖；2008 年获得了国家杰出青年科研基金资助。

薛：您当时基于什么想法或愿望参与竞赛的？是受同学、家长或者学校老师的影响吗？请问当时您的家长是否支持您参加竞赛？能告诉我们具体的支持方式吗？学校是否支持学生参加此类竞赛？请问当时学校是如何支持的？

孙：我参加竞赛完全是很偶然的，由于当时的信息并不像现在这样通畅，我并不知道有全国青少年科技创新大赛（当时叫第一届全国青少年科学创造发明比赛和科学讨论会），因此也没有任何培训班。当然，学校会支持，当时参加全国竞赛是由天津市青少年中心提供活动经费的。家长也很支持我去参赛，我曾经在数学、物理等竞赛也获得过奖励，比如，我曾在 25 省市数学联合竞赛中获得优胜奖。那次青少年科技创新大赛我参加的是高中组的数学论文竞赛，其实获得全国青少年科技创新大赛的奖励后，我就从当时的中学毕业了。后来科协有人到家里来采访，还拍了照片放在橱窗里宣传，说是因为我获得青少年科技创新大赛的一等奖，后来我还得知以前的中学母校对我当时的获奖一直宣传了很多年。

图6-2　参加第一届全国青少年科学创造发明比赛和科学讨论会者合影

那时候的竞赛没有加分，也没有保送，总的来说，在参加比赛的过程中我完全是受到内心驱动的影响，没有任何功利思想。再者，初中时候的兴趣也影响了我，我从初中开始就喜欢画画和数学，尤其是画画，锻造了我现在这样的性格，能够沉得下心来做一些事情，习惯用逻辑思维去思考和分析问题，喜欢创造新的事物。在人生经历中，我做出了几个重要的选择；其中上高中时的第一个选择是从绘画到数学。其实我觉得科学与艺术有相同的地方，他们都很注重创造性和境界，注重细节，科学讲究细致和严谨。

薛：能否说说当时参加第一届全国青少年科技创新大赛的情况？能否请您回忆中学时期参与科技竞赛的经历，有没有对您的成长影响较大、记忆较为深刻的关键事件？请您列举一两个事例。

孙：我现在还记得当时的比赛是在上海举行，在当时物质匮乏的情况下，我们组织活动的内容却是丰富多彩的。特别是所有的参赛队员都在上海机场体验了一下乘坐飞机翱翔蓝天的特殊经历，在天空中我第一次真正体会到了人类科技的震撼和伟大之处。组委会给我们每个人统一发了一顶帽子，上面印着鲜艳醒目的会标，这对于当时的我们来说就是一种无名的荣誉。我觉得当时整个社会的氛围跟现在相比也很不一样，科学很受重视，那是一个宣传科学的年代，整个社会塑造了一种气氛——科学家是非常伟大的，重视科学，要从儿童抓起。那个大环境给予了我们这一代人梦想，就是我们要做科学家。通过这次活动，我更加热爱自己的国家，我愿意把毕生的精力奉献给自己的祖国。

我现在还很清楚地记得当时参加写小论文的情况，完全是痴迷于一个数学问题的长期思考后产生的顿悟。我那时一直在思考如何将一个已知的著名数学不等式推广到最普遍的情况。有一天早上起来，我突然闪过灵感，想到可以利用组合数学的方法推导那个不等式，结果很快就获得了成功！于是我就尝试着把这个数学问题写成了一篇小论文，并且投给了当时的《科学园地报》。说到这，我要说一下父亲对我的影响，父亲对我的影响是潜移默化的。

图 6-3　1982 年获奖后的孙平川　　图 6-4　参加第一届全国青少年科学创造
发明比赛和科学讨论会的天津队合影

我的父亲是一名数学老师，父亲给了我一箱书让我自己去看，让我自己去琢磨去领悟，而我也从这些书里找到了学习的乐趣。其中《爱迪生的故事》对我的影响很大，从这个故事里我学到要挑战自己，学会忍耐和不断克服困难。父亲并没有教过我怎样解题，但是从父亲的这些书里，我慢慢地开始喜欢上数学。初中时学校有几个好老师对我的影响也很大。高中开始我尝试写一些论文，并投过两篇论文到《科学园地报》。在我写论文的过程中，我的一些数学天赋开始显现出来。毛编辑是影响我一生的第一个人，他当时是《科学园地报》的编辑。有一天他到我家来了，他想看看我平时是怎么学习的，于是我就把父亲给我的那箱书拿出来给他看，告诉他我就是从这些书里面获得知识的。其实，毛编辑的这一举动给了我很大的鼓舞，他在关注我在做什么，我有一种受到重视的感觉。后来也是毛编辑将我的小论文推荐到了天津科协去参加第一届全国青少年科技创新大赛。还有一套书值得一提，当时父母给我还买了全套的《数理化自学丛书》，那是影响了我们这一代人的书，我觉得教育的精髓就是教会学生自学。

　　还有就是，获得第一届全国青少年科技创新大赛小论文一等奖之后，我的参赛作品被选登在《中学科技》1982 年第 6 期的首页，这对当时的我来说也是一种莫大的鼓励和肯定。经历了创新大赛，更加激发了我对国家的热爱，国家认可你，这种认可对你是有一种精神上的鼓舞，我更下定决心要好好做出一番事情来。

　　薛：参与这些竞赛活动是否对您的科学兴趣的形成、科学探究能力和科学创新能力提升有一定影响？能否请您略作详细说明？

孙：参与青少年科技创新大赛的经历对我的影响巨大而深远！李开复先生的书中写道："兴趣就是天赋，天赋就是兴趣"。我在参赛期间感受到一种氛围，至今仿佛仍在眼前；其他学科比如物理学生的参赛作品让我大开眼界，参赛期间有很多奇妙的发明，让我一下子发现了一个不同的世界。当时我获奖的奖品是一个收音机散件、科技发明书籍和一本厚厚的《辞海》。先说这本《辞海》，对当时的我来说是太贵重的物品。我通过这些奖品找到了我的第二个兴趣（天赋）：电子。当我通过自己的手组装出收音机，听到声音从自己做的第一个无线电传出来的时候，我觉得自己很伟大，感觉整个世界都不同了，这种感觉很神奇，持续至今。我通过第一次对电子产品的尝试，开始了持续的探索与创造：开发过在线金属检测仪、单片机监控系统、示波器和 LED 电子显示屏控制器等。

薛：您认为中学时期参与科技竞赛活动对您大学时期的专业选择、学习能力以及大学时的科研活动等是否有影响？是否感觉学习能力比同伴（没有参加过竞赛的大学同班同学）更为突出？主要表现在哪些方面（如专业课程成绩/论文发表/参与课题/各种科技或专业性竞赛等）？

孙：中学时期参与科技竞赛活动的经历对我大学时期的专业选择以及后来的科研活动非常有影响，竞赛让我发现了另一个不同的世界。尽管我当时参加的是数学小论文竞赛，我也非常喜欢数学，但是竞赛以后我发现物理更加诱人，应用性也更强，与我们的生活息息相关，可以自己动手的地方也更多。于是我大学时选专业就选择了物理，并且是与原子核相关的物理，后来在冥冥之中转到了核磁共振领域。我感觉自己的学习能力通过参加竞赛得到提高，实验动手能力也明显变强。

还有一点我要说明的是，上本科期间我几乎没有再参与过任何竞赛。但是在本科期间我遇到了我人生中的第二个转折，我遇到了如慈父般的丁老师。正是丁老师对我的影响，我后来转到了做核磁共振。说到这里，我回想到，当时在竞赛后我拿到的奖品其实是收音机的散件，我做了收音机的探头，现在又做核磁共振的探头，我觉得这两者之间的联系是非常有意思的。这个领域在生活中的应用是非常重要的，如医疗设备。

薛：您认为中学时期参与科技竞赛是否对您的职业选择和职业发展有影响？能否请您略作详细说明？

孙：中学时期参与科技竞赛的经历让我初步明确了自己未来要做什么，

就是在科学领域有所发展。从最早接触科学这个领域到我现在所从事的工作，这期间我经历了几次转变，在每次转变的过程中，正是我的勇于选择，让我作出了比较正确的决定。我的第一次转变是获得全国青少年科技创新大赛数学小论文一等奖之后，在大学选择专业的时候我选择了物理。因为我觉得物理相对数学来说应用性更强，需要更多自己动手去实践的东西。在大学里，我受到了丁老师的影响，又从核物理转到了核磁共振领域。从1984年开始我在这个领域做了20多年，想一想20多年的时间有什么事情是做不成的呢？这种沉淀是很重要的。这期间有一个小插曲，我本科毕业后没有直接考上研究生，而是到河北工学院（现在的河北工业大学）做了两年助教，也是在基础物理专业，我讲一些如电磁学的课程，但是我觉得河北工学院没有南开的科研氛围。于是，我下定决心考出来了。我现在化学高分子研究所工作，主要是从事发展固体NMR新技术高分子结构—性能关系、先进高分子材料与智能高分子材料等的研究。虽然我在数学、物理和化学之间进行跳跃，但是我觉得科学是相通的。在我自己编程3D绘图软件的时候，我用到了自己的数学功底；化学让我知道了很多别人看不懂的东西；我认为化学创造了物质，而物理只是理解物质。在我后来参加国家杰出青少年科学基金资助评审的时候，我又遇到了自己人生中的第三个"伯乐"，这将我的科研推到了另一个境界。正是最初的参加全国青少年科技创新大赛的经历让我的大脑一直保持兴奋，推动我在科学领域内前进。这期间经历的过程也都是自学的一个过程。我未来可能会转向生物形态学，不断地发现问题、解决问题，让我在科学领域内保持兴奋和向前发展的状态，科学也是强调交叉的。

薛：我们了解到您正在主持"国家大学生创新计划"项目，能否请您介绍一下该项目的情况以及在高等教育中如何培养创新人才？

孙：国家大学生创新性实验计划是高等学校本科教学质量与教学改革工程的重要组成部分，教育部计划在2007～2010年的4年间，选拔100所国家重点建设大学和一部分有较强行业背景和特色的地方大学实施该计划，资助15 000个学生项目，支持在校本科学生开展研究性学习和创新性实验。国家大学生创新性实验计划推广研究性学习，提倡个性化培养的教学方式，激发了大学生的创新热情。《国家大学生创新性实验计划行动指南》指出："计划的实施，旨在探索并建立以问题和课题为核心的教学模式，倡导以本科生为主体的创新性实验改革，调动学生的主动性、积极性和创造性，激发学生的创新思维和创新意识，逐渐掌握思考问题、解决问题的方法，提高其创新实践的能力。"

我从 2009 年开始主持一项国家大学生创新课题，执行时限为 2009 年 5 月～2011 年 4 月。我觉得在高等教育中也要因材施教，对不同类型和性格的学生采用不同的指导方式。如在我指导的创新计划中有两名非常独特的学生，其中有一名学生是 57 届"国际英特尔科学与工程学大奖赛"奖项获得者，另一名学生是化学学院中学习成绩非常优秀的学生，这两个学生都有不同的特点和性格。在指导她们做创新课题的过程中，我不会非常具体地教她们怎么做，而只是引导她们独立思考，在研究工作中充分发挥自己的潜力和特长，勇于挑战和克服遇到的困难，逐渐掌握思考和解决问题的方法，发现科学研究的乐趣，激发创新热情，进而提高创新能力。我给予她们的科研经投入不低于博士生，因为我觉得在高等教育中，对特殊人才需要进行特殊的培养。我希望经历这个过程的磨炼对她们未来职业生涯的发展会起到积极的作用。

我觉得对创新性人才的培养，教师的主要作用在于引导，教育精髓就是教会学生自学，要让学生自己学会发现问题和解决问题。科学研究一般都需要一定特质条件的支持，我现在能够做的就是给学生提供一个良好的学习和科研环境。我觉得做研究的人如果有一个良好的特质条件，他才能把所有的大脑用到思考科学问题上，不能做到这一点，很难让一个人完全沉下心来做研究的。我觉得在学校中选拔尖人才不能只按考试的学习成绩选。个人认为做学问有两个阶段，一个考研之前，学习能力是非常关键的，考试能力强的学生就容易找到理想的学校和专业；但在考研之后进入研究生阶段，你的学生能力已经不那么重要了，最重要的是在科学研究上的创造力，这个时候具有科学天赋的学生的潜力可以得到充分的发挥。目前教育的一个问题是在第一阶段中，有些具有天赋的学生可能由于学习能力差的原因而过早地被淘汰，他们不能进入好的大学就没有好的导师和研究经费的支持，他们在科学上的天赋可能就被永远埋没了。

薛：在 2010 年 5 月 5 日国务院审议颁布的《国家中长期教育改革和发展规划纲要(2010～2020)》中提到义务教育要均衡发展，您是如何看待英才教育和义务教育均衡发展之间的关系呢？在义务教育均衡发展的过程中如何实施英才教育呢？以您个人或他人成长经历，您觉得开展青少年科技竞赛或学科竞赛活动对我国拔尖人才的早期培养和选拔有作用吗？能否请您略作详细阐述？

孙：我觉得英才教育的对象是有天赋的孩子，科学需要的不是通才，科学的发现往往是那些具有执著性、对某个领域非常热爱的人，才能在那个领域内作出伟大的贡献。当然他也需要广博的知识，但他必定对某个领域是极其爱好极其擅长的。我觉得不一定要把精英放在一起培养，那样会让部分孩子有挫折感，违背自然的规律，让孩子在一个自然、宽松的环境下成长未尝不可。就我个人的学习经历来说，我初中和高中就读的中学是普通的学校，但我在学校很受老师的重视，正是这种宽松自如的环境给了我良好的学习心态，后来从这所中学出来的很多同学都发展得很好。我觉得可以搞一些精英学校，但是不要太过分了，不要把所有的优质资源都倾注到几所学校上，不要在全国搞了之后又在每个城市搞，从中学再搞到小学。我觉得还有一点就是不要忽视一般的学校，很多一般的学校里面也是人才辈出，因为有很多人在短期之内是看不出他的天赋的。所以，不要在精英校和普通校之间人为地造成一些等级的差异，不要有重点和非重点的贵贱之分，还有就是也不要单纯地以分数来评判学生。

我觉得开展青少年科技竞赛对我国拔尖人才的早期培养和选拔有非常重要的作用，但是要切忌拔苗助长和形式主义。

薛：请问您对更好地开展此类青少年科技竞赛活动有哪些具体建议？

孙：我觉得目前青少年科技竞赛考查学生形式太过于单一。比如数学和物理的奥林匹克竞赛来说，要准备好竞赛就是要看大量的题，做的题多，老师再辅导辅导，把难题、怪题的规律掌握了，拿分可能就高了。这种考查模式归根结底培养的大多是学习型的人才。但是，青少年科技竞赛的目的在于发现有创造力的人才。国外有很多很好的竞赛模式，如世界物理青年挑战杯竞赛（具体名字记不太清了）。那个竞赛的模式是很好的，我觉得中国的竞赛可以尝试做出一些改变。去年南开大学举办了一个类似全国大学生物理挑战杯的竞赛，这个竞赛已经在模仿国外竞赛的一些模式了，尝试对竞赛做出一些改变。这个竞赛的形式是出一张试卷，但这张试卷没有统一的标准答案。在考试的过程中，几个人可以组成一个小组，选几道题来答。同时，参赛的选手方围绕这几道题来辩论，在这种情况下，由老师来打分，看每个学生的创造力，看学生对一个问题的理解深度，还有表达能力。这种模式跟一般的竞赛就不太一样。这种竞赛主要是通过一个人的表达，通过对科研思路的阐述，在这个过程中，一个人的科研素质就慢慢的反映出来了，这种能力不是做题可以历练出来的。一个学生做再多的题，没有想象力的话，也是没有创造性的；再比如一个学生，他做某道题的答案可能是错的，但他想到的是一个完全不同的角度，那么作为老师的我会给他很高分，因为这反映出来的是他的创造力很强。很多问题没有绝对唯一的答案，但我们的学生往往得到的是唯一的答案。

附 1：　　　　　　　　　　**个人简历**

孙平川　Pingchuan Sun

南开大学化学学院高分子化学研究所　研究员

中国物理学会波谱学专业委员会委员

1964 年出生于四川乐山，汉族

1982 年获得第一届全国青少年科技创
新大赛一等奖

1982 年毕业于天津市第 43 中学

1982 年考入南开大学物理系固体物理
专业

1994 年在南开大学获得理学博士学位

工作经历、工作以后获奖情况：

1986～1988 年河北工学院（现河北工
业大学）

1994～2010 年南开大学高分子化学研究所

2006 年中国物理学会波谱学专业委员会

王天眷波谱学奖

2008 年国家杰出青年科学基金资助

附 2：　　　　　　　　　　**访谈后记**

杨玉琼

我现在还能很清晰地记得当时收到孙平川老师答应接受访谈邮件时内心
的狂喜，那种喜悦，没有经历过漫长的等待、没有过在茫茫网海中寻人经历
的人是无法体会的，也无法激起心中的共鸣。孙老师在邮件中写道："你的邮
件唤醒我很多难忘的美好记忆，1982 年参加第一届青少年科技创新大赛的确
对我后来的生活带来了深远的影响。现在作为一名教师带领很多学生做科研，
经常思考的一个问题就是如何发现和培养出优秀的创新人才，我目前也在带
领本科生进行'国家大学生创新计划'的课题，深感你们从事的这项活动的重
要意义和影响。因此，我很愿意配合你们的工作，谈谈此前参加科技创新大

赛经历和给自己生活带来的影响，以及对未来参加创新大赛学子的一些建议。"这封邮件恰如一泓清水注入我的心间，给这个炎热的夏季带来了清凉，也给我带来了信心和希望。

与此同时，在我的脑海中渐渐勾勒出孙老师的形象，这是一个有着怎样情怀的老师？能够如此快速与认真地回复一个初次相识的学生的邮件，并且，邮件中满溢的是对当代学生的热爱和关切之情。与此前我联系的老师有着些许的不同，作为一个从事理工科的老师，孙老师不经意间流露的，是涉及学生问题时才有的那种感性。

真正与孙老师相识是在南开大学。在我们到达天津之前，孙老师已详细地将他的实验室位置、特征以及从天津站出来时的乘车路线告诉了我，这也反映出孙老师的另一个品质——细心。在南开大学综合实验楼里出现了这样的一幕：两名学生与一名老师在实验大楼里焦急地等待着，一位夹着包、笑容可掬的先生径直迎了上去，与薛海平老师亲切的握手、寒暄，一如故友的重逢。这就是孙老师给我的第一印象：亲切，随和。随后我们就在孙老师的实验室里开始了我们的第一次交谈，孙老师首先给我们说了访谈时间及地点的安排，即在我们充分休息之后选择在某一个咖啡馆里，理由是环境安静、气氛轻松、方便交谈。接着，在孙老师与薛老师的对话间，孙老师已经情不自禁地谈到了对当代大学生培养的一些问题的看法。孙老师是 2008 年国家杰出青年科学基金资助获得者，在化学高分子领域做出了卓越的成就。他对我们说，接受我们的访谈是因为我们这个课题的出发点是为了学生——给学生寻找一些有益的个案，给活动主办方提供一些建议。而此前，他拒绝了许多媒体及报纸的采访，因为他不希望自己的个人事迹曝光在公众面前。正是这样，我为孙老师对青年学子们的这种关切情怀而感动。

正式的访谈是在晚上八点开始的，孙老师为这次访谈准备了精美的 PPT，这再一次表明了孙老师是一个极其严谨和认真的人。孙老师的 PPT 第一页就包含了很多珍贵的照片，它们是第一届全国青少年科技创新大赛参赛者的合影以及孙老师当时的参赛照片，这让我觉得格外的惊喜，也算是一种意外的收获吧。这为访谈拉开了一个很好的序幕。在接下来的谈话中，孙老师以时间为顺序，娓娓而叙他从小学到高中，到参加竞赛以及上大学、考研、读博以及工作之后的成长经历，他满腔热情地与我们分享他成长的点点滴滴，以及参加竞赛带给他的变化及影响。他深情地向我们谈起对他一生有重要影响的几位师长——《科学园地报》的毛编辑以及他上本科时的丁老师；谈起他在职业生涯中的几次重要抉择。听孙老师的讲述，我有一个感触，那就是，在倾听孙老师谈成长过程的同时，我觉得也是对自己心灵的一次洗涤。孙老师的"勇于选择，勇于挑战"、"兴趣就是天赋，天赋就是兴趣"的信念也给我们以启迪。正是在遇到每一次抉择时孙老师的勇于选择，让孙老师走进了化学高分子这个领域。从最初的"对数学的热爱到选择物理"，又从"核物理转到核磁共振"，从"核磁共振到化学高分子领域"到未来的"生物形态学"，我发现，孙老师总是能够为自己的人生找到一个重要的支点，掌握自己的人生，找到自己的兴趣点。孙老师在自己漫长的求学过程中总结出了"教育的精髓就是教会人自学"，正是这一特质，让孙老师学会了学习，学会自求知，在求知的过程中找到了乐趣。这一信念还影响了孙老师今天的教学，孙老师培养学生有一个特点，就是不教学生具体如何去做，而只是引导学生以求实的态度、严谨的方法对待科学。从孙老师身上，我感受到了他们那一代人对国家的热爱和感激。是的，是国家培育了他们，国家给了他们成才的舞台。而这，正是我们现在淡忘的。孙老师的小学、初中到高中，都是在普通学校度过的，因此他呼吁，在重视重点学校的今天，也不要忽视普通学校，让孩子在一个宽松、自然的环境下成长并不是一件坏事。对于竞赛活动的举办，孙老师也提出了自己的看法，那就是改变目前单一的竞赛模式，借鉴国外比较好的模式，选拔学生的标准从"学习型"转到"创造型"。孙老师对每个问题的看法，对自己人生经历的阐述，无不让我感受到作为一个科学工作者的严谨和逻辑思维的系统性。

访谈进行了三个多小时，这对我而言同样是一次精神的洗礼，是一次有意义的课外教育。孙老师的言行举止，让我感受到了四川人的热情，感受到了作为一个教育者对中国教育问题的忧思，感受到了一位长者对大学生的关心和关爱。我坚信，孙老师对科学事业的执著与激情将会使他取得更辉煌的成功。衷心祝福孙平川老师身体健康！桃李满天下！

王小川访谈记录

访谈对象：王小川
访谈时间：2010 年 8 月 13 日 14：20~15：00
访谈地点：搜狐网络大厦王小川办公室
访谈者：胡咏梅
记录人：杨玉琼
访谈整理：杨玉琼

王小川简介：

王小川于 1996 年获得第八届国际信息学奥林匹克竞赛金奖，同年毕业于成都七中，并被保送进入清华大学计算机系；2003 年在清华大学获得工程硕士学位。在大学期间曾获第二届中国大学生电脑大赛技能竞赛一等奖、ACM/ICPC 竞赛亚洲赛区第二名、美国大学生数学建模邀请赛（MCM）一等奖等诸多科技奖励。2005 年 9 月任搜狐公司副总裁，2009 年 11 月晋升为搜狐公司首席技术官，2010 年 8 月起担任独立运营的搜狗公司首席执行官。

胡：您当时基于什么想法或愿望参与信息学竞赛的？是受同学、家长或者学校老师的影响吗？请问当时您的家长是否支持您参与竞赛？能告诉我们具体的支持方式吗？

王：当时我在写游戏、玩软件，做了很多跟信息学竞赛有关的事情。另外，学校课外活动本身的组织很到位，学生可以凭自己的兴趣报名参加，老师也会热情地邀请你参加。自己本身的兴趣及当时学校对竞赛活动的推动，两方面因素相作用的结果，导致自己参加了信息学科的竞赛。

胡：您中学就读的学校成都七中，在学科竞赛方面一直做得非常好，每年都会有很多学生参赛，并且有部分学生可以获得全国乃至国际的一等奖。学校在高中阶段有没有举办数学或物理的竞赛班？

王：应该说成都七中在竞赛这方面的成绩是很不错的；我还翻阅了一下成都七中近几年的情况，学校每年都有学生拿到国际奥赛金牌。学校在生物这一学科的实力要强些，信息学科要相对弱些。

学校高中时候没有单独的竞赛班。初中的时候有一个理科实验班，在全市招生，一般来说，学生可以参加中考，也可以参加全市实验班的招生考试。当时我考进了实验班。在实验班有课外的兴趣学习，竞赛在当时的组织形式是兴趣学习小组，跟竞赛班还是有区别的。兴趣学习小组每周都有活动。

胡：兴趣班的老师对你们专门进行一些竞赛的辅导，还是说对某一学科做单独的辅导？

王：这个兴趣小组跟竞赛是有关系的，老师会讲一些东西，也会提供一些机会让学生去实践，并不是单纯的上课。比方说当时我们就有条件去上机操作，也可以跟有同样兴趣的同学一起交流，我觉得能够提供这样的环境是很重要的，并不在于老师讲授了多少知识。

胡：对学科竞赛获奖的学生，学校有没有提供什么奖励？

王：学校好像有奖励，但是当时没怎么注意这个事情。

胡：参加学科竞赛，或者参加一些冬令营及培训，学校是否会有经费上的支持？参加学科竞赛集训的时候是否有观摩生？

王：跟现在的情况不一样，当时我们参加学科竞赛的时候好像没有诸如报名费之类的费用；参加冬令营的费用也由活动主办方承担，而不是由所在的中学来负责。当时也没有观摩生。

（胡：现在集训的时候都有观摩生，甚至比正式的学员还要多很多。）

胡：您当时参加国际奥林匹克竞赛的时候有没有一些让你印象很深刻的事情？与参加国内竞赛的经历相比，有没有什么特殊的感受？

王：当时我们在匈牙利参加比赛，一共有 4 位同学。国外竞赛的环境对我们而言是陌生的，当时带队老师特别强调礼仪，要把祖国好的素质表现出来，这方面我们的压力也是蛮大的。这对当时的我们来说，也是一种潜意识的要求，因为出国不能给自己的国家抹黑。跟国外那些参加的学生相比，我们整体上没有他们放得开。

胡：国际竞赛出题的考核方式和国内的竞赛相比，有没有什么相同的地方？你们能够适应国外的出题模式吗？在国内或学校参加培训的时候有没有类似的训练？

王：我们能够适应国际学科竞赛的那种出题方式，在国内训练的难度及广度是超过国际学科竞赛的，所以中国的学生在国际学科竞赛上得奖的比例很高。国际学科竞赛出题比较重视编故事，一个题目背后要假想一个应用的背景，比方说卫星怎么样，生产线又如何，重视题目与应用的背景结合起来。

国内学生的基本功都很扎实。国际学科竞赛从多种能力着手，强调将现实问题转换到计算机问题中去。国内的一些训练也是遵从国际学科竞赛的这种理念。

胡：您跟当时参加竞赛的同伴还有没有联系？

王：我们当时四个人都保送到清华了。

胡：参加国际信息学奥赛的经历对您大学专业、甚至目前职业的选择有没有什么影响？

王：参加竞赛对计算机算法、对扩大计算机领域的视野有很大的影响，进入大学以后专业课的学习也更自如些，在同学中也算是一面旗帜。当时我们同学中，一是看高考状元，一是看集训队，集训队的权威性比高考状元要高一些。这既是一种压力，也是一种动力，让我一直跑往前面，毕竟自己的起点比别人可能要高一点。集训队的学生在课外一些项目的动手能力上比其他学生的能力要强些，这方面的能力在同伴中尤其突出。

胡：大学的教师有没有给你们提供一些特殊的指导？本科阶段您有没有专门的导师？

王：本科实行的不是导师制，但是有些条件会好些，学校老师很认可获得国际奥林匹克竞赛学生的能力。比如，大一的时候学校给我在机房里配备了一台计算机，也有机会跟着老师做一些项目，同时你能够上网，学习环境也更好些。当然做这些事情的时候也需要自己的兴趣。我们得到的机会通常比别人会更多一些，但是也需要自己去把握。

胡：我们了解到张朝阳请您组建团队做搜索开发的时候，您选择的是清华"学生军"。这些学生军与您有类似的参加信息学国际学科竞赛的经历，请问您是基于什么考虑选择他们作为您的团队成员？他们具备什么样的职业素质让您很欣赏？如果他们要取得更大的成就您有什么建议？您认为作为公司高管，在科技创新团队的组建和发展方面需要提供哪些条件或制定什么样的制度来保障一个科技团队发展成长为一个真正的创新团队？

王：一开始搜狐没有自己的技术力量。当时做搜索这个技术工作的时候需要一些技术人员。当时搜狗搜索引擎的品牌还没有做出来，一些全职的人员不愿意来，在这种情况下，就只能找兼职的。另外，出于对动手能力考虑，我也想到了参加国际奥赛的学生，他们也算是当时学生中最优秀的那一部分。我最欣赏他们对技术的理解以及做一件事情的专注度。

我认为，这些学生军如果要在事业上取得更大的成功，一方面要勤奋，不能偷懒，要把握机会；另一方面就是要坚持，做每一件事情都可能会遇到很大的挫折，在这个过程中，因坚持不下去而放弃，或者被其他的诱惑吸引，就坚持不下去。在性格里面还得有一种韧劲。

（胡：对自己的事业，跟自己将来工作有关的事情要执著。）

对于一个团队而言，要有好的奖励和惩罚措施，让员工将动力与目标匹配起来，这个是核心的工作。现在搜狗要独立出来成立公司了，这样的话就需要借助人力资源和财务体系，制定好整个部门的目标体系，定义好公司的使命，再把它分解到每个部门，然后依靠人力资源的手段使大家为了部门的目标更努力，使大家觉得自己的工作更有意义。

胡：季承在《李政道传》中写道，1974 年李政道回国访问复旦大学后，写了一篇《参观复旦大学后的一些感想》的文章，这是一份向周总理等国家领导建议如何培养人才的建议书。他在文章中提到，培养基础科学人才，从全国选拔，从小培养起（十三四岁左右就开始培养），连续培养，不能中断，让他们在 19 岁的时候达到独立进行研究的水平。中国要富强，就要重视基础科学的发展，要从培养基础科学人才做起，下决心培养一支少而精的基础科学人才队伍。而且他提出，按当时十亿人口算，基础科学的队伍占 0.01％ 就可以了。他的建议得到毛泽东的认可后，就由中国科学院所属的中国科技大学负责实施。1978 年 3 月，中国科技大学少年班正式成立，正式的名称是"第一个少年大学生集中培养基地"。平均年龄是 14 岁，最小的才 11 岁。据统计，近 30 年来，少年班与试点班（1985 年成立，针对高考成绩优异者开办的教改试点班）中有 1/3 的人获得博士学位，有许多人成为高科技领域的拔尖人才。您觉得这种模式是否适合我国科学事业发展的需要？您是否赞同他的培养有天赋的青少年成长为基础科学人才的观点？如果从小选拔和培养基础科学人才，您认为青少年科技竞赛或者学科竞赛能够在其中发挥什么样的作用呢？

王：我觉得对于基础教育来说最好的做法是不要一刀切，不管这种模式是提前还是延迟两年入学，每个学生都有不同的成长和发展路线。让学生根据自己的兴趣发展，不要强迫他们；不要用一种课本去教学生，也不是所有的学生都适合特定领域的培养方式。

胡：美国 1987 年就通过了"天才儿童教育法案"，其英才教育的形式主要是在各个学校中把 5％ 的天才学生划分出来特殊培养，并且，有学者认为正是这成功的 5％ 支撑了美国经济 50 余年在世界的长盛不衰；而中国的英才学生、优秀的教师集中在重点中学，却施以和一般的中学一样的课标教育。对此，您觉得这种做法是否有利于天才学生的成长？

王：这种做法不利于天才学生的成长。教育要分两步走，第一步先要保障公平，中国现在很多地方都没有实现公平性，体现在教育中就是说对人要提供同样的受教育机会。在第一步实现的基础上，再对学生做细分，这是一个渐进的过程。中国目前还处在第一阶段。比如竞赛获奖后有保送大学及学科加分的机会，本来是一件好事情，但由于整个社会缺乏基础的公平和法律的秩序，就会产生一些靠关系给自己子女加分的现象。我们先要保证第一步基础的公平性，在此基础上可以对一些有天赋的学生给予一些特殊的培养。我觉得，就目前而言，高考守住了最后一条公平的底线，不管高考的形式如何转换，先要守住公平这条线。现在的情况是当我们撕开公平这条线往前迈进的时候，又会出现剑走偏锋的情况，包括计算机竞赛也存在这种问题，比如有的小孩就没有机会参加。但如果因此而取消竞赛就是一种退步的表现。社会本身就应该给每个人不一样的发展空间，比如说有的小孩擅长打篮球，有的小孩擅长音乐，如果让这些小孩都去参加高考的话，就是一种不当的做法。在第一步的基础上，对学生进行差异化也是公平的一种表现。对于竞赛的奖励来说，可以只选择保送而不要加分，因为毕竟能够保送的只是少部分优秀的人，而加分政策恰恰使高考剑走偏锋。我个人觉得有很多名目的加分是没有意义的，每个人都有不同的方向，不需要强行要求我们的学生什么都会，而且当保送的名额太多的时候也没有意义了。

胡：请问您对更好地开展此类青少年科技竞赛活动有哪些具体建议？

王：我认为竞赛是另外一种形式的选拔体系，所以我觉得如果它仅仅做成一个可以去加分的事情就是对高考的一种调和。我们应该更多的是鼓励学生差异化发展。竞赛最终需要一个奖励体系，从目标上来看它本身是一个选拔的手段，给大家提供一个机会，让大家去做不同的事情。如果这个目标有偏差的话，竞赛就会变成一个大规模的"群众运动"，就跟做广播体操一样，要求大面积的人都参与，但最终却偏离竞赛的目标。我觉得，通过学科竞赛选出有天赋的学生是合理的，（但学科竞赛有的目标可能是不合理的）邓小平以前说过，学习计算机要从娃娃抓起。我对这句话的理解是，到底是让每个小孩都会，还是选出一些有特殊才能的人，我们要清晰定位这件事情的意义。

胡：竞赛在人才选拔和培养方面发挥了什么作用？

王：我们要认清一点，每个人有不同的兴趣，每个人有自己合适的发展道路。还是回到原先那个问题，能在公平的基础上对学生进行差异化培养就是一件好的事情。我觉得应该通过学校把这种理念渗透下去，使每个学校的学生确实能够根据自己的兴趣选择不同的发展道路，这是一个分类的工作。根据学生的兴趣，让每个学生自然成长。先考虑目标，再考虑其他的做法对目标是有伤害还是有帮助。

附 1：　　　　　　　　　　　个人简历

王小川　Xiaochuan Wang

搜狗公司首席执行官，搜狐公司首席技术官

1978 年出生于四川成都，汉族

1996 年获得第八届国际奥林匹克信息

学科竞赛金奖

1996 年毕业于四川省成都七中高中

1996 年被保送（考入）至清华大学计算

机系（院）

2003 年在清华大学获得工程硕士学位

大学及研究生期间获奖情况

1996 年　清华大学新生一等奖学金

1996 年　首都大学生计算机技能大赛

　　　　　专业组一等奖

　　　　　清华大学计算机系计算机创意与作品评比活动中获优秀作品奖

1997 年　清华大学"挑战杯"学生课外科技活动一等奖

　　　　　清华大学二等奖学金

　　　　　"洪恩"杯第二届清华大学学生计算机课外作品大赛中获特等奖

　　　　　信息学奥林匹克竞赛中国代表队培训工作突出贡献表彰

1998 年　第二届中国大学生电脑大赛技能竞赛一等奖

　　　　　ACM/ICPC 竞赛亚洲赛区第二名

　　　　　北京大学生数学建模与计算机应用竞赛成功参赛奖

　　　　　清华大学 SRT 计划（学生研究训练计划）一等奖

1999 年　清华大学 1997~1998 年学生科技单项奖学金

　　　　　美国大学生数学建模邀请赛（MCM）一等奖

　　　　　ACM/ICPC 总决赛第十一名

　　　　　清华大学"挑战杯"学生课外科技活动二等奖

　　　　　清华大学 1998~1999 年学生社会工作二等奖学金

2000 年　清华大学学生科技单项奖学金

　　　　　清华大学二等奖学金

工作经历、工作以后获奖情况

1999 年	兼职加入初创的 ChinaRen 公司（中国最大的校友录网站）
2000 年	搜狐收购 ChinaRen 公司后进入搜狐公司，负责并主导孙悟空搜索引擎、内容发布系统、校友录、搜索系统的开发
2003 年	组建了搜狐研发中心
2004 年	主导并推出了搜狗搜索引擎
2005 年	晋升为搜狐公司副总裁
2006 年	主导并推出了搜狗输入法
2008 年	晋升为搜狐公司高级副总裁 主导并推出了搜狗浏览器
2009 年	晋升为搜狐公司首席技术官
2010 年	担任独立运营的搜狗公司首席执行官

附2：　　　　　　　　　访谈后记

杨玉琼

　　一身休闲的装束，脸上带着浅浅的笑容，缓缓地从办公椅上起身与前来访谈的胡咏梅老师握手，此情此景瞬间消除了我刚进办公室时那种紧张、不安的情绪。若不是他此刻就坐在搜狐首席技术官的办公室里，若不是此前就从网上搜集了很多有关于他的信息，单凭他这张略显青涩的脸，我实在不能把他与首席技术官联系在一起。他的办公室很宽敞、明亮，放眼望去，楼外科技大厦林立。而从这，也能看到他的母校——清华大学。

　　访谈在一种有理、有序的节奏中进行，也许是长期从事技术开发工作的缘故，王小川的思路清晰而敏捷。学生时代写游戏、玩软件的经历开启了他与信息学的不解之缘，之后去匈牙利参加信息学国际奥林匹克竞赛的经历更是开启了他在计算机领域的大门，让他发现了一个丰富多彩的领域。初入大学，顶着国际奥林匹克竞赛金牌获得者光环的他，在不经意间似乎拥有比别人更高的起点，也正是这种无声的激励，让他一路在同行者之中领跑。上大学时跟着老师做项目的经历，让他比别人更早将自己的兴趣定位在搜索引擎技术开发领域。也正是他参加信息学国际奥林匹克竞赛及在后来被保送到清华上学的经历，让他后来在组建搜狗科研团队的时候，吸纳了清华的学生军。用他的话说，清华的这些学生军，对技术有着很好的理解，并且容易专注一件事情，而这，也从侧面显露出他的特质——性格中充满着韧劲，能够坚持做自己喜欢的事情。

王小川对教育领域的问题也有自己独特的看法，他说中国的教育要分两步走，要在保证教育公平的基础上对学生进行差异化的培养，要让学生有自然成长的道路，给每个人不同的选择空间。而中国目前的现实是，由于缺乏最基础的公平和法律的秩序，便会出现一些剑走偏锋的情况。谈到对青少年学科竞赛举办的建议时，他用了一个很形象的比喻，青少年学科竞赛不应该办成"群众运动"，而是应该清晰定位自己的目标，成为选拔真正优秀学生的一种途径。也许正是他目前所处的公司高层的位置，他看问题的角度比别人更高些，也更考虑大局。

在近一个小时的访谈中，王小川给我们提供了大量丰富的信息。柳青说过，人生的道路虽然漫长，但紧要处常常只有几步，特别是当人年轻的时候。也许，正是参加国际信息学奥林匹克竞赛的经历，王小川走的路已与别人区分开来。少年壮志，书写风流；金戈铁马，狂飙突进。如今，王小川正站在历史的潮头，踏上充满希望的一个又一个征程。

陈晞网络访谈记录

科技精英人士访谈提纲

尊敬的先生/女士：

您好！我们是中国科协《青少年科技竞赛项目评估与跟踪管理》课题组成员，受科协青少年科技活动中心委托，诚邀您接受此次访谈。我们想了解一些关于您青少年时代参与学科竞赛的相关情况，以及竞赛对您个人的成长、科学探究能力、科学创造力等方面是否有明显作用，尤其是对您大学专业的选择以及工作之后事业的发展是否有影响。您的经历和感悟将会给参加中学生学科奥赛的学子们以有益的启迪，您对竞赛组织的任何建议都会得到青少年科技中心和课题组的重视，对青少年科技中心改进今后的竞赛活动有着重要的参考价值。

在此，我们课题组代表全国的青少年学子们对您拨冗接受我们的访谈表示衷心的感谢！同时，祝愿您事业日臻辉煌！祝愿您全家幸福安康！

中国科协青少年科技中心　北京师范大学

《青少年科技竞赛项目评估与跟踪管理》课题组

2010 年 6 月 16 日

1. 请您回顾一下您中学时期参与学科奥赛的相关情况。

(1)您当时基于什么想法或愿望参与竞赛的？是受同学、家长或者学校老师的影响吗？请问当时您的家长是否支持您参与学科竞赛？能告诉我们具体的支持方式吗？

数学一直是我最喜欢的科目，参加数学竞赛出于兴趣。我父母和老师都很支持我。父母对我的支持主要是物质上的支持(比如买书)和精神上的鼓励。

(2)请问您还记得当时这些竞赛活动是如何组织开展的吗？那时竞赛的选拔考试和相关培训考试多不多？学校是否支持学生参加此类竞赛？请问当时学校是如何支持的？(比如有无校内培训班、指导教师、您代表学校去参加市、省、国家竞赛，学校是否为您提供经费？对于学生获得市级及以上级别奖，贵校还会给予哪些奖励措施？)

我记得学校有数学兴趣小组，每周都有活动。市和区也不时有关于竞赛的讲座。当然所有这些都是免费的。学校对这些活动很支持，但也很少提供经费。对竞赛获奖者会通报表扬，但很少有物质上的奖励。

（3）参与这些学科竞赛活动是否对您的科学兴趣的形成、科学探究能力和科学创新能力提升有一定影响？能否请您略作详细说明？

有帮助。参加数学竞赛让我学习了不少初等数学中的技巧，这是数学研究中必需的。我还自学了一些大学数学课程。这些对我今后的学习都很有用。

2. 能否请您回忆中学时期参与学科竞赛的经历，有没有对您的成长影响较大、记忆较为深刻的关键事件？请您列举一两个事例。

比较关键的是入选了 1988 年的集训队，最后参加了当年的 IMO。比赛的很多细节已经记不清了，只记得考试虽然很紧张，教练和领队没给我们任何压力。留下印象最深刻的倒是竞赛以外的事：比如澳大利亚整齐的街道，美丽的市容，良好的秩序，人民的安居乐业。那时还是中国人睁眼看世界的年代。

3. 您认为中学时期参与科技竞赛活动对您的专业选择（或职业选择）、学习能力以及科研能力等是否有影响？是否感觉学习能力比同伴（没有参加过竞赛的大学同班同学）更为突出？主要表现在哪些方面（如专业课程成绩/论文发表/参与课题/各种科技或专业性竞赛等）？

对我专业选择没有多大影响。即使没有竞赛，我也会选择数学专业。数学竞赛拓宽了我的视野，锻炼了我的自学能力，对我大学的学习很有帮助。中学数学竞赛虽然只涉及了初等数学，其中的技巧却是数学研究中必不可少的。

4. 我国长期以来比较重视拔尖人才的选拔和培养，以您个人或他人成长经历，您觉得开展学科竞赛或青少年科技竞赛活动对我国拔尖人才的早期培养和选拔有作用吗？能否请您略作详细阐述？

有一些。拔尖人才有很多种，竞赛对其中一些人有用。因人而异。我知道著名数学家中有竞赛优胜者，也有从没参加过竞赛的。

以下是 Wikipedia 上 IMO 优胜者中的著名数学家：

Gregory Margulis(Yale University，USA)

George Lusztig(MIT，USA)

Yuri Matiyasevich(Saint—Petersburg State University，Russia)

Henryk Iwaniec(Rutgers University，USA)

László Lovász(Eötvös Loránd University，Hungary)

Andrei Suslin(Northwestern University，USA)

László Babai(University of Chicago，USA)

Vladimir Drinfel'd(University of Chicago，USA)

János Kollár(Princeton University，USA)

Jean－Christophe Yoccoz(University of Paris，France)

Paul Vojta(University of California，Berkeley，USA)

Johan Håstad(Royal Institute of Technology，Sweden)

Peter Shor(MIT，USA)

Richard Borcherds(University of California，Berkeley，USA)

Alexander Razborov(University of Chicago，USA)

Timothy Gowers(University of Cambridge，UK)

Grigori Perelman

Laurent Lafforgue(IHES，France)

Terence Tao(University of California，Los Angeles，USA)

5. 2010 年 5 月 5 日国务院审议颁布的《国家中长期教育改革和发展规划纲要(2010～2020)》中提到义务教育要均衡发展，请问您是如何看待拔尖人才的早期培养和义务教育均衡发展之间的关系呢？请问您对更好地开展此类学科竞赛或青少年科技竞赛活动有哪些具体建议？

只有教育均衡发展了，才不会埋没人才。学科竞赛应该是教育的补充，不应该成为主流。

6. 在国家取消小升初考试之后，在北京等大、中城市的一些初中学校通过奥数考试等方式选拔优秀学生，很多家长在孩子四五年级时就开始送孩子去参加各种奥数辅导班，形成所谓的"奥数现象"。基于您个人的经历和经验，请问您对以后参加奥数辅导班或奥数竞赛活动的青少年有什么样的建议？请问您在"小升初"的政策上有什么好的建议？

我觉得这种现象很不正常。参加数学竞赛应该完全出于兴趣。另外，数学竞赛不应该成为选拔一般人才的尺度。我对参加奥数的青少年的建议是，首先你必须对数学感兴趣。我对小升初没有好的建议。因为这不仅仅是个教育问题，更是个社会问题，是优质教育资源不足和分配不公。

附： <h1 style="text-align:center">个人简历</h1>

陈晞　Xi Chen

Associate Professor

Math & Statistical Sciences

University of Alberta

1971 年出生于上海，祖籍无锡，汉族

1988 年获得第二十九届国际数学奥林匹克竞赛金奖

1988 年毕业于上海市复旦大学附属高中

1988 年被保送至复旦大学数学系数学专业

1990 年申请到密苏里大学应用数学系的奖学金，赴美留学

1991 年名列享有盛名的美国普特南(Putnam)大学生数学竞赛的前五名(Putnam Fellow)

1992 年获得 Sigma Xi 大学生科学研究奖，并被授予密苏里大学杰出毕业生的荣誉

从 1992 年起，在哈佛大学数学系深造，师从著名的代数几何学家、现哈佛大学数学系 Joseph Harris 教授

1997 年在哈佛大学获得数学博士学位

2002 至今　加拿大阿尔伯塔大学数学系副教授

主要研究领域是代数几何，涉及广义 Hodge 猜想、K3 曲面上的有理曲线、Kobayashi 双曲性猜想等众多国际前沿问题。

郑嵩岳访谈记录

访谈对象：郑嵩岳

访谈时间：2010 年 10 月 16 日 10：30～11：50

访谈方式：电话访谈

访谈者：杨素红

记录人：杨素红

访谈整理：杨素红

郑嵩岳简介：

郑嵩岳于 2002 年 7 月凭借《"杵状拇指"是否与遗传有关——关于郑州市中小学学生杵状拇指的调查研究》（集体项目）获得第十七届全国青少年科技创新大赛"医学与健康学"一等奖、英特尔英才奖，并于当年 8 月获得"明天小小科学家"奖励活动二等奖。2003 年 2 月参加"2003 年中国青少年 Intel ISEF 冬令营"，并于 2004 年 5 月赴美国参加第 54 届国际青少年科学与工程学大奖赛，获得学科奖四等奖。2007 年 8 月获得第四届中国青少年科技创新奖。1999 年就读于河南省郑州高等师范专科学校，2003 年保送至河南师范大学生命科学学院，2007～2009 年就读于香港大学生物科学学院，获硕士学位，2009 年至今于香港大学李嘉诚医学院攻读博士学位。

杨：您在材料中提到当时参加青少年科技创新大赛的参赛项目是源于对姜老师"杵状拇指"的"发现"，请您简单回顾一下该"发现"的过程？

郑：当时也是因为我看到姜老师（姜老师是我们学校团委办公室的一位老师，我当时是校团委的一名学生干部，平时接触比较多，她也是我们这个项目的指导老师）有"杵状拇指"，觉得短短粗粗的、挺可爱，后来发现我们团委的学生干部和身边的几位同学都有这样的拇指。于是就会问他们，是不是小时候就这样啊？有人说有这样拇指的人比较缺心眼儿，也有人说喜欢咬手指头才会这样的。姜老师当时觉得可能是遗传的原因，因为她们大家庭里也有人是这样的。后来还有一个比较有趣的小故事，有一个名叫闹闹的小孩，他家里有几个人都是这样的拇指，所以当他出生时，他的爷爷关心的第一件事情不是孩子是男孩还是女孩，而是关心刚出生的孙子是不是"杵状拇指"。爷爷第一次抱孙子时，首先拉着孩子的手看是不是杵状拇指，看到不是才放心。从这个故事中，我们觉得这是一个非常有趣的现象，于是就在想杵状拇指到底是跟遗传有关呢，还是一种疾病呢，还是由于小时候的不良习惯造成的？当时就对这个现象产生了浓厚的兴趣，就想知道问题的答案。此外，也是想知道杵状拇指跟小孩的心理、智力等方面是否有关系，于是当时就决定做一个这样的调查项目。这就是我们项目当时开始的一个情况。

　　杨：你们是从项目一开始就确定要参加全国青少年科技创新大赛了吗？还是随着项目的开展，才决定参赛的？

　　郑：简单来说，主要是因为一开始对这个现象比较感兴趣，等到项目成型了以后，也知道有这么一个比赛，就参赛了。此外，我当时就读的学校——郑州高等师范专科学校（以下简称"郑州师专"），是一个师范类学校，特别重视培养学生的课外活动能力和综合素质，所以我们学校的学习实践氛围比较好。我1999年一入学，就知道学校有一个科技创新节，还有各种科学社团，有环境类的社团，有爱鸟社，有科技创新社，以及其他一系列的社团。我们当时做这个项目，一是自己的兴趣所在，对这个现象比较好奇；二就是我们学校的科技活动氛围比较好。当时就在想，做完该项目可以参加学校的科技创新节，以一种成果的形式在科技创新节上汇报。完成项目后也确实在科技创新节上汇报了，后来得知郑州市有这样一个比赛，于是姜老师就将我们的项目推荐上去参加郑州市的青少年科技创新大赛了。

　　杨：请问你们这个项目是一开始就有老师指导吗？还是学生自发进行探究的？

　　郑：其实这个研究问题是我这样提出的，但是后来因为我们的指导老师姜冬梅老师，也是我们团委的老师，是学生物出身的，我们团队的三个人也都是团委的学生干部，提出这个问题以后，我们就去向姜老师咨询，对这个研究问题能不能进行调查研究。如果展开研究活动的话，应该怎么调查？她给我们提供了一个初步的指导。所以，我觉得，在把这样一个"生活中的发现"转变成一项调查研究的过程中，老师和同学两方面的影响因素都有。

　　杨：请问你们当时参赛时家长是什么态度？是否支持？

　　郑：当然父母都很支持，我们当时在师范学校里做的很多事情跟高中生活不太一样，我们会做很多社会性的尝试，所以我们的父母认为，既然我们想要努力去做这样一件事情，他们都很赞同。由于我爸爸妈妈都是普通工人，他们没有能力对我们进行的科学活动进行具体的指导，给予我最多的就是精神鼓励和生活上的照顾。因为我们这个是集体项目，团队成员有三个，要调查特别多的样本，也会经常在一起讨论数据、分析数据，经常要在家里吃饭，父母要照顾我们的生活、给我们做饭等，所以爸爸妈妈给的精神鼓励和后勤保障比较多，科技指导基本没有。

杨：您在上郑州高等师范专科学校之前，有没有参加过类似的科学探究活动？比如说科学兴趣小组。

郑：没有。在上郑州师专之前，还是初中生，没有参加过类似的科学小组。我对科学有了初步的认识和兴趣是从师专开始的。当时刚上郑州师专，就发现很多同学都在参加前面提到的科学社团，也看到师兄师姐做的项目在科技节上展示，所以当时就挺感兴趣的。我觉得当时我们学校的氛围比较好，对我是一个很好的启发。再加上我又跟一个学生物的老师，即姜老师，在一起工作，她对我的影响非常大。她当时是学校团委书记，我们学校的科技创新节、科学社团等都是姜老师创立、主持的，她为我们提供了一个很好的氛围。此外，我们当时开始做这个项目的时候，就问她我们可不可以调查她的拇指，她就很热情地支持我们。而且给我们很多指导和启发，启发我们思考这是怎么回事，想要怎么做。于是我们就列出了一个研究计划，她看过后，就从专家的角度给我们指导，告诉我们可以在哪些方面做些完善。在项目开展过程中对我们的指导和引导也特别多。此外，我们在开展整个项目的过程中，也遇到了很多困难。姜老师也注意到了我们的思想动态，在我们特别沮丧、准备放弃的时候，她能够给我们特别及时的指导，让我们在很短的时间内调整思想动态，坚持把这个项目继续做下去。这个项目持续了一年多，整个过程有些辛苦，如果没有我们老师在背后及时地激励我们，恐怕我们比较难坚持下来。在我们之前，姜老师也辅导了很多科技类项目，也是一些生物类的竞赛，具体名字记不清了，当时她辅导的学生已经得了很多奖项。我们是她辅导的众多学生之一吧。

杨：我们接着谈刚才家庭对您参加比赛的影响，您家里当时科普类的书籍多吗？

郑：不多，我们家当时基本上没有科普类的书籍。很多科学知识的获得，以及科学兴趣的形成都是在郑州师专上学的时候。

杨：请问你们当时参赛时，你们学校只有这一个项目参赛吗？

郑：参加郑州市一级的青少年科技创新大赛时，我们学校上报了很多项目。其中，有几个当时就获了郑州市的一等奖。我记得当时我们班参赛的还有一个个人项目，以及一个班级项目，是关于苹果的生长与农药的调查研究，也获得了一等奖。当时，我们学校获得郑州市一等奖的有三四个项目。接下来开始向省里及国家层面申报，开始参赛的挺多，后来经过层层筛选，全校就只剩下我们一个项目参加了全国的比赛。

杨：你们学校内部有没有对参赛项目做一个筛选？

郑：有。如前面所说的，我们学校里有很多科学社团，我们会把参加科技创新节的材料进行筛选评比，选出几个认为做得相对比较完善的项目推荐到郑州市里参加比赛。我不太记得是市级一等奖还是二等奖以上可以参加省里的选拔。参加市里的选拔时，我们当时不需要答辩，只需要递交材料（项目报告），市级专家进行评审就行。后来我担任郑州市青少年科技创新大赛学生评委时，就需要参赛者进行答辩了。等到参加省级比赛的时候，我们除了递交纸质的项目报告外，还需要到现场参加口头答辩，让专家进行评审。获得省级一等奖的项目，才能参加国家级的比赛。现在郑州市已经做得很具体了，从纸质材料筛选到口头答辩都有。

杨：我看到您的材料里提到当时是先参加了全国青少年科技创新大赛获奖以后，又参加了"明天小小科学家"奖励活动？

郑：是的。当时全国青少年科技创新大赛和"明天小小科学家"奖励活动是作为一个赛事集中在一个时间段内在郑州举办的，我们当时是这样一个项目先后参加了两次答辩，当然是由两个不同的评委组进行评审。当时参加"明天小小科学家"奖励活动的答辩时，比较紧张，表现得不是很好，后来只拿了二等奖。我们当时觉得是呈现的效果做得不够好，这是比较遗憾的地方。

杨：目前全国青少年科技创新大赛和"明天小小科学家"奖励活动的评选就不交叉了，并且参加"明天小小科学家"奖励活动有了更加严格的限制，参赛者必须是高二学生，参赛项目只能是个人项目，而且必须是一个全新的项目，不能是在其他赛事里已经获奖的项目。

郑：我觉得这样挺好的。我一直也在关注大赛的发展，个别参赛者拿着一个成人的项目来，既参加这个比赛，又参加那个比赛，然后获一些奖项，为了谋求高考保送的资格。我觉得这样分开对各大赛事存在的意义及后续发展是非常好的。

杨：你们当时参加"明天小小科学家"奖励活动时，除了参赛项目外，还需要提供专家推荐信吗？

郑：我不太记得了。应该没有，当时好像没有现在那么复杂。像我当时的情况就是，我父母都是工人，就无法联系到大学教授给我们写推荐信，我们可能就没有机会参加这个比赛了。

杨：你们当时参赛时，除了姜老师以外，还有其他老师对你们进行指导吗？

郑：主要是姜老师在指导我们。此外，我们还得到很多外校老师的支持。我们当时在做项目的过程中，有想放弃或气馁的时候，当时姜老师就带我们到北大和清华去参观，还请了北大环境科学的一位教授跟我们谈心，跟我们讨论项目，并给予指导。后来我们还请了中科院的一些专家给我们的项目提意见，讨论一下我们的项目在哪些方面还可以进行完善。所以说，我们项目做到后来的样子也凝聚了他们的心血。

杨：这些校外专家对你们的项目进行指导的时候是在哪个阶段？是参加国家级比赛的时候吗？

郑：已经到国家级比赛以后了。当时参加"2003 年中国青少年 Intel ISEF 冬令营"的结果基本已经出来了，确定要参加国际 ISEF 比赛的时候。也就是说在参加第 53 届国际青少年科学与工程大奖赛（ISEF）之前，做的一些准备工作。当时这个项目大体都做完了，就是希望这些专家能够给予指导，看看我们的项目还缺什么，怎么更好地呈现给大赛评委。因为 ISEF 整个过程是英文答辩，而我们当时读的是大专，英文基础比较薄弱，当时这些老师就陪着我们练习英文，指导我们模拟答辩，发现我们答辩中可能存在的问题等，在这些方面的指导比较多。

杨：请问你们当时参赛时，郑州师专除了提供指导教师外，还有没有在其他方面提供一些支持？比如，在项目调研和专家咨询时有没有提供经费资助？

郑：有。我们团委有一定的科学社团资金和自己的活动经费。我们开始做调查的时候，科学社团和学校团委的经费支持比较多，后来参加省级、国家级的比赛时，学校层面的经费支持就比较多了。比如往返路费及其他一些开销，学校都会报销，基本上不需要家里出钱。

杨：你们当时获得这些奖项以后，学校有没有一些配套的奖励措施？

郑：我想可以分两方面来讲。一方面就是精神鼓励。我们学校对获得市级以上级别的奖项，都会出宣传海报的。获得国家级别的奖项时，学校会邀请报社来采访，相关事迹会刊登到报纸上。等到从美国参加 ISEF 回来以后，学校组织了新闻记者招待会，来公布这个好消息。我还记得当时从美国参赛回来时，是有一笔奖金的，但是具体数额我不记得了。

杨：我在网上看到相关的报道了，你们当时是获得了国际 ISEF 学科类四等奖，有 500 美元的奖金，你们当时都捐给学校了。

郑：是这样的。我们很清楚当时学校社团的活动经费不是很充裕，学生社团筹集资金很不容易。虽然学校会提供一笔经费，但是社团往往还需要自己去拉赞助，支持社团的发展。我们当时觉得如果学校能用这笔奖金建立一个科学研究基金的话，就能为更多的同学出去参加比赛提供机会。

杨：您知不知道在你们之前或之后也有同学参赛获奖之后做出类似的举动？

郑：之后的情况就不太清楚了。在我们之前是有的，有同学将参加"明天小小科学家"奖励活动和全国青少年科技创新大赛获得的奖金都捐给学校了。

杨：你们学校的传统很好。

郑：是的。我们知道当时自己做项目的时候学校给了很大支持，也非常了解学生社团自己拉赞助筹集资金的时候是非常困难的。既然现在获奖了，就想用这笔奖金一方面是回馈学校，另一方面也是希望这些社团可以发展得更好。

杨：您刚才提到在整个参赛的过程中姜老师对您的影响非常大。除此之外，请您回顾一下在这个过程中还有没有一些典型的事件是对您后续的成长影响比较大的？

郑：我觉得整个参加比赛的过程对我影响是很大的，因为我们整个参赛的过程是很曲折的。概括来讲，我觉得是对我的科学探究品质和人生态度有很大影响。因为我们的参赛项目是一个遗传类的项目，需要调查非常大的样本量。我们一开始选取了 15 所学校，共调查了 12 180 名学生。其实，我们实际调查的学校和学生样本量要比这个多。我们在这个过程中，需要调查不同的学校，经常被样本学校拒绝。他们认为我们或许是做推销的，会扰乱学校正常的教学秩序，等等。我们当时就会要一些成人的手段，比如当时往样本学校打电话，就会模仿团委老师的口吻，告诉校方我们是某校团委的，特派学生去做此类调查。诸如此类，想尽一切办法进到样本学校中去调查。后来我们的比赛也不是很顺利，当我们确定被选拔上去美国参加国际英特尔 ISEF 比赛时，恰好遇到了"非典"，主办方突然告诉我们不能去，我们就感觉那么多天的努力好像就这样结束了，很不甘心。当时我们的指导老师鼓励我们不要放弃，中国科协的老师也鼓舞我们说会为我们争取 2004 年参赛的机会。这样又过了一年，我们又去参加了在美国的国际英特尔 ISEF 比赛。整个过程让我认识到了"坚持不懈，天道酬勤"这八个字的重要含义。因为做任何事情，包括科学探究活动，都是需要有这样的精神才能做成功的。所以说，我觉得这是对我影响非常大的一个过程，也是改变我一生的一个过程。

图 6-5　2004 年第 55 届国际科学与工程学大奖赛（美国·波特兰）

图 6-6　第 55 届英特尔国际科学与工程学大奖赛答辩现场

杨：当时是所有 2003 年有资格去美国参加国际英特尔 ISEF 的同学都推迟到 2004 年去了吗？

郑：中国科协是为我们积极争取了的。但是，由于部分同学上了大学，就并非所有的人都去了。

杨：您当时是参加全国青少年科技创新大赛和"明天小小科学家"奖励活动获奖以后保送到了河南师范大学（以下简称"河师大"）吗？

郑：是这样的。这是 2003 年我们得知不能去美国参加 ISEF 比赛时，感觉比较沮丧的时候听到的一个好消息。当时是省里突然告诉我们说可以给我们保送上大学的资格，因为当时接到通知的时候就已经是 2003 年的 5 月份了，很多学校的保送工作已经结束了，我们挨个打电话，很幸运的是，河师大为我们提供了一个保送上大学的机会。

杨：您当时在郑州师专和河师大读的是什么专业？

郑：我在郑州师专是学小教中文的，保送到河师大时，专业是根据我们的兴趣自己选择的。我是做了这个项目以后，就对生物产生了浓厚的兴趣，于是选择了生命科学学院的生物学专业，其实 2003 年时我在大专已经读了四年了，我是可以选择专升本，直接上大三的。我觉得做科学研究是一件非常锻炼人的事情，于是就决定从大一开始重新学习生物专业，读一个完整的本科。

杨：也就是说您读本科时的院系和专业选择跟参加这个比赛所做的项目有很大的关系？

郑：非常有关系。我做项目之后对生物有了更多的了解和认识，觉得这是自己的兴趣所在，就想继续做下去。这也是我大学专业选择的背景。

杨：您觉得在河师大读书时，跟没有参加过科技竞赛的那些同学相比，您丰富的参赛经历给您带来哪些优势？

郑：我认为自己的目标比较明确、自主能力比较强、科学知识的积累也比较丰富。当时参加这些比赛之后，我选择了生物专业而不是中文。由于在郑州师专的时候学的专业课与高中相比，又比较薄弱，所以就决定既然选择了这个专业，就要好好学。我当时就想着入学时我可能是最后一名，等到我毕业的时候应该成为第一名，所以我觉得自己的目标更明确。此外，通过去美国参加国际英特尔 ISEF 比赛的经历，我当时就想既然学了生物专业，本科毕业之后就要去美国留学，到生物研究最前沿的国家学习最丰富的知识。因此，我入学时，就已经决定要出国读书，准备 TOEFL 和 GRE 考试，对自己的未来发展最起码是本科四年有了清晰的规划。在这样的目标激励下，自主性就很高，每天要做什么事情，学习什么东西，都有一个很好的安排。而普通高中考入大学的同学，他们在高中的时候会整天想着要怎么考试，一旦上了大学会有一个很迷茫的阶段，他们对自己喜欢什么、能做什么，会有一个很长时间的迷茫期。而我自己当时目标就比较明确，在他们迷茫的时候我正朝着既定目标努力。这是与他们不同的一点。再者，在做项目的过程中，因为需要不断地完善我们的研究计划，这个过程中也不断地有老师给予指导，我自己的科学探究能力和思维品质基本成型。因此，在本科阶段，遇到任何事情时，我的思维是很清楚的，做事情的效率就比较高。

杨：您在河师大读本科期间，有没有参加科学研究类的课题？

郑：我觉得河师大的氛围也比较好，会组织学生参加全国大学生"挑战杯"大赛，并且老师也有很多课题，会让学生去尝试。由于我当时已经决定要出国读研了，主要把精力集中在专业课的学习和 TOEFL，GRE 的考试上，只有在大四写毕业论文的时候参加了一个课题。

杨：您在香港大学（以下简称"港大"）学习三年以来，是否也参加了很多课题？

郑：在港大的这些年基本上都是在做有关生物和医学的课题。我们开题之后，就会根据课题做相关的实验研究和数据分析。

杨：您刚才提到河师大会组织学生参加全国大学生"挑战杯"大赛，除此之外，对于那些对科学探究有浓厚兴趣的学生，学校还在其他哪些方面提供了便利条件？

郑：我们学院各个专业的老师都有自己的实验室，学生可以根据自己的研究兴趣选择跟从某个老师进其实验室开展科学研究，有些同学大二就开始进实验室了。其他专业不是很了解，在生物这方面，河师大的研究氛围还是很好的。

杨：根据您在港大学习这几年的观察和体会，您认为与内地高校相比，港大在培养学生的创新能力方面有哪些独到之处？

郑：我认为，对大学本科生而言，从科学竞赛的组织形式来讲，港大和内地高校差不多。原来我以为香港高校进行学术交流的机会和出国参加比赛的机会都会比内地要多，但是来读书以后，也接触了内地来的一些其他高校的同学，发现内地有些高校也组织学生参加大学生"挑战杯"比赛及其他一些国际性的比赛，而且也都做得非常好。所以，我觉得从参加竞赛的组织形式上来讲，港大跟内地高校差别不大。但是，从培养模式上来说，我觉得是有差别的。据我了解，国内的大学生跟着老师进实验室研究，大多是根据老师的研究兴趣，该怎么做都由老师安排好了，学生自己发挥的余地比较小，学生的创新能力得不到有效培养和锻炼。而在港大，指导老师会根据学生自己的兴趣让其自己决定做什么、怎么做，就更加开放和自由，这样学生的创新能力就得到了提高。我觉得，香港非常重视本科生的培养，在本科层次跟国内差别挺大的。

杨：对于港大和内地研究生层次的培养，您有什么看法？

郑：我觉得这方面差别不是很大，只是香港在培养学生方面更开放一些。

杨：您提到曾经做过郑州市青少年科技创新大赛的学生评委，请您简单谈一下当时的情况。

郑：当时是在河师大读本科，参加了两三年的评委工作。郑州市青少年科技创新大赛包括三个模块：自由答辩、评委评审和大会论坛。我们学生评委的主要工作就是协助组织自由答辩和评委评审这两个模块的活动，并且将更多的精力放在组织大会论坛上，使学生呈现一个更加活泼、有趣的精神风貌。

杨：您在担任郑州市青少年科技创新大赛评委的过程中，对于参赛学生感触比较深的是什么？

郑：对于参赛学生的层次而言，我更加喜欢小学生和初中生的项目。对小学生而言，他们没有功利性的想法，他们参赛完全是凭自己的兴趣，这些项目是非常有创意的，做得非常好。对初中而言，他们年龄稍大一点，科学性比小学生要高，做得也特别好。但是对于高中生的项目，我不太感兴趣。一看到他们提交的一些项目水平很高，就像是成人项目，自己就觉得比较难过。因为高中是科学思维培养非常关键的一个阶段，但是在这么重要的阶段他们没有充分的时间认真做这个思维训练的事情。而小学生如果从小就接受这样的锻炼的话，对其后期成长的影响是很大的。

杨：您之前提到当时参赛时，学校为你们提供了很多便利条件，根据您做郑州市青少年科技创新大赛学生评委的经历，您认为其他学校对学生的参赛支持力度如何？

郑：从参赛的各个环节来讲，学校的支持都是很到位的。对小学而言，他们都在呼吁素质教育，各个学校也都有科学实验课，都想在这方面做得很好，而青少年科技创新大赛是他们呈现自己科学实验课的成果的一个非常好的渠道，所以，小学学校和家长的支持力度都是很大的。同时，小学生的时间比较充裕，学业压力不太大。而初中生的学校支持就稍小一些，高中生的学校支持可能就比较功利一些。

杨：请您结合参加各大赛事的经历以及担任郑州青少年科技创新大赛学生评委的过程，谈一下这些赛事在评审方式、组织形式等方面还需要做哪些改进？

郑：我觉得评审方式一直在不断改进。郑州市大赛评委会每年都会根据申请项目的专业领域，重新选聘评委（主要来自省内高校教师），并且评委要评审哪些项目不仅对学生是保密的，而且评委本人也是到达指定的封闭办公地点后，才被告知的。这样就有利于保证大赛的公正。我觉得，大赛在评审方式方面，需要进一步鉴别哪些项目真正是学生自己做的项目，而哪些项目不是，这个是很关键的。

杨：您在简历中提到曾经在 2007 年获得了第四届中国青少年科技创新奖，这个奖项是只需要申请者提供资格证明，不需要提供科技作品吗？

郑：这个是根据邓小平同志的遗愿设立的中国青少年科技创新奖励基金颁发的一个奖项。申请者必须是参加过全国青少年科技创新大赛、"明天小小科学家"奖励活动或者国际英特尔 ISEF 等赛事并且表现突出的大学生。当时河师大得知这个奖项后，就推荐我去参评。结果被评上了。

杨：我看了网上的报道，您把这个奖项颁发的 20 000 元奖金也捐给了学校吧？

郑：是这样的。我觉得在河师大学习的四年，老师们对我非常关心。在我当时获得保送资格的时候，其他学校的保送工作都截止了。这时河师大给了我这个上大学的机会，我非常感激。而且入学之后，我忙于准备 TOEFL 和 GRE 考试，学院老师当时也给予我很大的支持。我认为，自己获得这个奖项，跟学校的培养是密不可分的，所以就想着把奖金捐给学校。但是，当时捐的时候，向我们校长提了一个要求，希望学校利用这笔奖金资助科学类的社团或者设立科学研究基金，使有科学兴趣的学生在读大学期间能够得到很好的锻炼，能有更多机会参加科学项目，并且校长也答应我了。

杨：对于这些科技竞赛活动，除了我们谈的，您还有要补充的内容吗？

郑：基本上就这些了。如果你们后期需要补充什么信息的话，可以跟我进行进一步沟通。

附 1：　　　　　　　　个人简历

郑嵩岳　　Songyue Zheng

香港大学李嘉诚医学院博士研究生

1983 年 7 月出生于河南郑州，汉族

2002 年获得第十七届全国青少年科技创新大赛一等奖（集体项目），英特尔英才奖

2002 年获得第二届"明天小小科学家"奖励活动二等奖

2004 年获得第五十四届国际青少年科学与工程大奖赛学科奖四等奖

2007 年获得第四届中国青少年科技创新奖

1999～2003 年就读于河南省郑州高等师范专科学校

2003 年被保送至河南师范大学生命科学学院，2007 年获学士学位

2007～2009 年就读于香港大学生物科学学院，获硕士学位

2009～2012 年于香港大学李嘉诚医学院，攻读博士学位

附 2：　　　　　　　　访谈后记

杨素红

与郑嵩岳师姐进行交谈是一个很愉悦的过程。尽管从年龄上来讲，她只比我大一岁，但是她说起话来的语调和底气会让人有一种莫名想要欣赏的冲动。尽管我们第一次有声的交流——电话访谈——也只是短短的一个多小时，加上之前 N 多封 Email 的交流，她又一次加深了留给我的深刻印象。

为什么说是"又一次"呢？因为我第一次听说她的名字是 2003 年在河南大学读本科时，当时看到她跟姜冬梅老师（访谈中曾经提到，姜老师是一位非常优秀的青少年科技辅导员，也是郑嵩岳师姐整个参赛过程的指导老师）以及其

他同学编写的一本书《环境教育与科学教育的融合——青少年科技绿色营与创新大赛成果》，书中附有她们奔赴美国波兰特参加第 55 届国际科学与工程学大奖赛的照片。当时的我，对青少年科技创新大赛、"明天小小科学家"奖励活动，以及 Intel ISEF 等完全没有概念，可以说对这些科技赛事的初步了解是从她们的那本书中得知的。后来，也是机缘巧合，我在北京师范大学读硕士研究生的最后一年，有幸参加了我的导师胡咏梅老师主持的《中国青少年科技竞赛项目评估及跟踪管理》课题，其中有一个模块是对早些年参加各类科技竞赛活动（全国青少年科技竞赛活动、"明天小小科学家"奖励活动以及五项学科奥林匹克竞赛活动等）获得较高级别奖项、而且后续发展比较好的 case（也就是我们课题中提到的"精英人士"）进行访谈。当时就想到了 2009 年跟翟莹师姐（毕业于郑州师专，也是姜老师在团委工作时的学生干部）拜访姜老师时，她曾经提到以前指导过的不少学生现在发展得都很好，或是工作，或是上学。但是，我无法联系上那些参赛获奖学生。比较幸运的是，在一次跟翟莹师姐聊天的过程中，谈到寻找访谈对象的问题，再次提起这件事。也就是这样，经由中间人搭桥引线我才得以结识郑嵩岳师姐，顺利完成这次访谈。

在整个访谈过程中，嵩岳师姐娓娓道来，而且热情洋溢地回忆着参与各类科技赛事的经历。回顾整个过程，有几点使我非常感动。首先，在我们开始访谈不久，不知道什么原因手机信号很不好，师姐主动提出自己从香港回拨到我这边的座机上，并且说了一句作为研究者都会感动的话，"我担心自己听不清楚你的问题而答非所问，给你们的研究带来不必要的麻烦"。因为她自己在研究过程中也曾经为寻找样本碰过钉子，所以很能体会我们的心情，并且很多方面都会替我们着想。其次，在我们沟通确定访谈的具体安排时，师姐又抢先一步提出，希望能提前看一下我们的访谈提纲，做些准备工作，担心参赛经历过去那么久了，有些东西会遗忘，给我们提供的信息不准确。当时看了她的 Email 就特别感动。最让我感动的是，来自普通工人家庭的嵩岳师姐将获得 Intel ISEF 学科奖以及第四届中国青少年科技创新奖的奖金全额捐给了自己的学校，用于支持学校的科技社团继续开展科学研究工作。她在言语之中流露出的那种对母校的感激之情、对后继志同道合者的照顾之意，让人非常钦佩。

著名数学家严士健先生谈奥数竞赛、数学教育及人才培养

访谈地点： 新风南里严士健先生家

访谈时间： 2010 年 7 月 13 日 15：30～17：50

访谈对象： 严士健教授

访谈者： 李冬晖、胡咏梅

记录人： 胡咏梅

严士健简介：

严士健先生 1952 年毕业于北京师范大学数学系（现数学科学学院），该系教授、我国首批博士生导师。从 1982 年起，先后担任该系系主任、数学与数学教育研究所所长、中国概率统计学会理事长、中国数学会副理事长兼教育工作委员会主任，国务院学位委员会第一、二、三届数学评议组成员。20 世纪 50 年代从事数论、代数的教学与研究工作，在国际上首次获得环上线性群自同构的形式；其后转向概率、随机过程，在国内率先倡导和开展无穷粒子系统研究。90 年代起，开始关注和研究我国的数学教育。1998 年以来他先后担任教育部《全日制义务教育数学课程标准》顾问、《普通高中数学课程标准》研制组组长。

胡： 请问您了解一些学校或中学生参与数学奥赛的情况吗？

严： 北京师范大学（以下简称师大）数学系赵桢老师等举办过奥赛竞赛辅导班，但我不太了解。但我听一些人说过奥赛事情。清华大学教数学分析的陈天权老师说，他曾带过一个班，有一半都是国际学科奥赛保送生。五六十年代初华罗庚先生发起并亲自领导过奥数竞赛活动。我也没有参与。华先生

在苏联留学过、访问过，了解到苏联数学竞赛一些情况，所以他在国内倡导搞奥林匹克竞赛。那时奥赛活动不像现在这样培训学生做题，而主要是请一些数学家做通俗性数学报告，讲讲数学里面一些有趣味性又有意义的问题，想引起青少年对数学的兴趣，基本上没有（专门针对竞赛考试的）培训，培训就是做几个通俗性报告，指定一些材料学习，然后就定个时间考试。当时还出版了华先生等数学家写的数学普及读物，如《一笔画》《对称》《杨辉三角》等（参见上图）。

胡：出版这些数学科普读物，简单的册子，从小问题开始，如《一笔画》等，很有意思的问题开始，激发学生对数学的兴趣，不是侧重于做题的训练，而是侧重于引起学生对数学的兴趣，尤其是对中国古代的数学问题的介绍，有些是现代数学问题。是吧？

严：是的，像《杨辉三角》讲了二项定理、排列组合。这种做法也是学习苏联的，苏联当时在国际数学界是（处于）领先（地位）的。当时还出版了一些苏联学者的数学普及读物译本，如《数学归纳法》《不等式》等，这些是苏联青年科学丛书。

现在科学出版社等也再版了这些读物，但是不再是单册的，而是合成一大本。但是据我了解，销路并不好，如《七彩数学》等。他们更多地考虑出版利润，做法并不合适，几十本成套出版，对于青少年来说，可能会很发憷。

李：请问您了解国外奥数竞赛情况吗？

严：据我了解，国外奥数竞赛培训活动不多。西方、欧美等奥赛获奖者还是出了些数学人才的，如近几年菲尔茨奖得主有些曾是国际奥数竞赛奖牌得主，如华人数学家陶哲轩在澳大利亚曾连续三年参加国际奥数竞赛，分别获得铜、银、金奖，获得金奖时他还不足 13 岁。

我国是 20 世纪 80 年代初恢复参加国际奥数竞赛。每年 5 个金牌（得主），我们国家几乎每年都是奥数总分第一名，而且好多年都是囊括 5 个金牌。但是，我们至今还没有出过国际数学大奖获得者，如没有人得过菲尔茨奖。而欧美则不同，如 2002 年菲尔茨奖法国得主也是曾获得国际奥数竞赛奖牌的。因而，国内数学界就此引起议论。像法国得国际奥数金牌没有我们多，但是法国有好几位数学家得过菲尔茨奖。

李：您觉得这个问题主要出在哪里？

严：问题出在咱们学生参加竞赛，是经过层层选拔、各级培训的，越到后来的培训越是程式化。针对竞赛考试，讲历届考题，让学生做历届考题的模拟题，当然也讲分析问题的思路。总而言之，模仿竞赛题让学生做题、讲题，再让学生参加竞赛考试。这种训练方式与以前华先生他们倡导的奥数竞赛活动以及欧美竞赛活动方式就不同了。尽管我们的参赛学生天赋都很好，学习能力也强，有这些有利条件，但是他们都是训练出来的。然而，做科学研究不见得都是训练出来的。科学研究不光是靠解题能力。对于见过的题目，解题能力强不代表有创造力，而是要对于没见过的题目，解题能力如何？另外，科学研究也需要有发现问题、辨别问题的能力。发现了问题，但这个问题是一个有意义的问题，还是一个无意义问题，需要辨别它的真伪、价值。而且，科学研究不像考试，三个小时（内完成考试），不需要在特定时间内完成，有些问题需要深入去想，可能需要长时间的思考，有的甚至要八年、十年才能完成。

这些能力不是奥林匹克竞赛都能训练出来的。因此，竞赛活动只能给他们兴趣，培养他们钻研精神，打个（研究）基础。如此看来，我们的竞赛训练太窄了，（学生能力的）发展空间也就窄了。只注重解题能力了，而没有重视学生发现问题、辨别问题、钻研问题的能力。因而，至今我们（的奥赛奖牌得主中）还没有出现数学大家。数学是这样，物理、化学、生物等学科研究可能与数学不太一样，但是在有些原则问题上也还是相通的，如发现问题、判断问题的价值，创新性的思考方法等。

从另外一个角度来讲，美国、英国、德国近二三十年来出了多少诺贝尔奖、菲尔兹奖（得主），核心技术创造也多数在欧美。所以，从科学发展以及宏观经济来看，近三十年来，我们在科学创造、技术发明等方面还是不如欧美的。我们"863"计划是提倡科学创造、核心技术研发，但是至今，中国制造的东西，核心技术真正是自己的不多，多数核心技术都不在我们手里。从学习条件来说，差得不是太大，生物、化学仪器比国外可能还好，因为是新买的。当然，不能将这些（差距缘由）都算在竞赛头上。（从教育来看，）中国基础教育、本科教育、研究生教育都有待改进，留学生在国外的发展整体上也不如欧美学生，尽管没有做过具体的统计。（胡：的确我们在拔尖人才培养方面，与国外相比，还是有不小差距的，无论是基础教育还是高等教育。）

胡：您刚才提到清华大学陈天权老师带的那个班，曾获得国际学科竞赛奖牌的，在大学里与同伴比，在学习等方面是否突出？

严：总的来看，与同班学生横向比较，这些学生能力还是挺强的，学习成绩也是较好的。但也有个别学生经不起失败，像那些中学时总考第一，上大学后不能总是第一了，遇到挫折，或做题做不出来，就泄气了，消沉下去了。

刚才说到的是，从科学顶尖人才来看，似乎平均来说，我们国家是要差一些的。但是，从次一级的（人才），还是有创造性的，还是很多的。创造性也是分等级的。像爱因斯坦等人的研究，真正是原创性的，在科学上是重大发明创造的。还有像制造导弹、原子弹，属于另一层级的创造，再有像企业研发新产品，属于技术性的发明创造。这方面（技术性）的创造，这些年我国还是很有优势的，像中国制造。学习别人的东西，模仿出来，模仿能力强的人很多，模仿也是需要基础的，没有一定能力的人是模仿不出来的。像导弹，相当程度是模仿的。有两种模仿，一种是只看了别人的东西，另一种是了解了别人的技术，而我们的导弹还是独立做出来了。一方面，我们在核心技术方面始终占有不多；另一方面，从中国制造来说，发展得很快，俄罗斯放心大胆地卖武器给印度，但对中国总要留一手。他们害怕我们模仿后的创造会比他们原有的（东西）还要好。像高速铁路是引进、吸收、再制造，现在不敢说世界第一，也是世界一流，我们现在已经在国外修建高铁了。这反映我们国家教育在培养次一级人才方面还是有成绩的、有提高的。这可能需要更大范围的研究来比较，譬如，把人才培养分层，我们在哪些层次人才培养上是占优的，在哪些层次人才培养上暂时还是不够的。然后，倒过来反思我们的培养方法、思想上有哪些东西不合适或不够。总之，要总结现有模式下培养的是哪种层次的人才；另外，这种模式对于培养哪种层次的人才是不合适的。

胡：我国现在关注拔尖人才的培养，就像您提到的在诺贝尔奖、菲尔茨奖方面、在核心技术领域的突破方面在国际上还没有占到我们应有的份额。我们在基础教育方面如何改革，才能逐步改变这一现状？

严：当然不是（原来的）什么都要打破。基础教育肯定是有一定作用的，小学、初中教育可能作用较弱，但是高中阶段是很重要的，对于一个人科学思维形成是起关键作用的。

胡：您看国外对于小学、初中教育是很自由的，学习很轻松，但是高中阶段课程还是很繁重的，可供选择的课程很多，必修课程也很多。

严：是的。西方人那么做是有道理的，高中是打基础的阶段。

我们可以思考一下选拔人才的标准。奥赛取得奖牌只是说明他们在此阶段（高中阶段）学习能力很高，思考问题能力、解题能力也很高。由此选拔出来的未必是一定适合科学研究、将来一定能够成为科学研究的人才。经过高考选拔出来的状元也是如此。目标不一样，标准就不一样。有人认为奥赛选出来的就是天才，就是第一，这是误解。另一个值得关注的问题是，能力和潜能是不同的。有的时候要更看重他的研究潜力和良好的学习习惯，比如抓住问题不放、不断深入思考下去。（胡：这可能不是竞赛能够测评出来的。）小聪明的人可能不具有这一品质。华先生说，想得慢的人不一定不是聪明的人。（胡：思维敏捷不代表一定是最聪明的。）要培养各个层次的人才，培养人才不是指都要培养像爱因斯坦一类的。各个层次人才培养都很重要。这一观念需要得到社会认同。有的孩子适合将来搞科学研究，有的不适合，个人天赋不一样，有的适合成为技能型人才，比如高级蓝领。而现在，家长们都希望孩子成为精英。现在人们都很功利，功利在一定发展阶段还是需要的（它具有一定的激励作用），但是不要急功近利。比如成为高科技人才，一般都要经过长时间的刻苦钻研，坐冷板凳的。如果急功近利，就不可能经受住。长期下去，会很成问题的。

　　李：您觉得学科竞赛获得国际金奖、银奖的学生，保送他们去北大、清华。您觉得这种做法是否合适？

　　严：就不保送，取消这一政策。这样，（学生和家长们的）功利心就少了。下决心坚决取消（这一政策）。可以继续举办奥林匹克竞赛，获奖者可以奖励，但不保送（获奖者）。现在北大不是搞校长推荐嘛，可以在校长推荐时考虑。

　　胡：像美国大学招生，不只是看 SAT/ACT 成绩，还要看学校期间的社会活动情况、参与公益活动情况、参加一些竞赛成绩等，综合评价一个学生。

　　严：取消（保送）没有关系。如果一个孩子奥赛成绩高，去参加高考也应当取得好成绩。即使上不了北大、清华，上人大、师大、武大也是可以的。比如，上师大，他也会很突出，将来也会有很好的发展，委屈不了这些学生。

　　李：如果只是取消学科竞赛获奖学生的保送名牌大学的资格，但是现在还有体育特长、艺术特长、科技特长的学生有保送资格或高考加分。

　　严：或者都取消，或者不都取消。对于那种特长生，要真正是有突出特长的（才可保送）。但是，现在有许多作假的现象。（胡：这就是功利心的外显。）功利这个问题要淡化。功利心太重的人是会受很多限制的，包括很聪明的人。中国古人讲，"淡泊名利、宁静致远"对于一个人的成长，是非常重要的。要做顶尖科学家，除了有天分之外，还有就要耐得住寂寞。不潜心研究，是根本做不出重大研究创造的。急功近利是害人的。目前我国处于转型期，发展很快，这个（功利现象）避免不了。从长远来说，甚至从民族性格来说，大家要认识这个问题。

胡：我们前不久去四川调研，通过与高中数学老师访谈了解到，他们认为高中课程内容更宽广了，大学高等数学的一些内容如线性代数、数学分析等下放到高中了，这样不是内容更多、难度也加大了吗？

严：我们是做了些处理的。比如，导数部分不讲极限，只讲导数那种特殊极限，不讲一般极限概念。现在的问题是老师没有按照课标要求来讲课，而是按照他们在大学时学习微积分的方式来讲，所以感觉难度加大。因此，教师对课标的理解不够是个大问题。另外，自2004年高中数学新课标公布已经六年了，但是从高考出题来看，对出题仅有小的影响。

胡：《国家中长期教育改革和发展规划纲要》出台了，其中一项重要目标是义务教育要均衡发展。如果义务教育均衡发展，不准许搞重点校、重点班，如何解决比如5%的天赋高的儿童的英才教育问题呢？对于天赋高的儿童如何因材施教，有利于他们更好地成长和发展，使他们成为我国拔尖人才的后备军呢？

严：这件事应该考虑，不能光搞普通教育，不考虑（英才教育），将来会吃大亏的。考虑办法有两种，一种像西方那样通过私立学校或像（我们）以前那样办重点校，现在不准搞重点校，那么在学校里应当有个口子，第一要有水平高的一些老师，如果有那样的天赋学生，可以成立辅导班，或者不成立班，搞兴趣小组，指定这些学生看一些书或资料，就可以。这件事不能忽略。既要有大众教育，也要有英才教育。

胡：我的女儿曾经在英国奥克法中学上初一。他们也没有重点班和重点校，但是对于数学成绩优异者（比如全年级成绩排在前10%的学生）单独有个老师来教数学，课程内容、进度和难度都与普通学生的数学课不一样。这种数学提高班不是单独的行政班，而是来自不同班级的数学成绩优异的学生。英语课也如此。

严：这些都是应该做的。总而言之，要有措施，不仅要有老师指导这些学生，还有对这些学生的指导和教学的老师要记入工作量。

李：不能光靠老师的热情和无偿的义务。一定要为这些孩子留一个适合他们发展的教育途径。

严：如果不重视这个问题，短期看不出来，长期是要吃亏的。从国家发展的角度，一定需要各方面的顶尖人才。苏联当时是在学校搞兴趣小组，校外有数学奥林匹克学校等。

胡：就像我们各县市都有体校，进入体校的学生体育方面很突出，但是也需要进入普通学校接受义务教育。这些数学天赋学生也如此，需要在普通学校学习各种课程，同时也可以进入校外奥林匹克学校或数学兴趣班。

严：我们国家对此还是重视不够。另一问题是偏僻地方或者比较偏僻地方缺乏优秀教师，优秀教师不愿意去这些地方。前几年我在北京市郊区调研，发现北京市郊区也是留不住优秀教师。

关于数学教师培养问题，我曾给温总理写过一封信，谈到师范院校的教育学科与专业学科要结合，譬如数学专业硕士入学考试问题，数学教育专业硕士不考数学，只是在复试时面试一下数学专业知识。这个很有问题。数学专业知识不纳入初试，他们的备考就不一样。总理对此也做了肯定性批复。

附1：　　　　　　　　　访谈后记

胡咏梅

严士健先生是北京师范大学数学系教授、博士生导师，曾多年担任北师大数学系主任，也是我一直景仰的老师。他退休后仍然非常关心中国数学教育问题，参加了高中数学新课标的研制工作。最近出版了专著《严士健谈数学教育》，发表了系列文章《数学思维与应用意识、创新意识、数学意识——素质教育与数学教育》《高师数学教育改革应该面向 21 世纪》《基础数学教育的思考》等。一次晚间散步巧遇严先生，和他聊起我国昔日国际奥数竞赛金牌得主现在少有成为数学大家的事情。严先生从数学研究者需要什么样的能力以及奥赛训练的缺陷来分析解释这一现象，让我深受启发。严先生侃侃而谈，不觉一个小时过去了。考虑到初春时节仍寒气逼人，不能让严先生过久在室外站立，于是约严先生改日去家中拜访他，严先生欣然应允。

7 月 13 日下午 3：30 我们如约来到严先生家。严先生笑容可掬地把我们迎进门，亲自为我们沏茶，让我们感觉到一位长者的慈祥与对小辈的关爱。严先生家非常简朴，多年来几乎未增添或更新家具。客厅中除了一张餐桌外，就是三个沙发椅和一个茶几，一面墙壁上有一处 1 m² 左右的白板，供记事和与学生讨论问题所用。尽管没有现代家居装饰品，不过，书香满屋，让人一进屋就被一整面墙壁上的书架所吸引，书架上摆满了各种数学专业书籍以及科普书籍，其中不乏先生自己的著作。谈话间，先生还起身从书架上取出 20 世纪五六十年代出版的数学科普读物，向我们一一介绍这些略微泛黄的小册子出自哪些著名数学家的手笔，如数家珍。访谈开始时，我们先向严先生介绍了今年对国际五项学科竞赛选拔赛学生的调研情况，比如学生参赛的目的以及竞赛对他们学习能力、学科视野等方面的影响。严先生很认真地听着我们的介绍，并不时提出一些疑问。随后，他开始和我们谈起他所了解的华罗庚先生早期搞数学奥赛活动的情况。

严先生虽已八十多岁高寿，但仍思维清晰、活跃，连续两个多小时的访谈一直兴致不减，话题转换迅速，许多话题超出我们预先设想，比如高中数学课改问题、数学文化、免费师范生的职业发展规划以及数学专业硕士的入学考试与培养问题，等等。我们悉心聆听着严先生对这些问题的独到见解，感受着一位老数学家对于中国数学教育事业发展的殷切关心和对于多层次人才培养问题的深切关注。严先生认为，以往的基础教育在培养应用型人才、具有较强模仿力的科技人才方面是有重要贡献的，但是在基础科学顶尖人才的培养方面与欧美等国相比还有不小差距。因此，需要在学校教育和校外教育中为天才儿童提供适合他们成长的特殊教育，因为他们有可能成为国家发展需要的拔尖科技人才。严先生多次提及，一个人不要有太重的功利心，一个社会也不能过于功利化，否则会影响一个人的成长，更会影响整个社会的发展。"'淡泊名利、宁静致远'对于一个人的成长，是非常重要的。要做顶尖科学家，除了有天分之外，还有就要耐得住寂寞。不潜心研究，是根本做不出重大研究创造的。"关于目前奥数竞赛活动存在的问题，他认为，目前的奥数竞赛训练程式化，训练的内容过窄（主要集中于训练解题能力），过于关注名利（获得奖牌和保送、加分等），而没有遵循国际奥赛的根本目的，应当在引发学生对于数学的兴趣、培养学生发现问题、辨别问题、钻研问题的能力和良好的研究态度和习惯方面做些引导。严先生对于偏远地区和农村地区缺乏优秀师资问题、对于中国近现代数学落后于西方发达国家等事也是忧心如焚，给温总理写信说明数学教育专业硕士入学考试和培养中存在的问题，阐明数学要融入中国文化传统的必要性和紧迫性等。其言辞之恳切，说理之严密，我想总理也为之所动吧。温总理在批条上写道："要重视数学家的意见，请陈至立具体考虑。"严先生保留着这一批条，期盼着他的建议能够早日完全落实。我们也和严先生一样盼望着祖国数学教育事业发展更为迅速，培养出更多拔尖数学人才。访谈结束后，严先生将他的著作《严士健谈数学教育》签名赠与我们，我们邀请严先生合影留念，感谢他对于我们课题研究工作的大力支持与指导。

从创新拔尖人才的特征看青少年创新能力培养的途径

本文根据北京师范大学心理学院资深教授林崇德在首届创新中国论坛（2010 年 10 月 30 日）上的发言整理，文章及照片来源于北师大学术活动网页：http：//www. bnu. edu. cn/xzhd/30443. htm［EB/OL］-2010-11-24/2011-05-27

一、对创新型拔尖人才创造性群体的研究

人才是我国经济社会发展的第一资源。进入新世纪新阶段，党中央、国务院做出了实施人才强国战略的重大决策，人才强国战略已成为我国经济社会发展的一项基本战略。《国家中长期教育改革和发展规划纲要（2010～2020 年）》指出：要以学生为主体，以教师为主导，充分发挥学生的主动性，努力培养造就数以亿计的高素质劳动者、数以万计的专门人才和一大批拔尖创新人才。

北师大心理学院资深教授林崇德
在首届创新中国论坛上发言

"创新人才与教育创新研究"课题组以北京师范大学专家为主体的教育部哲学社会科学研究重大课题攻关项目，课题组通过对 34 位自然科学创新人才（主要由两院院士和获得国家自然科学一、二等奖的青年科学家构成）、15 位人文社会科学学者（主要由中国社会科学院学部委员、教育部社会科学委员会以及老一辈的"国宝"级人才构成）和 21 位艺术家（主要由各个领域国家级最高水平的获奖者构成）的深度访谈，研究了创新型拔尖人才的思维特征、人格特征、成长历程和创造性成果的获得过程。研究发现，科学创新人才的成长由自我探索期、集中训练期、才华展露与领域定向期、创造期以及创造后期五个阶段构成。在科学创造人才成长过程中，有以下因素影响到其成长：导师或类似于导师的人指引、交流与合作氛围、父母积极鼓励的作用、中小学以及大学教师的作用、多样化的经历、挑战性的经历、青少年时期爱好广泛、有利于个体主动性发展的成长环境以及有利于产生创造性观点的研究环境。

人文社会科学与艺术创造主要有六个关键影响因素：政治人物、思想引领者、虚体人物、老师、家庭成员和密切交往对象。其影响效应体现在引导建立信仰、启蒙、入门、领域内发展引导、镜映现象（指个体对自我的概念是由别人的态度和观点来塑造的现象）和支持作用。

二、对创新教育的理论思考

所谓创新教育不是另起炉灶的一种新的教育体制，而是教育创新的一项内容，它是创造型的管理和学校环境中由创造型教师通过创造型教育方法培养出创新型学生的过程。创新教育的关键在于转变教育观念：一是贯穿于科学教学中，二是设计创造课程和训练创造机能。因此，青少年创造力的培养是一个系统工程，既要树立有利于青少年创造力发展的育人环境，还要采取切实有利的培养措施；既要重视学校教育，还要重视家庭和社会的影响。在学校教育中坚持课内和课外相结合、知识教学与创造力培养相结合、东方教育方式与西方教育方式相结合，选择灵活有效的教学方法，提高青少年创造力。

三、创新拔尖人才的特征探究

根据创新选拔人才的研究结果，本研究提出了创新性人才心理特征结构的初步理论构想，即创新性思维由发散思维和聚合思维构成，并编制了《创造性思维能力量表》和《创造性人格量表》。量表经过初步施测后，在全国的六个省市进行了全面正式测试。通过量表测试发现，我国青少年的创造力整体呈现阶段性发展，在同一阶段内其发展呈现连续性。青少年中学阶段的创造力水平明显高于小学阶段，其中小学四年级和初中三年级分别为其发展低谷期和高峰期，小学六年级和初中一年级为发展的关键期。创新性倾向的研究发现，青少年创造性倾向由自信心、好奇心、探索性、挑战性和意志力五个维度组成。青少年创造性倾向的发展趋势总体上呈现倒 V 型，初中一年级是创造性倾向发展的关键期。

研究发现，不同国家青少年创新力的显著差异不在水平的高低，而是在创造力不同类别上：中国学生在问题提出和科学想象能力上高于英国、日本学生，但是产品设计和产品改进的能力较低；中国学生的思维流畅性和灵活性水平显著高于英国、日本学生，但中国、日本学生在独特性水平不存在显著差异。

研究发现，在评价创新性学生特征的时候，教师更注重学生思维方法的特征，而相对忽视了学生人格方面的特征。因此，教师的教育观念，尤其是教师的创新性内隐观在教师实施创造教育的过程中扮演着关键角色。

此外，该项研究同时把信息技术与课程改革有机地结合起来，其研究的主导思想与新课程改革的思想完全一致，即要在先进的教育思想、理论的指导下，把以计算机及网络为核心的信息技术作为促进学生自主学习的认知工具、情感激励工具、学习环境的创设工具，旨在培养学生的创新精神、实践能力及自主学习的能力。

四、加强青少年创新能力培养的七种途径

一是改善校园文化的精神状态。营造有创造性的校园文化氛围，包括认识和内化创造力，使创新意识深入人心；营造学校支持型、创造性校园气氛；开展创造力教学活动，激发师生的创造热情。

二是把培养学生创新能力渗透到各科教育中。结合具体学科的某种具体能力制定一系列要求，通过达到这些教学要求来培养学生的创新能力。

三是在课堂教学中开发学生的创新能力。通过激发学生创造的动机，教师的灵活性提问和布置作业，教师掌握和运用一些创造性教学方法，在课堂上创设创造性问题情境引导学生来解决等方式培养学生的创新能力。

四是构建新型的校园人际关系。促进创造性人际关系的形成，包括树立民主型领导方式，改善领导与教师关系；构建"我—你"型师生关系，改善师生关系；积极开展"小组合作"学习，培养良好的同伴关系。

五是创新学校组织管理制度。营造创造性校园，包括重视在教学和学生管理中，给学生足够的课时和空间保证；积极实行分层管理，消除人事管理中"一刀切"问题对学生创造力的不利影响；形成创新性评价制度，解除当前贯彻创新教育理念的束缚。

六是教给学生创造力训练的特殊技巧。课题组曾向未成年人被试介绍，并让他们掌握美国托兰斯"创设适宜的条件"来进行创新能力训练的方法，教给他们如何有效地进行发散式提问。

七是在科技活动中培养学生的科学创新能力。不管在校内还是校外，科技活动是学生课外活动中与创新能力发展关系最为密切的一项活动。通过科技活动，可以开阔视野，激发对新知识的探索欲望，增强学生自学能力、研究能力、操作能力、组织能力与创造能力。

第7章 青少年科技竞赛项目的国际比较研究

7.1 引言

　　面对世界科学技术飞速发展、知识经济已现端倪，国力竞争日趋激烈的国际形势，各国政府都非常重视科技创新后备人才的选拔与培养工作。西方发达国家和国际组织自20世纪中叶开始陆续开展了许多针对青少年的科技竞赛活动，如美国的科学人才选拔赛（Science Talent Search，STS，始于1942年）、英特尔国际科学与工程大赛（Intel International Science and Engineering Fair，Intel ISEF，始于1950年）、美国SSP中学项目竞赛（SSP Middle School Program，始于1999年）、美国FISRST系列机器人竞赛（For Inspiration and Recognition of Science and Technology，包括针对6～14岁青少年的始于1998年的FLL竞赛、针对高中学生的始于1992年的FTC和FRC竞赛）、头脑奥林匹克竞赛（OM，始于1976年）、欧盟的科技竞赛（European Union Science Olympiad，EUSO，始于2003年）以及瑞典的斯德哥尔摩青少年水奖竞赛（始于1997年），等等。开展这些青少年科技竞赛活动的目的主要有三个方面：一是通过科技竞赛挑战和激发天才学生，开发他们个人的才智；二是推动科学事业的发展，吸引和鼓励更多的青少年立志从事科学事业；三是促进国内、国际青少年间的科技交流，推进和提高各国的科学教育水平。

　　我国青少年科技竞赛活动经过30年的不断发展和完善，已初步形成以中国青少年科技创新大赛（China Adolescents

Science & Technology Innovation Contest，CASTIC，始于 1982 年）、"明天小小科学家"奖励活动（Awarding Program for Future Scientists，APFS，始于 2000 年）、中国青少年机器人竞赛（China Adolescent Robotics Competition，CARC，始于 2001 年）为三大品牌的科技竞赛体系。这些科技竞赛活动的开展显著提升了我国青少年科学素质，增强了青少年科学兴趣，促使青少年形成良好的科学态度和价值观[①]。但也要看到，我国青少年科技竞赛活动开展的时间相对来说还不长，与国外青少年科技竞赛活动开展历史较为长久、竞赛设计较为合理、竞赛管理较为科学、竞赛国际化程度较高相比，我国在竞赛机制设置及管理等方面还存在一些需要改进和完善的地方。本研究将基于竞赛机制方面的理论来建构国内主要赛事与国外赛事的比较框架，并在此基础上提出改进我国青少年科技竞赛活动的若干参考性建议。

---

① 李晓亮. 中国青少年科学技術コンテスト活動が科学教育に及ぼす影響（中国青少年科技竞赛活动对科学教育的影响）[J]. 中国科学技术月报，2011 年 5 月（第 55 号）.

7.2 文献综述及分析框架

以"青少年科技竞赛"为主题词，2011 年 6 月 1 日在中国知网上查阅 1979～2011 年文献，仅查到 11 篇文献，没有发现研究科技竞赛机制的文献。以"青少年科技竞赛"为关键词，仅有 1 篇，即课题组薛海平等人文章①。以"竞赛机制"为题名，仅查到 34 篇，主要是以企业人力资源管理中的竞争机制、大学生科技和学科竞赛机制以及竞赛机制在体育、英语等学科教学以及实验课教学方面的研究②～④，没有一篇涉及青少年科技竞赛机制的文章。以"竞赛机制"为主题词和关键词，分别查到篇 167 篇和 90 篇，除了有若干篇中小学教学中引用竞赛方式方面的文章外，其余文献主题与前述相同。

竞赛在现代社会、政治和经济生活中几乎无处不在。这是因为竞赛中包含激励机制和筛选机制⑤，因而其具有激励和资源配置的功能。自 20 世纪 80 年代开始，国际上竞赛理论兴起，许多文献对竞赛模型和竞赛设计进行了广泛研究。

7.2.1 竞赛模型和竞赛设计

图洛克(Tullock)最早对竞赛模型进行了研究，并创立了分对数型形式的

---

① 郭俞宏，薛海平，王飞. 国外青少年科技竞赛类型、特点与影响力评估综述[J]. 上海教育科研，2010(9)：32－36.

② 王晓勇，俞松坤. 以学科竞赛引领创新人才培养[J]. 中国大学教学，2007(12)：59－60.

③ 唐兴莉. 竞赛机制的激励效率研究[J]. 江苏商论，2006(12)：143－145.

④ 徐洪珍，李茂兰. 大学生科技创新能力培养的探索与实践[J]. 东华理工大学学报(社科版)，2009(3)：294－297.

⑤ 当竞赛作为激励机制时，竞赛设计者的目标一般是实现自身盈余最大化，如企业中的员工工作竞赛。当竞赛作为筛选机制时，竞赛设计者的目标是为特定的任务找到合适的人、公司或研究团体，比如招聘、政治选举、项目招标等。

竞赛成功函数(contest success function, CSF)[①]。现在看来这一模型很简单,适用于单一阶段、单一奖励、静态的竞赛,竞赛者同质且同时付出努力。目前竞赛模型研究已向多阶段、多奖励、动态的竞赛模型发展,已从分析特定模型下竞赛者的均衡努力、竞赛设计者的收益,向竞赛设计实现竞赛设计者的各种目标发展。近年来,多阶段竞赛逐渐成为竞赛理论的研究趋势之一,也成为各类实际竞赛中的主要选择。在单一阶段竞赛中,竞赛者为夺取奖励,只需付出一次努力;而在多阶段竞赛中,竞赛者为赢得最终奖励,在各阶段均需付出努力。多阶段竞赛如政治选举、招聘、体育竞赛、选拔性考试等,常为淘汰赛(elimination contest),因此竞赛者在其中需为获得进入下一阶段的有限门票而努力,不然将被淘汰出局。此时,门票成为奖励的一种形式。正由于其往往是淘汰赛,所以阿麦盖石(Amegashie)认为,多阶段竞赛不仅能够准确地筛除不合格竞赛者,而且还能降低组织竞赛的成本[②]。多阶段竞赛的这个特点使其广泛地被使用在各种领域。

多阶段竞赛大致可分为分组多阶段、集中多阶段两种基本形式。分组多阶段,就是竞赛者在每一阶段(除最后阶段外)总是被分成若干组进行竞赛,各组决出若干竞赛者进入下一阶段;集中多阶段,就是各阶段未淘汰的竞赛者在每一阶段总是一起竞争。分组多阶段竞赛是多阶段竞赛文献中较早、较多被研究的,而集中多阶段竞赛是多阶段竞赛中新发展的部分。如"明天小小科学家"奖励活动采用的就是集中多阶段竞赛,而青少年科技创新大赛和青少年机器人采用的是分组多阶段竞赛。

7.2.2 机制与竞赛机制

国外学者除了研究竞赛模型外,还将研究聚焦到竞赛机制方面,因为竞赛机制会影响竞赛作用的发挥和参赛者的行为,进而影响到竞赛设计者目标

---

① Tullock G. Efficient Rent Seeking [C]// Buchanan J M, Tollison R D, Tullock D. Toward a Theory of the Rent-seeking Society. Gollege Station: A&M University Press, 1980: 269—282.

② Amegashie, J A. The Design of Rent-Seeking Competitions: Committees. Preliminary and Final Contests[J]. Public Choice, 1999, 99(1—2): 63—76.

的实现度。

"机制"(mechanism)一词最早为物理学和机械工程研究领域中的概念，指机器的构造和工作原理。后来引申到心理学、经济学和管理学等多门社会学科中，其内涵也演变为一个系统的组织或部分之间相互作用的过程和方式。其功能在于自动引导、调节、控制系统中的人或组织行为，使系统自动沿着事前设定的目标方向前进，避免干扰和减少管理费用。

关于"竞赛机制"至今尚无学者给出确切定义，本研究参考黄河等人的研究①，将其定义为：引导、调节、控制竞赛系统中参赛者、组织者、实施者行为的过程和方式，包括竞赛审查机制、筛选机制和激励机制。

竞赛审查机制是竞赛开始前对参赛者资格的认定程序。青少年科技竞赛的审查工作通常包括确定审查机构、审查参赛对象的资格、申报项目的内容范围、研究报告的规范性及相关证明材料等。

竞赛筛选机制是指为完成竞赛任务而设置的选拔最合适的个人或团队的方式、方法，包括竞赛的阶段、筛选形式、评审环节和评审标准等。如按照竞赛筛选形式的不同，竞赛可分为集中(pooling)和分组(grouping)竞赛：采用集中竞赛形式时，所有竞赛者都在一起为奖励而互相竞争；而采用分组竞赛形式时，竞赛者只与同组的其他成员竞争该组中的奖励。依各阶段竞赛者人数是否相同，多阶段竞赛可分为淘汰赛和重复竞赛(repeated contest，也称为循环竞赛)：在淘汰赛中，一阶段的竞赛者仅部分进入下一阶段；而在重复竞赛中，各阶段的赛者人数相同。

全国青少年科技创新大赛采用的是多阶段淘汰赛，筛选形式是按照13个学科的分组竞赛，而且是从校级、区县级、地市级、省级竞赛选拔出参加全国创新大赛的选手进行决赛。"明天小小科学家"奖励活动采取的是三阶段淘汰赛，第一阶段是全国高二年级学生自由申报，经过资格审查、评委评审作品等环节选出进入复评的选手；第二阶段是复评，复评需要选拔100名选手参加终评活动；第三阶段是终评，从100名选手中确定一、二、三等奖选手各若干名，并从一等奖的选手中选拔出3位选手获得"明天小小科学家"称号。

按照评审程序的不同，竞赛可分为单环节评审和多环节评审。比如"明天小小科学家"奖励活动采取的是多环节评审，包括申报材料审阅、现场问辩、

① 黄河，付文杰. 竞赛机制设计研究研究回顾与展望[J]. 科学决策，2009(1)：75—86.

综合素质测评等环节，而创新大赛还增加了技能测评环节。

竞赛激励机制是指为实现竞赛设计者的目标而采取的各种奖励方式，即物质奖励的分配与支付以及精神奖励的荣誉等级和数量。物质奖励指能够直接给竞赛者带来金钱、物质等客观方面收入的事物，精神奖励指能使竞赛者获得精神、意志等主观方面上享受的事物。对于青少年的各种竞赛，一般采取精神奖励为主，物质奖励为辅的方式。精神奖励与物质奖励在设计时最大的不同是前者不需要受竞赛预算限制，而后者尤其是金钱奖励时受预算制约，须考虑各等级间奖励分配问题。由于奖励的方式和大小对竞赛者的行为起着至关重要的影响，所以竞赛设计者往往要解决如何合理设置奖励，以实现其目标的问题。

对于以总努力最大化为目标[①]的竞赛设计者，葛莱茨（Glazer）和哈森（Hassin）指出，当竞赛者的努力成本函数为线性函数时，如果竞赛者能力分布（努力成本）是对称的，那么实行末位淘汰制是最优的，即末位的竞赛者不得奖励而其他竞赛者平分奖励；如果竞赛者能力分布是非对称的，那么实行首位晋升制是最优的，即首位的竞赛者独得奖励而其他竞赛者不得[②]。穆德范鲁（Moldovanu）和塞拉（Sela）也指出，以总努力最大化为目标的竞赛设计者，面对非对称的竞赛者时，如果竞赛者的努力成本函数为线性或凸函数，那么设置单一奖励是最优的；而当成本函数为凹函数时，设置多个奖项可能更优[③]。这部分地解释了多数竞赛并非都仅有一个奖项的现象。

---

① 希望所有竞赛者付出的努力之和最大化，寻租、对内招聘等往往采用此目标。另外三种竞赛目标分别是：1. 最高努力最大化，即希望最大化表现最出色的竞赛者的努力，科研、对外招聘、选拔性考试等往往采用此设计目标；2. 总体努力最小化，即竞赛设计者主要从社会福利的角度出发，希望浪费社会资源的竞赛者努力的总和尽量小，寻租竞赛中会使用这一目标；3. 充分发挥竞赛的筛选作用，使竞赛者赢得竞赛的概率大小依其能力排序，招标和招聘竞赛中会使用这一目标。

② Glazer A，Hassin R. Optimal Contests[J]. Economic Inquiry，1988，26(1)：133—143.

③ Moldovanu B，Sela A. The Optimal Allocation of Prizes in Contests[J]. The American Economic Review，2001，91(3)：542—558.

黄河等学者在借鉴国外学者研究成果之后得出："无论面对怎样的竞赛者群体和等级结构，以总努力最大化为目标的竞赛设计者均应设置较小的最高等级容量，凸显最高等级的荣誉效用[①]；当参赛者能力分布为凸函数时，竞赛设计者应减小中高等级的容量，以提高中高等级的荣誉效用，激化对于中高等级的竞争；当参赛者能力分布为凹函数时，竞赛设计者应增大中低等级的容量，降低中低等级的荣誉效用，使更多竞赛者进入中低等级。"

对于青少年科技竞赛而言，其主要目的在于激发广大青少年从事科研的兴趣，提升整体科学素养，所以适合采用总努力最大化的竞赛设计目标，同时，也要兼顾其甄别、发现拔尖创新人才的筛选作用。

综观国内外关于竞赛机制方面的文献，单独针对青少年科技竞赛机制的文献几乎没有发现。本研究借鉴国内外学者对企业竞赛、体育竞赛等机制研究的框架，并基于对机制概念的剖析，从竞赛审查机制、筛选机制和激励机制三个方面对中外青少年科技竞赛机制进行比较研究(参见图 7-1)，在此基础上提出改进和完善我国青少年科技竞赛项目的若干建议。

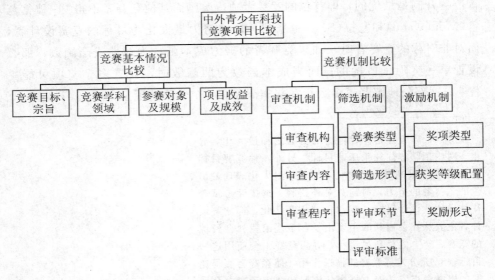

图 7-1 中外青少年科技竞赛项目比较的分析框架

① 荣誉效用是在某一竞赛环境下，由于社会(包括竞赛者)对竞赛和竞赛者所在等级的重要性、证明能力的客观性等方面的评价而产生的效用。

7.3　中外青少年科技竞赛项目的比较分析

受所查阅到的国外青少年科技竞赛方面文献数量的限制，我们仅以开展历史较为长久的英特尔国际工程大赛（Intel ISEF）、美国科学人才选拔赛（STS）作为参照对象，将之分别与国内的青少年科技创新大赛（CASTIC）和"明天小小科学家"奖励活动（APFS）进行比较研究。CASTIC 与 ISEF 都是以选拔优秀的科学研究项目为主要目的，而且自 2000 年以来，在英特尔公司的赞助下，由 CASTIC 选出的优秀科研项目参加 ISEF 的决赛。APFS 是借鉴 STS 的选拔培养优秀科技人才的经验而设立的，因此二者具有可比性。下面首先对这四项竞赛项目的基本情况进行比较分析，再从竞赛的审查机制、筛选机制、激励机制等方面进行深入的对比分析。

7.3.1　中外青少年科技竞赛项目简介及比较

1. 英特尔国际科学与工程大奖赛（Intel ISEF）

国际科学与工程大奖赛（ISEF）是由美国科学与公益社团（Society for Science & the Public，SSP），其前名为科学服务社（Science Service），于 1950 年创办的美国中学生科学博览会发展而来。美国科学与公益社团是设立在美国华盛顿的一个非营利机构，它致力于推动公众参与科学研究和科学教育，其宗旨是促进科学的发展和技术的进步。作为对支持赞助 ISEF 的企业回报，SSP 把竞赛的冠名权授给领衔赞助的企业，故而在英特尔公司领衔赞助 ISEF 赛事后，国际科学与工程大奖赛被命名为 Intel ISEF（为简便起见，以下仍简称 ISEF）。该赛事素有全球青少年科技竞赛的"世界杯"之美誉，设立的目的在于鼓励中学生进行科学研究，"像科学家一样地工作"。它是全球最大规模、最高等级的面向 9~12 年级中学生的科技竞赛。竞赛学科包括了所有自然科学和部分社会科学内容，它为全球最优秀的小科学家和小发明家们提供了互相交流，展示最新科技成果的舞台。每年从 700 多万名参加各国各级别选拔赛的选手中挑选出来自 50 多个国家或地区超过 1 500 名的青少年科学家为赢得 17 个科学类别和 1 个团队项目类别的总价超过 400 万美元的奖学金和奖品展开激烈的竞赛。获奖者除了高额奖金外，还可参加当年诺贝尔颁奖典礼，还能经美国麻省理工学院林肯实验室(小行星发现机构)以获奖者的名字为小行星命名,并且能优先就读哈佛大学、麻省理工学院等名校以及北大等国内名校①。

2. 中国青少年科技创新大赛(CASTIC)

被称为中国自己的"ISEF",中国青少年科技创新大赛(以下简称CAS-TIC)是由中国科协、教育部、科技部等9个部委和承办地政府共同主办,面向在校中小学生和科技辅导员开展的规模最大的具有示范性和导向性的综合性科技竞赛活动。1979年举办的首届"青科展"是其前身,至今大赛已经走过32年的历程。全国创新大赛分为青少年和科技辅导员两个板块,内容包括竞赛活动和展示活动两个系列。竞赛活动包括小学生科技创新成果竞赛、中学生科技创新成果竞赛、科技辅导员科技创新成果竞赛,展示活动包括少年儿童科学幻想绘画比赛、青少年科技实践活动比赛等。大赛旨在为中国青少年和科技辅导员搭建一个科技创新活动成果展示交流的平台,强化和培养科学道德、创新精神和实践能力,提高科学素质,培养优秀科技创新型后备人才。2000年起,每年从CASTIC获奖选手中挑选若干项目参加Intel ISEF的角逐。2000~2007年,共计180名中国学生的117个项目入选了ISEF,并赢得了128个奖项。不过我们获得一等奖和专项大奖的项目尚且很少,2000~2008年,仅有一位中国内地选手获得英特尔青年科学精英奖。

3. 美国科学人才选拔大赛(STS)

美国科学人才选拔大赛(以下简称STS)也是由美国科学服务社发起并管理,得到西屋公司等的大力资助。从1998年起,英特尔取代了西屋公司,成为其领衔赞助商。STS始于1942年,是美国创办历史最长、也是最负盛名的高中生科学竞赛,常被称为"青年诺贝尔奖"。每年SSP都要在全美范围内通过研究项目竞赛和学业成绩考查方式选拔40名在科技方面具有特殊才能的高中生,为他们提供奖学金,送他们进入名牌大学,激励他们从事科技事业。自创办起近60年的时间里,有超过13万的美国各州高中生参加了此项竞赛,向STS大赛提交了独立完成的科学研究项目报告。STS大赛选拔出2 800多

① 百度百科网站. 英特尔国际科学与工程大奖赛. http://baike.baidu.com/view/2454671.htm[EB/OL] —2011-06-12.

名决赛选手，他们获得了共计一千多万美元的奖学金。STS 获奖者中，至今已有 7 人获得诺贝尔奖，2 人获得菲尔茨奖，4 人获得美国国家科学奖，2 人获得美国国家技术奖，11 人获得麦克阿瑟基金会奖（也被称作天才奖），2 人获得拉斯卡医学奖，56 人曾获得斯隆研究奖，42 人当选美国国家科学院院士，11 人当选美国国家工程院院士[①]。

4. "明天小小科学家"奖励活动（APFS）

"明天小小科学家"奖励活动（以下简称 APFS）是参照 STS 创立的选拔我国青少年科技拔尖后备人才的赛事。此赛事是由曾担任中国科协副主席、教育部副部长的韦钰院士提议于 2000 年创立的，是一项由教育部、中国科协和周凯旋基金会共同主办的国内最高规格的青少年科技后备人才选拔和培养工作。每年终评活动设一等奖 10 名，二等奖 30 名，三等奖 60 名（2010 年起，一等奖和二等奖名额各增加 5 名，三等奖名额改为 50 名），并在一等奖中选出 3 名"明天小小科学家"称号获得者。获奖者将分别获得证书和相应金额的奖学金。活动接受全国范围内品学兼优且拥有独立科学研究成果的高中二年级学生自由申报，重在考查学生的创新意识、研究能力、知识水平、综合素质，发现一批具有科学潜质和发展后劲的学生，向著名高等院校推荐，并资助他们进入大学后，继续进行研究活动，鼓励他们投身于自然科学研究事业，立志成为未来优秀的科学家。根据对第五届至第八届（2005～2009 年）获奖学生的跟踪回访统计，50 名一等奖获得者中，就读于清华大学 19 人，北京大学 17 人，香港中文大学 2 人，美国麻省理工 1 人，哥伦比亚大学 1 人，其他重点大学 10 人。事实证明，本项活动受到社会各界的关注和肯定，凸显出权威性和公信力，发挥了示范和辐射作用，已经发展成为我国创新人才培养体系中重要的品牌活动。

---

① 美国科学学会网站. http://www.societyfor-science.org/sts/alumnihonors[EB/OL]－2011-06-10.

表 7-1　四项中外青少年科技竞赛项目基本情况

竞赛名称	目标、宗旨或使命	组织和管理机构及赞助商	竞赛领域	参赛对象及规模	项目收益及成效
ISEF	鼓励中学生从事科学研究；促使中学生今后从事科学、数学、工程类的职业；推动学校采用基于调查和项目研究的模式开展科学课程的教学工作①	美国科学与公益社团（SSP），领衔赞助商为英特尔公司，另外还有数十家公司、学术机构、政府部门为大赛提供支持和丰厚的奖金	动物学、行为和社会科学、生物化学、细胞与分子生物学、化学、植物学、微生物学、计算机科学、地球与空间科学、电子与机械工程学、材料与生物工程学、能源与交通、环境管理学、环境科学、数学、医药和健康学、物理与天文学 17 个学科	参赛对象：9～12 年级的中学生每年从 700 多万世界各国参赛选手中挑选 1 500 多名优秀学生参加决赛	由 2005 年该项目评估统计②，有 88.1% 的参赛学生认为通过参赛对从事科学、数学、工程或技术类的职业更加感兴趣；分别有 91.6%，89.1% 教师赞同或非常赞同 ISEF 推动了其所在学校采用调查模式和基于项目研究的模式开展科学课程的教学
CASTIC	为全国青少年和科技辅导员搭建一个科技创新活动成果展示交流的平台、强化和培养科学道德、创新精神和实践能力，提高科学素质，培养优秀科技创新型后备人才，推进建设创新型国家进程③	中国科协、教育部、科技部等 9 个部委和承办地政府共同主办，英特尔（中国）有限公司领衔赞助	数学、计算机科学、物理学、地球与空间科学、工程学、动物学、植物学、微生物学、医药与健康学、化学、生物化学、环境科学、行为与社会科学 13 个学科	参赛对象：1～12 年级的中小学生每年参加各级别竞赛的学生和科技辅导教师超过 1 000 万人，500 多名学生进入全国决赛	据本课题组 2010 年的调研，参加 CASTIC 学生的科学素质极其显著地高于未参赛的学生，达到 80.7%，80.3% 的参赛学生认为参赛明显提升了自己的科学探究能力和科学创造力

①　中国科普研究所，中国科协青少年科技中心，北京师范大学课题组编著. 美国青少年科技教育活动概览[R]. 2010：204.

②　同上，204—205.

③　全国青少年科技创新大赛网站. http://castic. xiaoxiaotong. org/Intro. aspx? ColumnID = 1011000007[EB/OL]—2011-06-11.

续表

竞赛名称	目标、宗旨或使命	组织和管理机构及赞助商	竞赛领域	参赛对象及规模	项目收益及成效
STS	鼓励有天分的高中学生立志将来投身科学、数学、工程学或医学等领域①	美国科学与公益社团（SSP），早期由西屋公司赞助，后由英特尔公司赞助	动物学、行为与社会科学、生物化学、生物信息学及基因组学、化学、计算机科学、地球与行星科学、工程学、环境科学、数学、物理和空间科学、材料科学、医学与健康、微生物学、植物学 15 个学科	参赛对象：高中生 每年从 1 600 多名申报项目的高中学生中挑选出 40 名优秀学生参加决赛	截至 2010 年，参赛选手中有 7 名诺贝尔奖获得者、2 名菲尔茨奖、42 位美国国家科学院院士、11 名美国国家工程学院院士
APFS	选拔和培养具有科学潜质的青少年科技后备人才，鼓励他们立志投身于科学技术事业②	由教育部、中国科协和周凯旋基金会共同主办	数学、物理学、化学、生物化学、动物学、植物学、微生物学、医学与健康学、环境科学、地球与空间科学、计算机科学、工程学 12 个学科	参赛对象：高二学生每年从 500 多名申报项目的高二学生中挑选出 100 名优秀学生参加决赛	据本课题组 2010 年 11 月调查统计，有 94.8% 的 2010 年参加 APFS 决赛学生表示将来要从事与科学相关的职业，并有 87.7% 的参赛学生表示要毕生从事前沿科学研究

① 中国科普研究所，中国科协青少年科技中心，北京师范大学课题组编著. 美国青少年科技教育活动概览［R］. 2010：13—14.

② "明天小小科学家"奖励活动网站. http://mingtian. xiaoxiaotong. org/［EB/OL］—2011-06-11.

5. 中外青少年科技竞赛项目基本情况比较

由表 7-1 可以看出，我国两项青少年科技竞赛与美国主办的两项科技竞赛在目标设计上有相似之处，在竞赛涉及的学科领域上也大致相同，在竞赛对象的范围方面也基本一致，而且我国 CASTIC 的竞赛规模与 ISEF 一样都很大，每年有数百万的中小学生参加各级别的比赛。但仍可发现，ISEF 和 STS 相对于我国 CASTIC，APFS 在竞赛设计目标、涉及学科领域以及项目收益成效等方面具有以下优势：

（1）ISEF，STS 竞赛目标明晰、适恰性强，而且两者在竞赛目标设计上既有交叉，又各有侧重点。相对 STS，ISEF 的参赛对象更为广泛，其主要目标在于鼓励广大青少年从事科学研究，提升科学技能。STS 的主要目标侧重于选拔有天赋的高中生立志从事科学事业。而我国的 CASTIC，APFS 在竞赛目标上虽然也各有侧重点，但均较为宽泛，个别目标其实非竞赛本身的功能所能独立实现。比如 CASTIC 的目标中提出"培养优秀科技创新型后备人才，推进建设创新型国家进程"，这一目标的实现主要是各级各类学校正规教育的责任以及政府教育行政部门、国家发展规划部门的职责，实非一个青少年科技竞赛项目的功能。正如英特尔公司赞助 ISEF，STS 等青少年科技竞赛项目的目的所指出的，要"鼓励通往创新之路"（to inspire a path to innovation）。[①] 因为他们认为"今天的青少年是明天的创新者"（Students of today are the innovators of tomorrow.），因此，他们希望帮助未来的科学家走向通往创新之路，青少年科技竞赛给这些未来科学家们提供一个很好地展示他们才华、开阔他们科学视野的平台，而且借助竞赛奖励机制来达成鼓励、激励这些未来科学家从事科学事业的目标。在 STS 的目标设计上也仅提出鼓励有天分的高中生立志投身科学、数学、工程学等领域，这是符合一项科技竞赛活动所能发挥的作用。APFS 的"培养具有科学潜质的青少年科技后备人才"的目标也不是一项单独的竞赛所能达成的目标，APFS 竞赛能够达成的合理目标是"甄别、选拔具有科学潜质的青少年科技后备人才，鼓励他们立志将来投身于科学事业"。

（2）借助科技竞赛推动学校科学课程改革。ISEF 竞赛对学校科学课程改

---

① http://www. intel. com/about/corporateresponsibility/education/competitions/index. htm ［EB/OL］－2011-06-11.

革有实质性影响。ISEF 的目标之一是推动学校采用基于调查和项目研究的模式开展科学课程的教学工作。这种目标设计有利于扩大竞赛项目的辐射范围，激励学校开展科学项目研究活动。ISEF 和 STS 都要求参赛者开展探究式的科学研究项目，鼓励参赛学生解决有挑战性的科学难题，并掌握解决前瞻问题所需的技能。因此，需要学校给予支持和配合，在科学课程教学和课程设置上给中学生提供更多指导和帮助。据该赛事 2005 年的项目评估调查，竞赛方式对科学课程改革产生了实质性影响。分别有 91.6％，89.1％教师赞同或非常赞同 ISEF 推动了其所在学校采用调查模式和基于项目研究的模式开展科学课程的教学。一些精英学校开设了调查探究课程(Inquiry and Research，SIR)和科学核心课程——科学探究方法(core science courses—Methods in Scientific Inquiry，MSI)，以提高学生科学调查与探究能力。此外，许多学校开始采用以问题为导向的科学课程教学模式(Problem-Based Learning，PBL)①，以帮助学生开展科学探究活动，调动学生自主学习、合作学习与研究的积极性，给学生提供更多的提问、做研究计划、调查研究、使用恰当工具或技术收集数据和判断结果的机会，从而培养学生发现问题、分析问题、解决问题的科学研究能力。而且，SSP 网站上发布有专门针对教师和学生提供的 300 多种培训项目和课程。培训项目覆盖了广泛的科学学科领域和各个学段。培训主要由大学、学院以及一些科研机构举办。专为教师提供的培训包括如何解决各学科专业问题的方法及指导性策略，很多课程是针对科学、数学和技术的实际应用而设置的，因此，教师接受培训后，对指导学生参赛有直接帮助。我国中小学校参加科技竞赛活动的积极性是非常高涨的，从近几年全国各省参赛规模逐渐增大可以窥视。课题组 2010 年对部分省市高中学校的实地调研也发现，各校十分重视 CASTIC，APFS 等竞赛活动，而且伴随着高中新课程改革进程，一些学校在校本课程、综合实践课、研究性学习课程上指导学生开展科学探究活动，部分优秀学生将课程研究成果作为参加 CASTIC，APFS 的科技作品。部分学校主管科研的副校长和科技辅导教师反映，需要加强这些大赛与研究性学习、校本课程对接工作，这样才能更好地调动学校的

---

① PBL 模式实施的是一种"以问题为中心的、基于探究过程的、教学内容综合化"的设计思路，这种模式凸显科学课程的探究性与创新性，即注重探究和问题解决。

积极性，扩大活动的影响力。值得一提的是，由中国科协青少年科技中心和华东师范大学于 2010 年共同完成的"中国科协科教合作共建中学教师专业发展支持系统"项目对全国 23 个省市 60 所实验学校的 17 000 多名高中科技教师进行了专业发展培训。通过"项目孵化"对高中科技教师进行"研究性学习"培训，通过"聚焦课堂"进行课堂教学研讨，通过组织科技专家开展对高中科技教师的通用技术培训，[1] 对提升我国部分高中学校科技教师的专业能力起到了明显作用，也推动了 CASTIC，APFS 赛事在这些学校的开展。不过这个科技教师培训项目在提升高中学生科研能力方面还有待加强。我国长期的应试教育使学生形成的精确计算和答题能力值得肯定，但是学生在发现科学问题、探究解决方案、实施科学调查和实验等能力方面急需加强。而且"主动学习""合作学习""基于问题的学习""基于课题的学习"（Project-Based Learning，又称为"基于项目的学习"）"探究教学"已经成为美国等发达国家现代科学教育的教学理念和教学策略。[2] 因而，本研究认为，需要借鉴 ISEF 的经验，通过项目培训帮助教师在平时的科学课程中引入 PBL 等现代科学课程教学模式，[3]增设 MSI，SIR 等能够有效提升学生科研能力的课程，同时这类培训活动和课程也可以提升科学教师的科研能力和教学能力。

（3）竞赛项目领域广泛，既有传统学科，又有新兴交叉学科领域。虽然我国的 CASTIC，APFS 在竞赛项目涉及的传统学科领域上与 ISEF，STS 基本相同，不过 ISEF 和 STS 均比 CASTIC，APFS 涉及的学科领域要多，而且主要是在一些新兴的交叉学科前沿领域，比如生物信息学与基因组学、细胞与

---

[1] "中国科协科教合作共建中学教师专业发展支持系统"项目结题报告. 2011-11-23.

[2] 中国科普研究所，中国科协青少年科技中心，北京师范大学课题组编著. 美国青少年科技教育活动概览[R]. 2010：179—187.

[3] PBL 等现代科学课程教学模式对教师有更高的专业要求，教学活动设计要基于教师对教学内容、学生先前知识及生活经验的深入理解而精心设计和组织，教学过程中也要熟练使用启发和引导的教学技能，促进学生积极参与、深入思考，在主动学习中达成教学目标。这样的教学过程对教师充满挑战和变数，相对讲授式教学来说，要求教师有充分的准备、更强的应变能力、更深厚的专业知识和对科学探究的理解。

分子生物学、能源与交通科学等，这可能与我国高中科技教师对于这些新的科学领域了解有限，高中与大学科研机构以及社会其他科研机构联系不够有关，也可能与我国大学本科专业设置缺乏新兴交叉学科有关。①

　　(4)竞赛项目收益大，成效显著。这一优势与两项竞赛目标设计合理不无关联。STS 项目目标在于鼓励有天分的高中生立志从事科学研究事业，从前述统计数据来看，这一项目目标的收益巨大，不仅促使成千上万的青年从事了科学相关职业，而且产生了数百名国际著名的科学家，推动了人类社会的科技进步。由表 7-1 知，ISEF 的项目收益也很大，绝大多数参赛学生认为参赛增强了他们对从事科学、数学、工程或技术类的职业的兴趣，而且 ISEF 推动了美国中学的科学课程改革，许多学校已经采用调查模式和基于项目研究的模式开展科学课程的教学。此外，通过科技竞赛的磨炼以及以前的研究积累，促使学生成为更加自信、勇于应对挑战、具备成就感的人，并且帮助他们做好今后从事科学职业时学术上的准备。我国的两项青少年科技竞赛也取得了一定成效。据本课题组 2010 年 11 月调查统计，有 94.8% 的 2010 年参加 APFS 决赛学生表示将来要从事与科学相关的职业，并有 87.7% 的参赛学生表示要毕生从事前沿科学研究。参加 CASTIC，APFS 学生的科学素质均极其显著地高于未参赛的学生。不过，应当注意到，CASTIC，APFS 自创立起已分别有 32 年、11 年历史，由于以往对参赛学生的跟踪管理工作没有足够重视，导致难以统计和评估项目的已有绩效。举办 STS 和 ISEF 的 SSP 自竞赛项目伊始就非常重视进行宣传、评估和跟踪管理工作。他们设有专门的竞赛网站(http://www.societyforscience.org/isef,http://www.societyforscience.org/sts)，发布竞赛项目信息，鼓励以往参赛选手注册登录，成为 SSP 赛友会会员。一旦成为会员，将能定期收到 SSP 项目信息公报、赛友通讯以及邀请

---

　　① 1968 年曾参加 STS，获得西屋科学天才奖的美籍华裔化学家 Roger Yonchien Tsien（钱永健）于 2008 年获得诺贝尔化学奖，1972 年毕业于哈佛大学的哈佛学院(Harvard College)，获得理学士(B.S)学位，专业是"化学与物理学"(Chemistry and Physics)。在 2007 年《哈佛大学本科专业目录》中有许多国内大学没有设置的跨学科专业，如历史与科学(History and Science)、化学与物理生物学(Chemical and Physical Biology)、环境科学与公共政策(Environmental Science and Public Policy)等。

参与 SSP 赛事活动和一些公益性活动，而且可以和历届赛友在网上进行交流。赛友荣誉榜（Alumni Honors）网站（http://www.societyforscience.org/sts/alumnihonors）上还公布曾参加过 STS 的著名科学家名录。目前，CASTIC，APFS 网站上还没有设立赛友专栏，缺乏与以往赛友进行直接沟通、联系的渠道。本项目的实施为推进中国青少年科技竞赛项目的信息化管理提供了坚实的基础，各大赛事的基础数据库、发展数据库、研究数据库的构建能够为今后监测和评估项目提供必要的分析数据。据悉，中国青少年科技中心正准备启动"明天小小科学家"网上俱乐部项目，邀请往届选手继续关注青少年科技竞赛活动，关心和支持竞赛项目更好地开展。同时，增强赛友间的联系，也为跟踪采集赛友职业信息，评估竞赛项目的中长期收益提供基础信息数据。

（5）注重提升赛事的国际影响力。ISEF 项目原本是限于美国国内的中学生科技竞赛活动，现在已经发展成为每年有 50 多个国家和地区中学生参赛的项目。不过美国本土参加决赛的学生比例较高，通常在 70％～80％，而且美国本土中学生参加各级别竞赛的人数相当大。据统计，美国 55 000 名学生参加国内各级别的比赛。此外，每届 ISEF 在美国不同城市中举办，有利于美国本土中学生参赛和观摩。① 目前我国仍然没有独自组织举办一项国际青少年科技竞赛项目。CASTIC 虽然已有 30 年的发展历史，已成为国内最大规模的青少年科技竞赛，但尚没有邀请国外中学生参赛。可以考虑先吸引亚太地区国家的中学生参与此项赛事，逐步扩大此赛事的国际影响力，使之发展成为一项国际青少年科技竞赛。

（6）鼓励企业、政府部门以及基金会组织赞助竞赛项目，提供竞赛活动经费和奖学金。

美国科学与公益社团（SSP）作为一个非营利机构，能够长期成功运作美国国内、国际两项高水平的中学生科技大奖赛，与他们重视吸引企业、政府等的大力支持与资助有密切关联。自西屋公司 1942 年开始与 SSP 合作，对 STS 提供赛事资助之后，美国 SSP 还陆续吸引了境内外许多关心科学事业发展的企业、基金会组织等为青少年科技大奖赛提供支持和捐助，比如英特尔公司、安德鲁基金会、默克研究实验室、松下电器公司、《宇航新闻》杂志社，等等。

---

① 中国科普研究所，中国科协青少年科技中心，北京师范大学课题组编著. 美国青少年科技教育活动概览[R]. 2010：259.

此外，美国许多著名高校为大赛优胜选手提供高额奖学金、暑期见习研究和野外科学考查等机会。目前我国的慈善和公益捐赠文化还十分匮乏，青少年科技竞赛还主要是以中央政府和赛事承办方的地方政府拨款经费为主，因而需要倡导公众和社会各界关心青少年科技后备人才成长，大力支持和赞助青少年科技竞赛活动，帮助更多的未来科学家走向通往创新之路。

7.3.2　中外青少年科技竞赛审查机制比较

审查机制是竞赛开始前对参赛者资格的认定程序。青少年科技竞赛的审查工作通常包括确定审查机构、审查参赛对象的资格、申报项目的内容范围、研究报告的规范性及相关证明材料的真实性等。通过项目资格审查，保证参赛者信息和申报材料真实、完整、准确，符合竞赛规定，而且审查是竞赛活动的第一道关口，决定哪些参与者可以入关、哪些参与者被挡在关外，所以，审查机制完善与否，关系到竞赛活动是否找到了合适的参与者，是否给予符合要求的参与者同等机会。因此，也在某种程度上关系到竞赛目标是否真正达成。

1. ISEF 和 STS 的审查机制

参加 ISEF，STS 的竞赛项目都要经过严格的审查。ISEF 与 STS 都是由 SSP 主办，其审查机制基本相同，包括确定审查机构、规定审查机构职责和工作程序，以及参赛者需要提交的各种材料的要求等。审查机构有两类：科学审查委员会（Science Review Committee，SRC）和伦理审查委员会（Institutional Review Board，IRB）。

ISEF 的 SRC 主要有两项职责。一是在申报参赛的项目研究开始前对研究项目的内容、相关证明、研究计划等进行审查，防止出现重复的研究项目、不科学的研究计划。对于未获通过的项目，其申报材料将会尽快发还给学生，并详细告诉他未获通过的充分理由。如果学生对项目的改正得当，申报材料将获重审，通过后方可重新进行试验。二是比赛开始前，SRC 还要对项目的各种文件（如研究报告、实验录影、个人简介等）进行审核，确认它们是否符合参赛项目要求，审查参赛者的年龄、年级是否在参赛对象范围，等等。ISEF 的一个 SRC 至少由 3 人组成，成员包括一名生物化学家、一名科学教育专家、其他领域的一名或多名专家。SRC 的所有成员在首次会面时就要对当年的国际规则和各种表格进行审查和讨论，其目的在于保证委员会的所有成员能够就评审时运用的各种规则达成共识。

STS 的 SRC 同时也是项目评审委员会，一个 SRC 也至少需要三位科学家、数学家或工程师组成，负责对研究报告、报名表、在校成绩单和相关证明文件(如教师的推荐信和科学家对学生独创性承诺的说明等)进行审查，并且根据报名材料选出半决赛的入围者，其中研究报告占用最大权重。

IRB 的职责是根据联邦法规，对涉及人类研究的项目中潜在的生理和/或心理风险进行评估。所有研究项目在开始试验前均需获得 IRB 的审查和批准，其中包括对项目中使用的调查或问卷的审查。校级 IRB 必须包括至少三个人，其中包括：一名科学教师(未参与指导参赛项目)、一名学校行政管理人员(一般是校长或副校长)、在评估生理和/或心理风险方面极具知识和能力的人(如医生、注册护士、精神病学家、心理学家有执照的咨询师或有执照的社会工作者等)。一般情况下，IRB 可以对项目的风险进行最终判定。但在赛前 SRC 的审查过程中，若出现与 IRB 不符的结论，则以 SRC 的决定为最终决定。

2. CASTIC 和 APFS 的审查机制

我国两项青少年科技竞赛项目的审查工作主要包括参赛者的资格审查、项目的学科认定、申报材料的审查(申报书、研究论文或研究报告及附件、查新报告、相关证明材料)。APFS 的审查内容还包括在校成绩证明材料、专家推荐表。CASTIC 和 APFS 的项目审查分为形式审查、内容审查、学术审查三类，其中：形式审查包括材料装订、分类、数量、内容(如有无照片，材料种类等)；内容审查包括所申报材料是否符合规定(内容规范性等)，纸质是否与网络申报信息一致；学术审查包括对项目创新点、真实性进行核查。

CASTIC 的项目审查工作主要由各省级科协青少年科技教育机构组织申报人完成申报和审查工作，协调解决申报问题。各省级科协青少年科技教育机构汇总本地区所有申报材料，按要求分类整理，统一采用中国邮政 EMS 方式邮寄至全国青少年科技创新大赛组委会办公室，由大赛组委会办公室负责对各省申报学生的申报材料进行最终审查。各省级管理员的审查职责包括：(1)核查作品名称、学科、项目类型、参赛者姓名、性别、身份证号码、所在学校、辅导机构、学历、年级、辅导教师等，集体项目的合作者信息，包括姓名、学历、年级、所在学校等信息；(2)对参赛学生提交的项目查新报告进行核查，包括相关文献检出情况、检索结果与查新项目的要点的比较分析、对查新项目新颖性的判断结论①。

APFS 的项目审查由大赛组委会办公室负责对申报学生的申报材料进行资格审查，并负责受理对申报者和申报材料的质疑和投诉。办公室设在中国科协青少年科技中心。每位参赛学生只能以一个个人项目进行申报，而且要在规定的时间内完成网上在线申报，并需要将申报表原件一份邮寄组委会办公室，同时完成省级审查单位备案。各省科协青少年科技中心(青少年部、普及部)和教育厅(教委)负责对本地所有申报学生情况进行审查，审查内容包括：(1)申报学生资格是否符合大赛规定；(2)申报学生的申报项目是否符合要求(是否为本次活动规定的不接受的申报项目，研究报告是否存在弄虚作假情况)；(3)申报学生的学校成绩单是否属实。省级审查单位(含香港、澳门特别行政区)需填写省级审查情况表，在组委会规定的时限内将正式行文报组委会办公室。② 最后由组委会办公室核查各省参赛项目的资格审查结果。结合省级审查意见确定最终通过资格审查的学生名单，并于审查期结束后公布通过资格审查获得初评资格的申报者名单。自审查期开始，申报者所提交申报材料中与评审相关的主要内容将在活动网站公开，接受全社会监督和举报。公开内容包括：参赛者姓名、地区、学校。组委会办公室接受署名投诉，对弄虚作假者，经查实后取消其评审资格。

3. 中外青少年科技竞赛审查机制的比较

对比 ISEF 和 STS 的项目资格审查机制，我国 CASTIC，APFS 在研究项目的查新、研究报告的规范性，以及申报者的资格审查方面与国外的审查要求基本相同，不过 ISEF 的 SRC 对于参赛项目的查新、研究计划的科学性、可行性等方面的项目试验开始前的审查值得国内竞赛借鉴，这样可以防止希望参赛的学生重复已有研究项目。另外，对未获通过的项目申报材料进行评审反馈，帮助学生修改研究计划，重新申报。此外，SSP 重视人类研究项目

---

① 全国青少年科技创新大赛网站. 关于第二十六届全国青少年科技创新大赛申报工作的通知. http://castic. xiaoxiaotong. org/News/View. aspx? ArticleID=14340[EB/OL]—2011-06-12.

② 中国科协办公厅、教育部办公厅.《第十一届"明天小小科学家"奖励活动实施办法》，2011 年 4 月 19 日. http://mingtian. xiaoxiaotong. org/News/ NewsView. aspx? AID=14459[EB/OL]—2011-06-13.

的伦理问题，ISEF 和 STS 均设有伦理审查委员会(IRB)，所有人类研究项目在试验开始前必须经过 IRB 的审查和批准，包括项目中所使用的调查表和问卷，而且接受研究的主体有权了解研究过程中的潜在风险和既得利益，并需要在知情书上签字。此外，SSP 要求青年学生严格遵守科学研究及个人的道德标准，参赛学生必须签字保证他们所做的一切都是真实的，包括研究过程、申报材料以及其他文件等。我国的两项竞赛没有设立专门的伦理审查委员会，仅是在申报通知中提出以下项目不允许申报：与国家现行法律和法规有抵触的项目，危及人类生命财产安全的项目，以及食品、化妆品、烟酒类、药品及医疗器械类项目。希望我国此类竞赛能够对人类研究项目的伦理问题加以重视，增加对参赛项目研究的伦理问题的审查。

7.3.3　中外青少年科技竞赛筛选机制比较

竞赛筛选机制是指为完成竞赛任务而设置的选拔最合适的个人或团队的方式、方法，包括竞赛的阶段、筛选形式、评审环节和评审标准等。表7-2 呈现了四项中外青少年科技竞赛筛选机制的主要方式、方法。

表 7-2　四项中外青少年科技竞赛筛选机制

竞赛名称	竞赛阶段类型	筛选形式	评审环节	评审标准
ISEF	各国国内校级、市级、州级、全国大赛及国际 ISEF 决赛等多阶段竞赛	按学科分组竞赛	多环节评审：决赛采用项目问辩、项目评审、核心会议评定等环节	个人项目评审标准：创造力、科学思维成熟度/项目目标达成度①、项目深入程度、研究技能、项目阐释清晰度 团队项目评审标准：在上述标准中加入"团队协作情况"②

---

① 如果是工程类项目，此评审维度为"项目目标达成度"。

② 中国科普研究所，中国科协青少年科技中心，北京师范大学课题组编著. 美国青少年科技教育活动概览[R]. 2010：83.

续表

竞赛名称	竞赛阶段类型	筛选形式	评审环节	评审标准
STS	初评、复评、终评等多阶段竞赛	按学科分组评审的集中竞赛	多环节评审：决赛采用项目展示、项目问辩、讨论交流等环节①	研究能力、科学创造力、创新思维和将科学知识付诸实践的能力②
CASTIC	校级、区县级、地市级、省级以及全国大赛等多阶段竞赛	按学段、学科分组竞赛	多环节评审：决赛采用公开展示、项目问辩、技能测试、素质测评等环节	科学性、创新性、实用性③
APFS	初评、复评、终评等多阶段竞赛	按学科分组评审的集中竞赛	多环节评审：决赛采用项目展示、现场项目问辩、知识水平测试、综合素质考查等环节	科研能力、科研潜力、综合素质④

① STS 在 20 世纪 70 年代之前的决赛都有一个学术能力测试环节，后来出现具有公信力的 SAT 测验之后，这一测试环节被取消，而要求参赛者在申报时提交在校成绩证明等。

② 比特通讯网. 五名中国高中生入围英特尔科学人才探索奖. http://telecom. chinabyte. com/474/1431474. shtml[EB/OL]－2011-06-14.

③ 全国青少年科技创新大赛网站. 关于第二十六届全国青少年科技创新大赛申报工作的通知. http://castic. xiaoxiaot ong. org/News/View. aspx? ArticleID＝14340[EB/OL]－2011-06-13.

④ "明天小小科学家"奖励活动网站. 第十一届"明天小小科学家"奖励活动评审规则. http://mingtian. xiaoxiaotong. org/public/AboutUs. aspx? ColumnID＝1012000002[EB/OL]－2011-06-14.

1. 竞赛阶段类型、筛选形式的比较

由表 7-2 知，四项中外青少年科技竞赛采用的都是多阶段比赛类型，ISEF 经过各国国内层层选拔后选派优秀选手参加国际 ISEF 决赛。我国的 CASTIC 是国内最大规模的青少年科技竞赛，参赛者需要经过校级、区县级、地市级、省级竞赛筛选后，才能进入全国大赛。APFS 与 STS 类似，都需要经过初评、复评（半决赛）后，选拔出最优秀的选手参加终评（决赛）。

在筛选形式上四项竞赛有所不同，ISEF 采用的是按学科分组竞赛，由大赛评委选出 17 个学科分类中的优胜者，并且选出团队项目的获胜者。CASTIC 采用的是按学段、学科分组竞赛方式，分为小学生科技创新成果竞赛和中学生科技创新成果竞赛，由大赛评审委员会对入围项目按个人项目和集体项目，根据不同的研究领域对参赛项目进行评选，根据评审标准，最终确定一、二、三等奖。STS 与 APFS 类似，采用的是按学科分组评审的集中竞赛方式。STS 的大赛评委会（约有 100 名左右评委，均是在科学界做出过杰出贡献的科学家和数学家）按照项目申报的 15 个学科分组成立初评小组，每个初评小组至少由三位科学家或数学家组成，负责对研究报告进行评估。初评成绩由研究报告评分、在校成绩单评估（在毕业班中的相对位次、SAT 成绩）、参赛者在报名表中对各项问题的回答以及教师的推荐信和科学家对申报学生研究独创性的说明等来综合评定，其中研究报告占用最大权重。根据初评成绩选出进入复评的 300 名学生。复评的评审委员会采取会议集中讨论的方式，依据项目的技术价值、学生的成就以及项目的原创性等对选手进行综合评定，挑选出具有科学家潜质的终评选手。半决赛、决赛选手以至最终大奖选手将不按学科比例产生。因此，STS 属于集中竞赛方式。APFS 的竞赛筛选方式与 STS 极其相似。APFS 组委会办公室聘请国内重点高校和科研机构的教授或研究员组成评审委员会，负责初评、复评和终评的评审工作。通过资格审查的申报学生获得初评资格，根据按学科分组评审的初评成绩排名（每个申报者至少获得三位学科专家按照统一的评审标准评定的初评成绩，根据专家初评成绩的平均分作为申报者的初评成绩），前 200 名入围复评。复评采用会议集中评议方式，聘请约 35 位评委进行集中评审，通过独立评价、集中交流、综合评定三个环节，并结合初评成绩形成复评总成绩，根据排名确定入围终评的 100 名申报者名单。终评聘请约 50 位教授、研究员和院士承担评审任务，通过项目问辩、知识水平测试、综合素质考查等环节来评选出一、二、三等奖选手，并在一等奖中选出 3 名"明天小小科学家"称号获得者。

2. 评审环节、评审标准的比较

为了全面考评参赛者的科学素质、科学潜质，公正、科学地评定申报项目的水平，四类竞赛决赛采取的都是多环节评审。ISEF 的决赛采用项目问辩、项目评审（按照表 7-2 中所列的评审维度对项目评分）、核心会议评定（由各学科评委主席主持，确定各学科项目优胜者以及大奖获得者）等环节。CASTIC 决赛包括公开展示（按照 13 个学科进行布展）、项目问辩、技能测试、素质测评等环节，获奖等级将根据参赛学生在上述环节中的综合成绩确定。APFS 的决赛评审包括项目展示、项目问辩、知识水平测试、综合素质考查等环节，比 CASTIC 少一项技能测评环节。STS 的决赛活动较为特殊，决赛选手（40 名）被邀请参加每年 3 月在华盛顿举办为期五天的科学人才培训营活动，这也是评审委员会的评委们第一次与他们见面。通过与学生讨论交流、项目问辩等环节，评选出前 10 名获奖者。每个决赛选手将与三四名评委组成的评委组一起讨论，评委关注的重点不是项目，而是考查学生是如何进行科学思维的，判断学生是否有科学家那样思考问题、设计试验以及应对挑战的能力。在此期间，学生的研究项目将在美国科学院对公众做两天的展示，评委们不仅向学生询问他们研究的具体细节，例如试验的设计、研究方法、数据分析，也要对学生在展示期间如何向公众解释自己的研究进行评价，以考查学生传播科学的技巧和能力。

四类竞赛项目由于目标有所不同，评审对象也有差异，因而评审标准不尽相同。ISEF 和 CASTIC 都是选出原创性的科技成果作品，评审维度主要聚焦在反映科技作品水平的参赛者的科研能力和项目创新性上。ISEF 的评审维度包括：创造力（解决问题的方法/途径、新设备的设计或构造等方面的创新性、原创性）、科学思维成熟度（问题阐释的清晰度、明确问题的限制条件并予以合理解决、研究计划的有序性、得出结论的充分依据、是否意识到数据的局限性及进一步研究的保障条件、引用的是科学文献还是仅引用普通文献）、项目深入程度（项目是否在既定目标的范围内完成、解决问题的彻底性、研究过程记录的完整性、是否意识到还有其他的解决途径或理论、项目花费时间、对所研究领域的科学文献的熟悉度）、研究技能（解决问题所必需的实验、计算、观察和设计技能、项目实验的完成地点、项目是独立完成还是得到他人指导）、项目阐释清晰度（项目汇报呈现的条理性、清晰度、书面材料对重要内容、数据以及研究结果的表述清晰度、项目展板对项目呈现的程度）等①。CASTIC 的评审维度包括：科学性（包括选题意义、方案合理性、方法正确性和理论可靠性）、创新性（包括新颖程度、先进程度与技术水平）和实用性（社会效益、经济效益及应用与推广前景）。两者不同之处在于，ISEF 更重视考查由研究计划和研究过程报告反映出的参赛者的科研创造力、研究技能，而 CASTIC 重视科技作品的实用性，即该项发明或创新技术可预见的社会效益、经济效益或效果以及课题研究的影响范围、应用意义与推广前景。STS 与 APFS 的项目目标在于选拔具有科学潜质的科技后备人才，其评审标准聚焦在对参赛者科研能力和创新思维的评价上。STS 评审维度包括研究能力、科学创造力、创新思维和将科学知识付诸实践的能力，APFS 的评审维度与此相似，包括科研能力、科研潜力、综合素质。两者不同仅在于 APFS 借助在终评时的知识水平测试来考查参赛者对科学知识的掌握情况，而 STS 在终评时没有这一环节，仅凭借参赛者在校成绩单和 SAT 成绩来评价其对科学知识、技能的掌握程度。STS 对参赛者科学创造力、创新思维和科学实践能力的评价信息主要来自于参赛者提交的科技作品、项目问辩以及科学家与参赛者的面对面讨论交流。

3. 讨论与建议

综上所述，我国的 CASTIC，APFS 分别与 ISEF，STS 在竞赛阶段类型、筛选形式上基本一致，在评审环节、评审标准上略有不同。CASTIC 比 ISEF 增加了技能测试、素质测评环节，ISEF 比 CASTIC 多了核心会议评定环节。技能测试和素质测评在于较为精确地测评参赛者的实验操作能力和科学知识水平，以防止提交的科技作品有作假行为，有助于评委们基于真实信息做出综合评价。但是，应当看到这两个环节增加了大赛组织、实施工作的任务和难度，也给参赛者带来了不小的压力和负担。如何借助其他简便的方式来考查参赛者的诚信度，值得进一步研究。APFS 也比 STS 多一个知识水平测试环节，两者都有项目展示、项目问辩环节，STS 的评委与参赛者面对面讨论交流环节更加注重平等性，以及跳出参赛项目提出一些关于哲学和一些假设的问题（甚至是尚无人知道答案的问题），以观察学生怎样独立思维，是否具备科学家那样的思考问题、设计实验以及应对挑战的能力。APFS 的参赛学生

---

① 中国科普研究所，中国科协青少年科技中心，北京师范大学课题组编著. 美国青少年科技教育活动概览[R]. 2010：80—83.

与评委的面对面的综合素质考查环节没有注意到两者的平等性，从考查会场的布置也能看出。笔者曾亲临终评现场，发现五六位评委坐在一面或三面长桌旁，学生坐在对面孤立的一张桌椅子旁，这种布置很容易使学生有压力感、紧张感，不利于参赛者开阔思路，发挥应有的水平。建议今后采用圆桌会议方式，两三位学生与三四位评委坐在一起集体讨论交流，评委们可以通过观察学生的讨论参与情况来评价其思维品质，判断其是否具备科学潜质。比较四项竞赛的评审标准，可以发现 ISEF，STS 的评审标准更为清晰，考查的维度更广，更重视评价参赛者的创新思维品质和是否遵循科学的研究程序和方法。

由于 APFS 是以甄别、选拔有科学潜质的优秀高中生为主要目的，因而在决赛中的评审方式、评审标准如何能够较好地达成这一目标是值得深入研究的课题。尤其是综合素质考查环节如何在短短的数十分钟之内甄别出选手是否具备科学潜质和科学态度，是一件非常困难和有挑战的事情。北京航空航天大学数学与系统科学学院学术委员会主任李尚志教授认为[1]，首先，创设一种轻松的氛围是非常必要的。以轻松的对话和聊天方式来进行综合素质考查，在聊天之中观察选手对科学是否有兴趣、基础知识掌握得如何、能否将所学的知识与现实生活结合起来；其次，不要求选手一开始就给出正确答案，而是引导他们经历试验、观察、思考、猜想以及不断纠错的过程去得出自己的答案，这实际上就是他们以后要进行的科学研究的过程[2]；最后，像 STS 评委们那样提出一些尚无人知晓答案的科学问题，启发选手去思考，提出自己的猜想或实验设计方案，以考查选手是否具备科学家一样的思维方式和具有应对挑战的能力。

另外，据本课题组对浙江省青少年科技中心负责人及相关工作人员访谈了解到，他们希望扩大 CASTIC 省级竞赛的评委选择范围，尽快实现各省评审专家共享，从全国范围内选取评审专家，可以有效避免一些参赛学生家长和学校领导与评审专家联系等情况发生。部分中学科技教师和主管科技活动的校长则提出要加强对省级竞赛评委的培训工作，包括评审程序、评审标准、

---

① 虽然这些观点是针对大学自主招生考试时学生口试环节而言的，但由于大学自主招生考试口试也是在短时间内甄别、挑选优秀学生，因此与 APFS 目标有相似之处，故笔者认为可以借鉴其做法。

② 李尚志. 北航怎样选拔尖子生？[J]. 数学文化，2010(4)：65—67.

评审过程监控等，以确保评审的公平、公正。同时，建议在省级评委中适当增加中学科技骨干教师的比例，因为中学科技教师对学生的科学知识、技能水平更了解，可能对科技作品的真实性更有发言权，也有利于扩大科技竞赛对中学科学课程改革的影响力。

7.3.4 中外青少年科技竞赛激励机制比较

竞赛激励机制是指为实现竞赛设计者的目标而采取的各种奖励方式，即物质奖励的分配与支付以及精神奖励的荣誉等级和数量。物质奖励指能够直接给竞赛者带来金钱、物质等客观方面收入的事物，精神奖励指能使竞赛者获得精神、意志等主观方面上享受的事物。国内外青少年的各种学科和科技竞赛，一般采取精神奖励为主，物质奖励为辅的方式。由于奖励的方式和大小对竞赛者的行为起着至关重要的影响，所以竞赛设计者往往要解决如何合理设置奖励，以实现其目标的问题。竞赛设计者应根据竞赛环境、竞赛者能力分布情况，采取适宜的竞赛结构，设置各荣誉等级容量，以达到满意的激励效果。下面从奖项类型、获奖等级配置、奖励形式等方面具体比较分析四项中外青少年科技竞赛的激励机制（见表 7-3）。

表 7-3　四项中外青少年科技竞赛激励机制

竞赛名称	奖项类型	获奖等级配置	奖励形式
ISEF	大奖（Grand Awards）、专项奖（Special Awards）、英特尔基金会青年科学精英奖	大奖由 17 个学科分类（还有团队项目）中的优胜者获得，每一学科的参赛项目的 25％获得大奖。① 每个学科设立一个最佳学科奖（Best of Category）3 名青年科学精英奖专项奖由奖项资助机构设立，评委也由资助机构招募，每年获奖人数不确定	大奖一、二、三、四等奖奖金分别为 3 000 美元、1 500 美元、1 000 美元、500 美元；最佳学科奖奖金为 5 000 美元；专项奖奖金总额高达 2 500 万美元；青年科学精英奖奖金为 5 万美元奖学金

　　① 根据 2006～2008 年三年 ISEF 一、二、三、四等奖人数统计，平均每年获得一、二、三、四等奖人数分别为 43 人、77 人、130 人、161 人，其比例分别为 10.5％，18.7％，31.6％，39.2％。专项奖人数平均每年在 155 人左右。

竞赛名称	奖项类型	获奖等级配置	奖励形式
CASTIC	一、二、三等奖；专项奖	各奖项的获奖比例约为：一等奖15%、二等奖35%、三等奖50%。专项奖由资助的基金会、全国学会、知名高校、企业等设立，每年获奖人数不确定	获得高中组一、二等奖的应届毕业生具有大学保送资格（2010年之前） 获得高中组一、二等奖的应届毕业生当年由生源所在地省级高校招生委员会决定是否在其高考成绩基础上增加不超过20分向高校投档。有关获奖学生拟参加试点高校自主选拔录取考核的，在同等条件下高校应优先考虑给予参加考核资格（2010年之后） 专项奖由大赛主办单位、资助企事业单位提供奖金、奖品或其他方面的荣誉
STS	决赛不分获奖等级，仅选出前十名	300名半决赛选手，40名选手入围决赛。前十名排行榜，30名选手获得决赛入围奖	半决赛与决赛选手分享125万美元的奖金和奖品。半决赛选手获得1千美元奖金，其所在学校也获得同样数额奖金。40名决赛选手均获得一台英特尔笔记本电脑。决赛第一名至第十名获得从10万美元依次递减至2万美元的奖金，后30名决赛选手每人获得7千5百美元的奖金。其中2万美元以上的奖金是作为选手进入大学后的奖学金
APFS	一、二、三等奖；"明天小小科学家"称号	"明天小小科学家"称号获得者3名、一等奖12名、二等奖35名、三等奖50名（2010年起）	"明天小小科学家"称号获得者每人获奖学金人民币5万元 一、二、三等奖获得者每人分别获奖学金人民币2万元、1万元、1千元 一、二等奖学生所在学校和辅导机构将获得与学生同等数额的奖金，机构单位多于一个，奖金平均分配 2010年之前，与CASTIC获得一等奖、二等奖的应届毕业生享有同样的大学保送资格。2010年之后也与CASTIC获得同样的高考加分或自主招生考试资格

1. 奖项类型、获奖配置等级的比较

从奖项设置类型来看，ISEF 设有大奖（一、二、三、四等奖和最佳学科奖）、专项奖、英特尔基金会青年科学精英奖，其中青年科学精英奖为最高荣誉奖。CASTIC 设有一、二、三等奖和专项奖。STS 不分获奖等级，但是选出前十名，其余 30 位选手获决赛入围奖。APFS 的奖项设置与 ISEF 类似，设有一、二、三等奖，以及最高荣誉奖——"明天小小科学家"称号。前文已述，Moldovanu，Sela，黄河等国内外竞赛理论研究学者均指出，以总努力最大化为目标的竞赛设计，当竞赛者能力为非对称分布，努力成本函数为凹函数时①，设置多个奖项更优。ISEF，CASTIC 的决赛参赛规模均较大，参赛者能力分布更接近凹函数，因而，ISEF，CASTIC 设置多个奖项有利于调动整个参赛群体的积极性。而 STS，APFS 的决赛是优秀者之间的竞争，决赛人数较少，参赛者能力分布更接近凸函数，所以，应当设立较少的奖项，以激化参赛者的竞争程度。STS 没有设立一、二、三等奖，仅对前十名排名。APFS 不仅设立了"明天小小科学家"称号，还设有一、二、三等奖，奖项设立略显过多。并且，黄河等人的研究表明，无论面对怎样的竞赛者群体和等级结构，以总努力最大化为目标的竞赛设计者均应设置较小的最高等级容量，凸显最高等级的荣誉效用。从四项竞赛的获奖等级配置来看，ISEF 的最高荣誉奖"青年科学精英奖"仅有 3 人，占参加决赛人数的 0.2%（以平均参赛规模 1 500 人计算），一等奖人数也仅占参加决赛人数的 3%，占大奖总人数的 10.5%，符合学者提出的最高等级奖项配置规则。CASTIC 的一等奖项数占决赛总参赛项目数的比例为 15%，约 75 项，二、三等奖项比例分别为 35%（约 150 项）、50%（约 200 项）。最高等级奖项比例略显过大。STS 的前三名

---

① 直观地理解，能力分布为凹函数，说明高能力的竞赛者较少，而低能力的竞赛者较多；能力分布为凸函数，说明高能力的竞赛者较多，而低能力的竞赛者较少。因而合理的奖项等级配置原则是，当高能力的竞赛者较少而低能力的竞赛者较多时，应避免将低能力的竞赛者分到最高等级，以免降低高能力竞赛者的积极性，并有效地发挥高能力竞赛者的榜样作用。

的竞争更为激烈①，是从 40 位极优秀选手中选拔出来，占决赛选手数的 7.5％，APFS 的"明天小小科学家"称号获得者为 3 名选手，占决赛选手数的 3％，一等奖获得者 12 名，占决赛选手数的 12％，二、三等奖比例分别为 35％、50％。可见，APFS 的最高等级奖项比例过大，可以减少奖项数，仅设立"明天小小科学家"称号和优秀选手奖，两者比例之和不超过 10％，其余参赛选手获得决赛入围奖。

2. 奖励形式的比较

ISEF、STS 的决赛均设有物质奖励和精神奖励，其奖励以精神激励为主。由表 7-3 知，ISEF 的青年科学精英奖、最佳学科奖以及专项奖的奖金都极为丰厚，STS 的 40 名决赛选手均获得一台英特尔笔记本电脑，而且决赛第一名至第十名获得从 10 万美元依次递减至 2 万美元的奖金。ISEF 和 STS 的主办者强调比赛和奖金不是最重要的，重要的是科学体验和科学交流，尽管奖品并不是最终的目的，但是丰厚的回报毕竟是强大的原动力，这既是对学生、家长、教师、学校付出辛苦努力的物质回馈，也是对他们精神上的莫大支持与褒奖。② ISEF 的优秀选手不仅获得各种等级奖项荣誉、丰厚的奖金外，还有被名牌大学优先考虑的机会，以及与著名科学家会面交谈的荣誉等。STS 决赛选手将赴华盛顿参加终评活动，向公众展示他们的科技作品，并有机会与著名科学家和政府首脑见面。我国的两项竞赛终评活动也逐渐丰富多彩，比如 APFS 的终评活动期间安排有走进国家实验室、与著名科学家交流，还有与小学生"手拉手"等公益性活动。CASTIC 的终评活动也有项目展示、与科学家交流等活动。这些活动对参赛者提高从事科学工作的责任感，立志成为科学家具有很好的精神激励作用。基于我国青少年科技竞赛经费来源渠道较少，经费与 ISEF，STS 相比，还有很大差距，CASTIC，APFS 对获奖学生的奖金配置均无法与 ISEF、STS 相提并论。因而作为一种补偿奖励，我国青少年科技竞赛激励机制更注重对优秀选手的精神激励，比如给予部分优秀

---

①　STS 的前三名奖金分别是 10 万美元、7.5 万美元、5 万美元，奖金差额均为 2.5 万美元，第四名与第三名奖金差额减少为 1 万美元，第五名与第四名奖金差额也是 1 万美元。

②　中国科普研究所，中国科协青少年科技中心，北京师范大学课题组编著. 美国青少年科技教育活动概览[R]. 2010：89.

选手大学保送资格和参加名牌高校自主招生的资格或高考加分资格，这些奖励政策起到了调动广大青少年积极参与科技竞赛活动的作用。同时，本课题组对部分省区高中学校校长、部分获奖学生及家长的采访也得到支持此类奖励政策的信息，他们认为这种形式的奖励是对优秀学生从事科学研究取得成就的肯定与回报，这一政策给具有科学潜质的优秀高中生提供了更好的大学教育机会，对培养优秀科技后备人才具有重要作用，而且也是对于这些优秀高中生立志从事科学事业的激励。此外，获奖学生反映，在全校师生大会上获得表彰对于他们是崇高的荣誉和极大的激励。

STS不仅重视对参赛学生的奖励，也对其所在学校和指导教师给予奖励。比如，300名半决赛学生所在学校同样获得一定数额的奖金，给指导教师颁发证书等，以鼓励和表彰学校、教师对青少年科技竞赛活动的支持与合作。我国的APFS，CASTIC也有类似的针对参赛学生所在学校的奖励和对指导教师、指导机构的奖励。比如，给获奖学生所在学校颁发奖金，给指导教师颁发荣誉证书等。据课题组对部分参赛中学科技教师和校长的调研放映，这些奖励措施有利于激发学校和教师的参与积极性，而且建议将教师获奖与教师晋升职称挂钩，以更好地调动科技教师的积极性。此外，有些校长建议CASTIC适当调整各省获奖比例，对于校级、区县和市级参赛规模大、竞赛成绩优异的省区给予一定的参加全国大赛的名额配置奖励。为保证各省学生参加全国大赛机会均等，同时鼓励有参与科技竞赛传统且成就优异的省区的组织积极性。本研究建议CASTIC对各省参加全国决赛名额的分配采取"基数"加"增长"的方式："基数"主要由各省符合参赛年龄限制的学生总数占全国符合参赛条件的学生总数的比例乘以当年全国大赛总名额的90%来确定；"增长"则是根据各省上一年获得全国一等奖比例乘以全国大赛总名额的10%来确定。

7.4　我国青少年科技竞赛项目改进建议

人才培养事关国家和民族的兴衰。培养科技创新人才，建设创新型国家，是我们全民族长期而艰巨的任务。我们希望在全社会的关心和支持下，通过长期努力和不断完善竞赛体系，使青少年科技竞赛活动真正成为我国科技创新后备人才选拔和培养的重要途径，充分发挥竞赛的影响力和导向性，鼓励广大青少年爱科学、学科学、用科学，积极开展科学研究活动，主动培养创新意识和实践能力，促进整个青少年群体科学素质的提高。为此，需要社会各界继续关注和大力支持青少年科技竞赛活动，营造鼓励科技创新的社会氛围，政府、竞赛主办机构、高校、科研机构以及中小学校也需要在以下几个方面做出努力，共同推动青少年科技竞赛活动健康、可持续发展。

1. 政府需要继续加大对青少年科技竞赛活动的投入力度，尤其要向西部地区和农村倾斜。

近年来我国青少年科技竞赛活动的规模逐步扩大，开展竞赛活动所需要的投入也必将不断增加。各级政府应当根据《科学素质纲要》的要求，加大对青少年科技竞赛活动的财政保障力度，改善学校科技活动所需的基础设施状况。目前我国大中城市和重点学校的科技活动基础设施比小城镇要好，广大农村（尤其是边远农村）学校的基础设施则严重不足。由课题组统计分析结果表明，2004～2009 年，西部省份的参赛规模小于东、中部地区，其中硬件设施的制约是其中一个重要原因。因此，政府对青少年科技竞赛活动投入要向广大农村特别是边远农村倾斜，促进城乡间、地区间、校际间科技资源的均衡配置。

2. 教育部门要进一步规范青少年科技竞赛奖励政策，引导科技竞赛回归其宗旨。

为了鼓励各级各类学校和学生积极参与科技竞赛活动，各级教育部门针对青少年科技竞赛获奖学生制定了一些与升学相关的奖励政策，这些政策引起了社会对教育公平问题的普遍关注。要加强对竞赛奖励政策的规范和正确引导，发挥竞赛奖励政策的积极导向作用，使科技竞赛活动能够回归激发青少年科学兴趣、提升青少年科学素质的宗旨。此外，要加强政策执行中的监督和管理，从制度、程序、操作等各方面防范和杜绝违规行为的发生。

3. 希望公众和社会给青少年科技竞赛"松绑"，不要强加于此类竞赛太多的功能和角色。

根据对中外青少年科技竞赛机制和相关竞赛理论的分析，青少年科技竞赛的主要功能在于甄别、选拔科技创新后备人才，激励优秀青少年立志从事科学事业。部分媒体和公众将出不了诺贝尔奖获得者直接归因于我国中学生学科和科技竞赛举办不力，这是不正确的因果推断。我国至今没有出现诺贝尔奖获得者，有科研投入、科研传统、科研基础、科研评价制度、科研奖励体系等多方面的原因，而不是中学生学科或科技竞赛所能完全担当的责任。另外，中小学将奥赛成绩作为挑选择校生的标准，也是赋予了学科竞赛不恰当的角色，因为学科奥赛主要是用于筛选出极其优秀的学生，并非一种"大众化"的筛选机制。竞赛主办机构也要合理设计竞赛宗旨和目标，才能保证竞赛项目成功举办。

4. 在大学本科专业设置中增加跨学科的新兴交叉学科，增强高中学校与大学及社会其他科研机构的联系，为具有科研潜质的优秀青少年提供学习新兴科学领域知识、探索前沿科学问题的机会。

5. 竞赛主办机构要增强科技竞赛对中小学校科学课程的辐射力。通过开展专项培训，帮助科技教师更新科学教育理念，掌握"基于问题的学习""基于课题的学习"等现代科学课程教学模式，并且在学校课程中增设科学探究方法、科学调查与研究方法等能够有效提升学生科学研究能力的科学方法类的课程。

6. 竞赛主办机构需要重视青少年科技竞赛项目的评估与跟踪管理工作。邀请专业性评估机构定期评估 CASTIC，APFS 等重要赛事，为改进竞赛项目设计与管理工作提供参考性建议。同时，向社会定期公布竞赛项目成效，扩大竞赛项目的社会影响力。尽快实施往届赛友网上俱乐部项目，为跟踪采集赛友专业和职业成就信息，中长期评估项目收益提供必要数据。

7. 建议竞赛主办机构通过电视、网络媒体等扩大对青少年科技竞赛的宣传力度，倡导社会各界大力支持和赞助青少年科技竞赛项目，营造良好的鼓励科技创新的社会氛围，帮助更多的未来科学家走向通往创新之路。

此外，基于上述国际比较研究结果，课题组提出如下改进和完善我国青少年科技竞赛项目的审查机制、筛选机制和激励机制的若干建议，供青少年科技竞赛主办机构和学界参考。

7.4.1 对竞赛项目审查机制的改进建议

1. 增加一个预申报程序。预申报的内容为申报者拟研究项目的主题和研究计划，而不是已经完成的项目。竞赛审查机构可对之从查新角度和科学性角度进行审查，以防止参赛学生重复已有的研究项目，也避免实施不科学性的研究方案。

2. 增加一个对未通过审查的申报材料的反馈环节。对未通过审查的申报材料给予反馈，要提供之所以未通过审查的充分理由及修改意见，以帮助申报者修订研究计划。

3. 给予未通过审查的学生以再申报的机会。当学生根据审查结果的反馈，对项目研究内容和研究计划进行了修订，修订后的申报材料如果科学、合理，组委会应给予其给重新提交申报材料的机会，以保护学生科研的兴趣和积极性，这也符合设立青少年科技竞赛的初衷。

4. 设立伦理审查委员会。科学如果走到了伦理的反面，那么它走得越快带给人类的危险越大。国内青少年科技竞赛组织机构，在组织好竞赛活动的同时，应充分重视研究项目的伦理问题。可以学习 ISEF 和 STS 设立伦理审查委员会，对于涉及人类研究的项目，在其研究开始之前就进行伦理方面的审查，要求参赛学生严格遵守科学研究及个人的道德标准，并提供被访者和被试知情同意声明。

7.4.2 对竞赛项目筛选机制的改进建议

1. 简化 CASTIC，APFS 的评审环节，借助申报资料评审、项目问辩以及提高综合素质考查的有效性来达成筛选目的。

2. 细化 CASTIC，APFS 的评审标准，扩展评审维度，科学设定各评审维度的权重，重视评价参赛者的创新思维品质和考查研究过程遵循科学的研究程序和方法。

3. 就 APFS 的综合素质考查环节而言，首先，需要创设一种轻松的氛围。以轻松的对话和聊天方式来进行综合素质考查，在聊天之中观察选手对科学是否有兴趣、基础知识掌握得如何、能否将所学的知识与现实生活结合起来；其次，提出一些较复杂的科学问题，不要求选手一开始就给出正确答案，而是引导他们经历试验、观察、思考、猜想以及不断纠错的过程去得出自己的答案，以考查他们的科学探究能力；最后，提出一些尚无人知晓答案的科学问题，启发选手去思考，提出自己的猜想或实验设计方案，以考查选手是否具备科学家一样的思维方式和具有应对挑战的能力。

4. APFS 的评委与参赛者的面对面考查环节应注重两者交流的平等性，建议采用圆桌集体讨论方式，由两三位参赛者与三四位评委在圆桌旁集体讨论科学问题，评委们可以通过观察学生的讨论参与情况来评价其思维能力，判断其是否具备科学潜质。

5. 扩大 CASTIC 的省级竞赛的评委选择范围，尽快实现各省评审专家共享，从全国范围内选取评审专家，并适合增加中学科技骨干教师在省级评委中的比例。

6. 加强对 CASTIC 省级竞赛评委的培训工作，包括评审职责、评审程序、评审标准、评审质量保障等，以确保评审工作有序、高效地开展，以及评审结果的公平、公正。

7.4.3 对竞赛项目激励机制的改进建议

1. 减少 APFS 的奖项类型，比如仅设立"明天小小科学家"称号和优秀选手奖，两者比例之和不超过 10%，其余参赛选手获得决赛入围奖。减少 CASTIC 最高等级奖项配置比例，由现在的 15% 减少到不超过 10%。

2. 为保证各省学生参加全国 CASTIC 大赛机会均等，同时鼓励有参与科技竞赛传统且成就优异的省区的组织积极性，建议 CASTIC 对各省参加全国决赛名额的分配采取"基数"加"增长"的方式。"基数"主要由各省符合参赛年龄限制的学生总数占全国符合参赛条件的学生总数的比例乘以当年全国大赛总名额的 90% 来确定。"增长"则是根据各省上一年获得全国一等奖比例乘以全国大赛总名额的 10% 来确定。

3. 在竞赛奖励政策中既要合理设计对优秀参赛学生的奖励方式，也要对指导教师和积极组织参与竞赛活动的学校给予表彰和奖励。比如，给获奖学生的指导教师颁发证书和奖金；对长期参与竞赛活动并有突出成绩的学校给予表彰和授予荣誉称号；对于贫困地区积极参与竞赛活动的学校给予科研基金资助等，以调动广大中小学校组织参与各类科技竞赛的积极性。这在当前科技类竞赛高考保送和加分政策收缩的情况下尤显重要，创设激励多方（学校、教师、学生及家长）共同参与青少年科技竞赛的机制是促使青少年科技竞赛持续稳定发展的重要举措。

最后需要指出，竞赛主办机构要合理设计竞赛宗旨和目标，不断完善竞赛机制，才能使竞赛发挥其应有功能，才能保证竞赛项目成功举办，也才可能获得应有的收益和成效，使科技竞赛真正成为选拔和培养科技创新后备人才的重要途径。衷心希望我国广大青少年热爱科学、追求真理、探索自然，积极参与各类科技竞赛活动，在科学探究中体验科学的神奇和美妙，增强科学兴趣，提升自身的科学素质和实践能力，形成良好的科学态度和价值观，立志从事科学事业。

附　录

附录1：科学素质、科学兴趣和价值观分数转换方法简介

一、科学素质分数转换的步骤与公式

1. 将原始分数转换为百分制

$$S = \frac{S_{ni} \times 100}{FS_n},$$

其中 S_{ni} 指的是学生 i 在第 n 类知识或能力上的原始得分，FS_n 指的是第 n 类知识或能力的总分。

2. 计算原始百分制分数和 IRT 分的最大值、平均值

3. 计算系数 a，b

$$a = \frac{Max(S) - \overline{S}}{Max(IRT) - \overline{IRT}}$$

$$b = Max(S) - Max(IRT) \cdot a$$

其中，$Max(S)$ 和 $\overline{S}$ 分别指的是学生样本中，原始分数百分制后的最高分和平均分，$Max(IRT)$ 和 $\overline{IRT}$ 分别指的是 IRT 分数的最高分和平均分。

4. 计算百分制转换后的 IRT 分数

$$S_{irt} = b + a \cdot IRT$$

二、各个学科分数转换的系数

	原始分数转换百分制	a	b
总分	$S_i + 3$	10.187	60.033
数学	$S_{1i} \times 100/21$	21.257	64.939
物理	$S_{2i} \times 100/33$	16.570	58.272
生物	$S_{3i} \times 100/25$	14.254	65.838
地理	$S_{4i} \times 100/11$	26.427	56.826
技术	$S_{5i} \times 100/10$	24.985	50.351
识别问题	$S_{6i} \times 100/18$	25.056	62.868
解释现象	$S_{7i} \times 100/44$	12.865	65.306
运用证据	$S_{8i} \times 100/38$	17.004	54.008

三、科学兴趣和科学价值观分数转换

1. 使用因子分析方法计算科学兴趣、科学价值观各个公因子的方差解释百分比。

2. 科学兴趣（科学价值观）原始得分＝公因子 1×公因子 1 方差解释百分比＋公因子 2×公因子 2 方差解释百分比＋公因子 3×公因子 3 方差解释百分比。

3. 将原始分转换成十分制，方法同一、二，经过计算 a，b 取值分别为

	a	b
科学兴趣	1.390	8.448
科学价值观	1.749	7.717

附录2：高中生参与科技竞赛活动及相关背景信息调查问卷

亲爱的同学：

你好！这是中国科协组织开展的一项调查，旨在了解我国青少年参与科技竞赛活动及其基本科学素养状况。该问卷分为六部分，共有9页。大部分题目只需要你在选项或表格中勾选出一个答案即可。还有一小部分题目，要求填写相关数据。该问卷仅供学术研究所用，对你的学业成绩和学校声誉不会产生任何影响。我们承诺将为你的答题结果严格保密，请放心作答。谢谢！

中国科协、北京师范大学
"青少年科技竞赛项目评估及跟踪管理"课题组
2010年1月

第一部分：学生基本信息

1.1　学生个人基本信息（请务必填写完整，如果有些信息没有，可以不填）

姓名：	性别：	民族：
出生年月：	家中兄弟姐妹个数（如果没有，请填"0"）：	
父亲姓名：	母亲姓名：	
通讯地址：_____省（自治区、直辖市）_____市_____县_____乡镇		
家庭固定电话：	你的手机：	
你的 E-mail：	你的 QQ 号：	
父亲（母亲）联系电话：	E-mail：	

1.2　你目前所在学校的名称：_____

1.3　你在高中（或职高、中专）几年级：□₁一年级　　□₂二年级
□₃三年级　班级：_____

1.4　你目前所在学校是否为职业学校？□₁是　　□₀否

1.5　你目前所在学校是：□₁公办学校　　□₂民办学校
□₃其他，请注明_____

1.6　你目前所在学校类型是：□₁省级重点　　□₂市级重点　　□₃县级重点
□₄非重点

1.7　你目前学校的所在地是：□₁省会城市（包括直辖市）　　□₂一般城市（包括县级市、地级市）　　□₃县城　□₄农村（包括乡镇）

1.8　你初中毕业于哪类学校？□₁示范校　　　□₂非示范校　　　□₃不清楚

1.9　你初中毕业学校所在地是：□₁省会城市（包括直辖市）　□₂一般城市（包括县级市、地级市）　□₃县城　□₄农村（包括乡镇）

1.10　你现在所在班级有多少学生？＿＿＿＿＿人。

1.11　你目前在班级中的排名是（指最近一个学期考试排名；限选一项）

□₁第一名　　　□₂第二名　　　□₃第三名　　　□₄排名前5%

□₅排名前10%　□₆排名前25%　□₇排名前50%　□₈排名后50%

1.12　你的高中会考成绩是（只需填写已完成的会考科目成绩）

科目	成绩	满分	科目	成绩	满分
语文			化学		
数学			生物		
英语			地理		
物理			历史		

1.13　你周一至周五平均每天做家庭作业和自学的时间大约为＿＿＿＿＿＿小时（可保留一位小数）。

1.14　你每周花多长时间学习以下科目？

	数学	物理	化学	信息	地理	生物
每周该科目课时数（节数）						
每周该科目课外学习班时间（节数）（如果没有参加课外学习班，请填写"0"）						
周一至周五平均每天做该科目家庭作业和自学时间（小时数，可保留一位小数）						

1.15　你最喜欢的课程是？（限选两项）

□₁语文　□₂数学　□₃英语　□₄物理　□₅化学　□₆生物　□₇地理

□₈历史　□₉信息技术　□₁₀音乐　□₁₁体育　□₁₂美术　□₁₃政治

□₁₄综合实践活动（包括研究性学习、劳动技术教育、社区服务、社会实践）

□₁₅其他，请注明＿＿＿＿＿＿

1.16　你是否参加过与科技活动有关的社团？　□₁是　□₀否

1.17　你是否参加过科学类的兴趣班？（包括校外，如奥数班、航模班等）

□₁是　□₀否

第二部分：家庭背景信息

2.1 父母的职业（如果是单亲家庭，请只填写与你一起生活的父亲或母亲的职业）

	父亲	母亲
(1)国家与社会管理者（如：各级政府官员）		
(2)大中型企业经理人员（如：中高层经理）		
(3)私营企业主		
(4)专业技术人员（如：工程师、医生、律师、会计、记者、教师、科研工作者等）		
(5)办事人员（普通公务员、普通行政人员）		
(6)个体工商户（指个体经营或者家庭经营）		
(7)商业服务业人员（如：售货员、售票员、服务员）		
(8)产业工人（包括建筑工人）		
(9)农业劳动者		
(10)军人		
(11)城乡无业、失业、半失业者		
(12)其他，请注明		

2.2 父母的学历（如果是单亲家庭，请只填写与你一起生活的父亲或母亲的学历）

	父亲	母亲
(1)博士		
(2)硕士		
(3)本科		
(4)大专（包括高职）		
(5)高中（包括中专、中职、中技、中师）		
(6)初中		
(7)小学及以下		

2.3 你的父母希望你以及你自己希望读到哪一级学校教育?

	父亲	母亲	自己
(1)博士			
(2)硕士			
(3)本科			
(4)大专(包括高职)			
(5)高中(包括中专、中职、中技、中师)			
(6)初中			
(7)小学及以下			

2.4 你家有小汽车吗? $\square_1$有 $\square_0$没有

如果"有",品牌型号是:_____ (例如:奥迪 A6)

2.5 你家中是否有你专用的笔记本电脑?(不包括台式电脑)

$\square_1$有 $\square_0$没有

2.6 你家是否能够上互联网? $\square_1$是 $\square_0$否

2.7 你家最近两年是否订购了科普类报纸杂志? $\square_1$是 $\square_0$否

2.8 你家是否有科普类藏书?(不包括报纸杂志)

$\square_1$ 0 册 $\square_2$ 1~10 册 $\square_3$11~30 册 $\square_4$31~50 册

$\square_5$51~100 册 $\square_6$101~200 册 $\square_7$200 册以上 $\square_8$不清楚

2.9 你父母的月均收入共计约为多少元?

$\square_1$500 元以下 $\square_2$500~1 000 元 $\square_3$1 000~2 000 元

$\square_4$2 000~5 000 元 $\square_5$5 000 元~1 万元 $\square_6$1 万~2 万元

$\square_7$2 万~5 万元 $\square_8$5 万元以上 $\square_9$不清楚

第三部分:青少年科技竞赛活动的参与情况

3.1 你是否参加过以下青少年科技竞赛项目?

	是	否
(1)全国青少年科技创新大赛		
(2)中学生学科奥林匹克竞赛		
(3)"明天小小科学家"奖励活动		
(4)英特尔国际科学与工程大奖赛		

(如果上述四项竞赛活动均未参加过,不用作答 3.2~3.9 题)

3.2　如果参加过青少年科技创新大赛(如果你没有参加此项大赛，请不要作答此题)

(1)请选择你所参加的最高级别(注：北京等四个直辖市属于省级，以下同)：

□₁校级　　　□₂县级　　　□₃市级　　　□₄省级　　　□₅国家级

(2)请选择你曾参加的青少年科技创新大赛获奖最高级别：

□₁国家级一等奖　　　□₂国家级二等奖　　　□₃国家级三等奖

□₄省级一等奖　　　□₅省级二等奖　　　□₆省级三等奖

□₇没有获得省级以上奖项

3.3　如果参加过学科奥林匹克竞赛(如果你没有参加此项大赛，请不要作答此题)

(1)请选择具体的科目(可多选)：

□₁数学　　　□₂物理　　　□₃化学　　　□₄生物　　　□₅信息技术

(2)请选择你曾参加的学科奥林匹克竞赛获奖最高级别：

□₁国际金奖　　　□₂国际银奖　　　□₃国际铜奖

□₄国家级一等奖　　　□₅国家级二等奖　　　□₆国家级三等奖

□₇省级一等奖　　　□₈省级二等奖　　　□₉省级三等奖

□₁₀没有获得省级以上奖项

3.4　如果参加过明天小小科学家奖励活动，请选择你获奖最高级别(如果你没有参加此项大赛，请不要作答此题)：

□₁一等奖　　　□₂二等奖　　　□₃三等奖　　　□₄没有获奖

如果你获得的是一等奖，请问是否获得"小小科学家称号"？

□₁是　　　　　　　□₀否

3.5　以下表述是否符合你的实际情况？(只填写你参加过的竞赛活动下面的题项)

(1)参加全国青少年科技创新大赛	非常符合	符合	一般	不符合	非常不符合	不清楚
拓展了你的科学知识						
增强了你的科学兴趣						
提升了你的科学探究能力						
提高了你的科学创造力						

(2)参加学科奥林匹克竞赛	非常符合	符合	一般	不符合	非常不符合	不清楚
拓展了你的科学知识						
增强了你的科学兴趣						
提升了你的科学探究能力						
提高了你的科学创造力						
(3)参加"明天小小科学家"奖励活动	非常符合	符合	一般	不符合	非常不符合	不清楚
拓展了你的科学知识						
增强了你的科学兴趣						
提升了你的科学探究能力						
提高了你的科学创造力						
(4)参加英特尔国际科学与工程大奖赛	非常符合	符合	一般	不符合	非常不符合	不清楚
拓展了你的科学知识						
增强了你的科学兴趣						
提升了你的科学探究能力						
提高了你的科学创造力						

3.6 请问你参加科技竞赛的主要目的是：（至多勾选三项）

□₁满足科学兴趣 □₂拓展科学知识

□₃提高科技创新能力 □₄获得高考保送或加分资格

□₅为自己或学校争得荣誉 □₆证明个人能力、获得他人认可

□₇促进相关学科的学习 □₈锻炼自己的意志力

□₉没有明确目的 □₁₀其他，请注明：_____

3.7 你对青少年科技竞赛活动的看法是？

（下表中的1～5表示影响程度依次增大，"1"表示很小，"5"表示很大）

	1	2	3	4	5	不清楚
(1)你认为参加科技竞赛对提高你的科学素养的影响？						
(2)你认为参加科技竞赛对提高你的创新能力的影响？						
(3)你认为参加科技竞赛对促进你的学业成就的影响？						
(4)你认为参加科技竞赛对促进你的职业发展的影响？						

	1	2	3	4	5	不清楚
(5)你认为参加科技竞赛对加重你学习负担的影响？						
(6)你认为参加科技竞赛对造成你失败挫折感的影响？						
(7)你认为参加科技竞赛对挤占你其他科目学习时间的影响？						
(8)你认为参加科技竞赛对减弱你自身科学兴趣的影响？						

3.8　为了你参加上述竞赛活动，父母是否专门为你聘请了竞赛辅导教师？

□₁是　　□₀否

如果"是"，平均每月支付费用为：＿＿＿＿＿＿＿元；

辅导老师是否为你所在学校教师？□₁是　　□₀否

3.9　为了你参加上述竞赛活动，父母是否专门为你报了竞赛辅导班？

□₁是　　□₀否

如果"是"，平均每月支付的费用为＿＿＿＿＿＿＿元；

辅导班教师是否为你所在学校教师？□₁是　　□₀否

第四部分：信息技术使用情况

4.1　你最常在以下哪个地方使用电脑？（请只选一项）

□₁家里　　　　　□₂学校　　　　　□₃网吧　　　　　□₄其他地方

4.2　你至今使用电脑多长时间了？

□₁少于1年　　□₂1～3年以下　□₃3～5年以下　□₄5年及以上

4.3　你平均每周使用电脑＿＿＿＿＿次；平均每次＿＿＿＿＿分钟。

4.4　你对电脑的需求程度？

□₁非常需要　　□₂比较需要　　□₃一般　　　　□₄不怎么需要

□₅完全不用

4.5　你最常使用电脑做下列哪些事情？（限选频率最高的三项）

□₁上网浏览信息□₂玩电脑游戏　□₃看电脑视频　□₄网上购物

□₅使用电脑作为通信交流（E-mail 或 QQ 等）　　□₆在电脑上作图

□₇在电脑上使用教育软件（如数学、英语辅导软件等）

□₈使用电脑编程

□₉使用 Word，Excel 等应用软件

□₁₀下载安装软件（包括游戏）

4.6　你对以下有关电脑使用的任务表现如何？

任务	我能独立完成得很好	我能在他人的帮助下完成	我知道这些但是不会具体操作	我不知道这是什么意思
玩电脑游戏				
使用杀毒软件				
Windows 文件及文件夹操作（如：新建、打开、复制、移动、删除、打印等）				
创建和使用一个数据库（如 Access，SQL Server，Foxpro，Oracle 等）				
设置互联网连接				
上传、下载文件				
使用 E-mail				
编写电脑程序（如 Pascal，Basic，C++等）				
使用常用办公软件（如 Word，Excel，PowerPoint 等）				
使用绘图软件（如：画图、Photoshop 等）				
网页制作（如：HTML，Dreamweaver 等）				

第五部分：你对广义科学的观点

该部分是关于你对各种广义科学问题的看法。你在校内外所遇到的任何有关物理学、化学、生物学、医学、地球与空间科学、信息技术的话题都属于广义科学范畴。

5.1　以下状况在多大程度上符合你的情况？

	非常符合	符合	一般	不符合	非常不符合	不清楚
(1)我在学习广义科学知识的时候通常感觉是愉快的						

	非常符合	符合	一般	不符合	非常不符合	不清楚
(2)我喜欢阅读有关广义科学的书籍						
(3)我很乐意解决有关广义科学的问题						
(4)我对学习有关广义科学很感兴趣						

5.2 对你来说，完成以下任务的难易程度如何？

	我能很容易地完成	我稍微努力就能完成	我要非常努力才能完成	我不能完成
(1)在一个有关健康问题的新闻报道中识别出潜在的科学问题				
(2)解释为什么地震在某些地区发生的频率比其他一些地区发生的高				
(3)描述抗生素在疾病治疗中的作用				
(4)解释垃圾处理的科学原理				
(5)预测环境变化将对特定物种生存的影响				
(6)解释食物标签上的科学信息				
(7)搜集新证据来探讨火星上存在生命的可能性				
(8)从两种酸雨形成的解释中区分出更好的一种解释				

5.3 你在多大程度上同意以下说法？

	非常赞同	赞同	中立	不赞同	非常不赞同	不清楚
(1)广义科学和技术的进步通常能改善人们的生活条件						
(2)广义科学和技术的进步通常促进经济的发展						
(3)广义科学知识对于我们理解自然界很重要						
(4)当我成年后，将会在很多方面使用广义科学						

	非常赞同	赞同	中立	不赞同	非常不赞同	不清楚
(5)人类最大的进步并不来自于科学技术上的发现，而是来自于那些有助于减少人类不平等的发现——民主制度、健全的公共教育体系、高质量的医疗保健以及广泛的就业机会等						
(6)网络等信息新技术正在引发一场革命，人类将因此可以互相帮助，去改变饥饿、贫穷、愚昧和绝望						
(7)科技工作者的能力越大，所应当承担的社会责任也越大						

5.4 你做以下这些事情的频率如何？

	总是	经常	有时	偶尔或从不
(1)观看关于广义科学的电视节目				
(2)借阅或购买有关广义科学的书籍				
(3)浏览有关广义科学话题的网站				
(4)阅读有关广义科学的杂志或报纸上的科学文章				
(5)参加一个科学俱乐部(或兴趣班、小组)				

5.5 对于以下这些科学话题，你有多大的兴趣学习和了解它们？

	非常感兴趣	比较感兴趣	一般	不感兴趣
(1)物理学话题				
(2)化学话题				
(3)植物生物学				
(4)动物、人体生物学				
(5)信息技术话题				
(6)天文学话题				
(7)地质学话题				
(8)实验设计方法				

5.6 你获得广义科学知识的渠道有哪些？（请选择最主要的三种）

□₁学校科学教育　□₂家庭教育　□₃电视、广播、网站

□₄书籍、杂志或报纸　□₅科技馆、博物馆等科技场所

□₆科技竞赛活动　□₇科普宣传活动等

第六部分：职业与广义科学

在该部分我们主要询问有关"与科学相关的职业"的问题。当你在思考什么样的职业是与科学相关的职业时，请不要仅仅局限于传统的"科学家"，而是许多涉及科学的工作，像工程师（涉及物理学）、天气预报员（涉及地球科学）、眼镜商（涉及生物学和物理学）以及医生（涉及医学）等，这些都是"与科学相关的职业"。

6.1 请问以下陈述在多大程度上符合你的实际情况？

	非常符合	符合	一般	不符合	非常不符合	不确定
(1)我所在的学校所开设的课程为学生从事一个"与科学相关的职业"提供了基本知识和技能						
(2)我所学的课程为我从事一个"与科学相关的职业"提供了基本知识和技能						
(3)我的老师使我具备了从事一个"与科学相关的职业"所需要的基本知识和技能						
(4)我想从事涉及广义科学的职业						
(5)我想在高中毕业后继续学习广义科学						
(6)我想毕生从事前沿广义科学研究						

谢谢你的支持与合作！

附录3：学校青少年科技竞赛组织和管理情况调查问卷

尊敬的领导：

您好！首先感谢您为开展青少年科学教育和科技竞赛活动所进行的组织和管理工作！

为了更好地开展青少年科技竞赛活动，提高竞赛活动的实效，我们受中国科协委托进行此次调查。问卷包括五部分内容：（一）基本信息；（二）您对科技竞赛的看法；（三）科技竞赛活动相关统计信息；（四）开展科技竞赛活动的条件；（五）科技竞赛工作的激励措施。本调查只用于课题研究，我们承诺不会公布您个人及所在单位的任何信息。您的回答将对改进青少年科技竞赛活动有重要的参考价值。

衷心感谢您的支持与合作！

中国科协、北京师范大学
"青少年科技竞赛项目评估及跟踪管理"课题组
2010 年 1 月

填写说明及注意事项：

如果没有特殊说明，所有选择题只需选择一个选项，请在符合您情况的选项上画"√"。如果是填空题，请根据您或贵校的实际情况填写。本问卷中所有"省级"均包括直辖市（北京、天津、上海、重庆），例如北京市的培训属于省级培训。此页右上角的问卷编码您不必填。

姓名：　　　　　职务：　　　　　学校名称：

通讯地址：＿＿＿＿＿省（自治区、直辖市）＿＿＿市＿＿＿县＿＿＿乡镇

办公电话：　　　　　手机：　　　　　E-mail：

高一年级学生数：＿＿＿＿＿　　高一年级班级数：＿＿＿＿＿

高二年级学生数：＿＿＿＿＿　　高二年级班级数：＿＿＿＿＿

（一）基本信息

1.1　您的年龄是

(1)20～30 岁　(2)31～40 岁　(3)41～50 岁

(4)51～60 岁　(5)61 岁以上

1.2　您的性别是　(1)男　(2)女

1.3 您目前的学历水平是

(1)大专以下 (2)大专 (3)本科 (4)硕士 (5)博士

1.4 您组织和管理学生参加过哪类科技竞赛活动？（可多选）

(1)全国青少年科技创新大赛

(2)"明天小小科学家"奖励活动

(3)学科奥林匹克竞赛

(4)英特尔国际科学与工程学大奖赛

(5)其他

1.5 您负责上述竞赛工作已有_____年。

1.6 您目前这份工作的状态是处于？

(1)专职   (2)兼职   (3)其他(请说明)_____

如果您选择(2)，请回答1.7题，否则直接跳到1.8题。

1.7 您在学校还担任以下工作吗？（可多选）

(1)课程教学(请写明具体科目：_____) (2)行政管理

(3)其他(请说明)

1.8 您参加过关于学校科技竞赛组织管理者的相关培训吗？

(1)是 (2)否

. 如果您选择了(1)是，请回答下表中的问题。

	市级培训	省级培训	国家级培训
①您参加过哪些级别的培训？ (请在参加过的选项下面打"√")			
②此类培训您去年参加了几次？ (如果没有，请填"0")			
③此类培训主要包括哪些内容？ (请说明)			
④参加此类培训的相关费用是由谁来承担？ (如旅费、住宿费、餐费、培训费等)			

（二）您对科技竞赛的看法

（下表中的 1～5 表示影响程度依次增大，"1"表示很小，"5"表示很大）

	1	2	3	4	5	不清楚
1. 您认为科技竞赛对增强青少年科学兴趣的影响？						
2. 您认为科技竞赛对提高青少年科学素养的影响？						
3. 您认为科技竞赛对提高青少年科学创新能力的影响？						
4. 您认为科技竞赛对促进青少年学业成就的影响？						
5. 您认为科技竞赛对青少年未来选择科学相关职业的影响？						
6. 您认为科技竞赛对提升学校声望的影响？						
7. 您认为科技竞赛对推动学校课外科技活动的影响？						
8. 您认为科技竞赛对增强家长科学教育意识的影响？						
9. 您认为科技竞赛对加重家长经济负担的影响？						
10. 您认为科技竞赛对助长精英教育的影响？						

（三）科技竞赛活动相关统计信息

3.1　学校的竞赛辅导工作是否有专项拨款？　　　（1）是　　　　（2）否

3.2　学生参加竞赛辅导是否需要交培训费？　　　（1）是　　　　（2）否

3.3　下表是 2009 年贵校参与科技竞赛活动的统计信息。（如果某级别竞赛没有参赛学生，请填"0"）

竞赛项目 / 级别		全国青少年科技创新大赛	学科奥林匹克竞赛	"明天小小科学家"奖励活动	合计
参与国家级竞赛的学生	总数				
	其中：女学生数				
	其中：少数民族学生数				
	获奖学生数				
	其中：女学生数				
	其中：少数民族学生数				
参与省级竞赛的学生	总数			——	
	其中：女学生数			——	
	其中：少数民族学生数			——	
	获奖学生数			——	
	其中：女学生数			——	
	其中：少数民族学生数			——	

续表

竞赛项目级别		全国青少年科技创新大赛	学科奥林匹克竞赛	"明天小小科学家"奖励活动	合计
参与市级竞赛的学生	总数			——	
	其中：女学生数			——	
	其中：少数民族学生数			——	
	获奖学生数			——	
	其中：女学生数			——	
	其中：少数民族学生数			——	

3.4 请填写下表 2009 年 贵校参与科技竞赛的教师统计信息。

（如果某级别竞赛没有配置辅导教师，请填"0"。）

科技竞赛项目	参与国家级竞赛辅导的教师数	参与省级竞赛辅导的教师数	参与市级竞赛辅导的教师数	全国青少年科技创新大赛中获得优秀科技辅导员的人数
全国青少年科技创新大赛				
"明天小小科学家"奖励活动				——
学科奥林匹克竞赛				——
英特尔国际科学与工程大奖赛				——
合计				

（四）开展科技竞赛活动的条件

4.1 贵校的科技竞赛辅导工作会不会因为以下条件的不足而受到影响？请在最影响竞赛辅导工作的选项上打"√"。（至多选三项）

(1)富有经验的辅导老师 (2)辅导经费 (3)辅导教材

(4)辅导场所（教室、实验室等） (5)竞赛辅导需要的电脑

(6)竞赛辅导需要的电脑软件（如建模、作图、统计软件等）

(7)竞赛辅导需要的图书资料 (8)竞赛辅导需要的网络资源

(9)竞赛辅导需要的科学实验室材料和设备 (10)竞赛辅导时间保障

4.2　贵校是否有专门的科学实验室？　（1）有　（2）没有

4.3　您认为是否需要聘请校外老师或专家辅导参赛学生？

（1）需要　（2）不需要

如果回答"需要"，请问贵校是否已聘请校外辅导教师或专家？

（1）已聘请　　（2）尚未聘请

（五）学校关于参加科技竞赛工作的激励措施

5.1　贵校是否采取激励措施来吸引或者激励科技竞赛辅导教师？

（1）有　（2）没有

如果有激励措施，请问是以下哪类措施？（可多选）

（1）涨工资　（2）发奖金　（3）晋升职称　（4）评优

（5）提干　（6）物质奖励　（7）重点班教学

（8）评为骨干教师　（9）其他，请说明＿＿＿＿＿＿＿＿＿＿

5.2　贵校是否采用激励措施来吸引或者激励参赛学生？

（1）有　（2）没有

如果有激励措施，请问是以下哪类措施？（可多选）

（1）评优　（2）优先推荐升学　（3）奖金

（4）推选为国际交流学生　（5）其他，请说明＿＿＿＿＿＿＿＿

5.3　您认为学校科技竞赛组织和管理工作还存在哪些问题？您有哪些建议？

_____

_____

再次感谢您的参与和合作！

附录4：青少年科技竞赛省级组织和管理情况的调查问卷

尊敬的领导：

您好！首先感谢您为青少年学习科技知识和提高科技能力所进行的组织和管理工作！

为更好地开展青少年科技竞赛活动，提高竞赛活动的实效和扩大其影响，建立竞赛活动数据库及跟踪管理系统，我们受中国科协青少年科技活动中心委托开展此次调查。本调查只用于课题研究，我们郑重承诺不会公布您个人及所在单位的信息。您的回答将对青少年科技竞赛活动的改进和完善青少年科技竞赛机制有重要的参考价值。衷心感谢您的支持与合作！

中国科协、北京师范大学
"青少年科技竞赛活动项目评估及跟踪管理"课题组
2010 年 1 月

第一部分：基本信息（请填写下表）

姓名		出生年月		省份(自治区、直辖市)或代表队	
您目前的职称				您目前的职务	
您负责竞赛活动组织和管理工作的时间长度				_____	（年）
贵单位名称				您的手机号	
您的电子邮箱					

请您在符合您情况的选项前打"√"，如无特殊说明，每题请只选择一项。

1. 您目前的学历水平？

(1)大专以下　(2)大专　　(3)本科　　(4)研究生

2. 您目前参与组织和管理哪类竞赛活动？（可多选）

(1)全国青少年科技创新大赛　　(2)"明天小小科学家"奖励活动

(3)学科奥林匹克竞赛　　　　(4)英特尔国际科学与工程大奖赛

(5)其他

3. 您目前这份工作的状态是处于？

(1)专职　　(2)兼职　　(3)其他_____

第二部分：对科技竞赛的看法(请在您认同的选项前打√，每题请只选择一项。)

	很小	小	不清楚	大	很大
1. 您认为科技竞赛对提高青少年科学兴趣的影响？					
2. 您认为科技竞赛对提高青少年科学素养的影响？					
3. 您认为科技竞赛对提高青少年科学创新能力的影响？					
4. 您认为科技竞赛对促进青少年学业成就的影响？					
5. 您认为科技竞赛对青少年未来选择科学相关职业的影响？					
6. 您认为科技竞赛对提升学校声望的影响？					
7. 您认为科技竞赛对推动学校课外科技活动的影响？					
8. 您认为科技竞赛对增强家长科学教育意识的影响？					
9. 您认为科技竞赛对加重家长的经济负担的影响？					
10. 您认为科技竞赛对推动地方青少年科技活动开展的影响？					

第三部分：科技竞赛筹办的相关情况

（请先查阅三大科技竞赛项目的相关统计数据，再填写以下各表）

1. 请填写有关三大科技竞赛项目的年度总预算经费和实际使用经费情况表：

单位：万元

年度	科技竞赛项目	年初预算数（收入）	年度政府拨款数	非政府拨款的金额数	年底实际支出数	备注（如果所填数额不是三项活动总计，请在此列说明）
2009	总计					
	全国青少年科技创新大赛					
	"明天小小科学家"奖励活动					
	学科奥林匹克竞赛					

2. 请填写有关三大科技竞赛项目的工作人员情况表：

单位：人

年度	科技竞赛项目	国家级工作人员人数		省级工作人员人数	
		总计	专职人员	总计	专职人员
2009	合计				
	全国青少年科技创新大赛				
	"明天小小科学家"奖励活动				
	学科奥林匹克竞赛				

3. 请填写有关全国青少年科技创新大赛科技辅导员参赛情况表：

单位：人

年度	科技竞赛项目	参与国家级竞赛的科技辅导员数					参与省级竞赛的科技辅导员数				
		总数	女辅导员数	少数民族辅导员数	农村辅导员数	获奖辅导员数	总数	女辅导员数	少数民族辅导员数	农村辅导员数	获奖辅导员数
2009	合计										
	全国青少年科技创新大赛										

4. 请填写下面的竞赛参与人员表：

（下表各项如果没有参与者，请填"0"，农村学生数包括乡镇中学的参赛学生数）

单位：人

年度	科技竞赛项目	参与国家级竞赛的学生数							参与省级竞赛的学生数						
		总数	其中：女学生数	其中：少数民族学生数	其中：农村学生数	获奖学生数	其中：女学生数	其中：少数民族学生数	其中：农村学生数	总数	其中：女学生数	其中：少数民族学生数	其中：农村学生数	获奖学生数	其中：女学生数	其中：少数民族学生数	其中：农村学生数
2009	合计														

年度	科技竞赛项目	参与国家级竞赛的学生数								参与省级竞赛的学生数							
		总数	其中:女学生数	其中:少数民族学生数	其中:农村学生数	获奖学生数	其中:女学生数	其中:少数民族学生数	其中:农村学生数	总数	其中:女学生数	其中:少数民族学生数	其中:农村学生数	获奖学生数	其中:女学生数	其中:少数民族学生数	其中:农村学生数
	全国青少年科技创新大赛																
	"明天小小科学家"奖励活动																
	学科奥林匹克竞赛																

年度	科技竞赛项目	参与国家级竞赛辅导的教师数	参与省级竞赛辅导的教师数	参与国家级竞赛的评委数	参与省级竞赛的评委数
2009	合计				
	全国青少年科技创新大赛				
	"明天小小科学家"奖励活动				
	学科奥林匹克竞赛				

第四部分：科技竞赛的组织和管理者培训情况

1. 在过去一年中您是否参加过科技竞赛组织者和管理者的相关培训？

(1)是　　　　(2)否

如果您选择(1)是，请回答下列 2～4 题。

2. 在过去一年中您参加过下列哪类级别的培训？（可多选）

(1)省级　　(2)国家级　　(3)境外培训

3. 请填写有关贵单位人员和您本人 2009 年参与三大科技竞赛项目的组织者和管理者培训情况表：

年度	科技竞赛项目	省级培训总次数	参与省级培训		国家级培训总次数	参与国家级培训	
			总人次	您参与次数		总人次	您参与次数
2009	合计						
	全国青少年科技创新大赛						
	"明天小小科学家"奖励活动						
	学科奥林匹克竞赛						

科技竞赛项目组织者与管理者相关培训的主要内容有哪些？（可多选）

(1)下一届科技竞赛活动组织工作培训　　(2)经验交流讨论

(3)参观当地科普活动基地　　　　　　(4)其他(请在下面横线处补充)

_____

_____

第五部分：本省科技竞赛的组织和管理情况

1. 请描述贵省青少年科技创新大赛申报程序及申报资格。

2. 请描述贵省青少年科技创新大赛评审程序、方法以及评审标准。

3. 在您组织和管理本省科技竞赛活动的过程中，您觉得下列选项哪些是迫切需要解决的问题？（请按照迫切程度排序，最为迫切的序号为 1，最不迫切的为 7）

	序号
①提高经费保障水平	
②完善组织和管理制度	

	序号
③提高组织者和管理者专业水平	
④增加专职人员编制	
⑤加强媒体宣传力度	
⑥加强组织者和管理者培训	
⑦建立竞赛活动项目的信息管理系统	

再次感谢您的参与和合作！

附录5：参加国家数学奥林匹克竞赛学生访谈(一)

访谈地点：江西省鹰潭一中学生宿舍

访谈时间：2010 年 3 月 23 日 20：00～21：00

访谈对象：参加国家数学奥林匹克竞赛的学生(姚同学、李同学)

访谈者：薛海平

记录人：郭俞宏

全国各地到江西鹰潭一中参加 2010 年第 51 届数学奥林匹克集训的中学生总计 242 人。训练营的正式营员为 54 人(全部为全国数学奥赛金奖获得者)，其中 4 人为女生；此次集训女生总计有 10 人，6 人为观摩学生。集训欲从中选拔出 6 人，加入国家队去哈萨克斯坦参加国际数学奥林匹克竞赛。

背景信息：

姚同学：河南省郑州市某中学，高二，保送学校：北京大学数学系(正式集训学生)

李同学：浙江省温州市某中学，高三，保送学校：清华大学数学物理技术科学系(正式集训学生)

问：你有哪些兴趣爱好？有哪些科学方面的兴趣呢？你是怎么形成这些科学兴趣的？

姚：我喜欢数学，其他方面我比较喜欢上网、PSP 之类的，阅览的网络信息都是健康向上的，主要涉及数学方面。科学方面主要喜欢读科普类的文章，喜欢科幻方面的，但是几乎没去过博物馆、科技馆。我对于数学和科学方面的兴趣从小就形成了，一方面是认识到学科的重要性；另一方面就是自己的个人兴趣。

李：我喜欢看书、运动(如打篮球、打羽毛球)，在休息的时候拉小提琴。我从小就对大自然很感兴趣，对于数学是越学越觉得有意思。形成这些科学兴趣主要是通过电视和看书。

问：你参加过哪类青少年科技竞赛或学科竞赛？参加过的青少年科技竞赛或学科竞赛是属于哪一级别？取得了什么名次？获得了什么奖励(加分、推优、奖金等)？你所在学校是如何选拔参赛学生的？

姚：我参加过数学、物理和化学奥林匹克竞赛。数学奥林匹克竞赛参加过市级、省级和国家级。从 2009 年到 2010 年所有参与的数学奥林匹克竞赛都是获得一等奖，已有四五次获奖经历。物理、化学奥林匹克竞赛参加过预赛级，属于全省选拔。通过冬令营选拔，我已与北大数学系签订录取协议。学校选拔机制主要是通过省级联赛选出七八名学生，本省获得全国竞赛一等奖大约四五十名。我所在学校今年省级联赛一等奖获得者有 8 个。

李：我参加过数学、物理和化学奥林匹克竞赛。数学竞赛参加过市级、省级和国家级。物理和化学参加过预赛，属于市级。数学奥林匹克竞赛获得了省级一等奖和国家级一等奖。我已与清华数学物理技术科学系签订录取协议。学校选拔是通过省级预赛再到全国联赛层层进行选拔。我所在学校省级联赛一等奖获得者有 10 个。

问：你认为青少年科技竞赛活动对你个人的成长有什么影响？例如，学业方面、科学知识、科学兴趣、探究能力、大学选择、专业选择、职业选择？能否举些事例？

姚：影响当然是有的，学习方面影响很大。参加竞赛后，我的数学兴趣越来越浓，学习探究能力也得到提高。在生物和地理方面都能用到数学思维，推理方面的能力也得到了提高。职业方面的影响暂时还没考虑过。生活方面，我感觉和其他事物有些脱节（比如人际关系）。

李：学业方面的影响主要是升学，探究能力方面主要是我的解题思维更加清晰。职业方面，我希望以后的工作是做研究，这与数学竞赛是有关系的，但是以后做哪方面的研究还说不准。

问：你为什么参加青少年科技竞赛或学科竞赛？

姚：个人兴趣吧，我相信如果参加竞赛只是为了升学，他的数学水平也不会很高，有可能很早就被淘汰。

李：一开始是为了升学，但是后面是越学越有兴趣。

问：你父母是否支持你参与科技竞赛或学科竞赛？如何支持的？

姚：父母很支持，不反对即支持。小时候反对过，父母主要是考虑到升学问题，怕数学投入太多时间而使英语落下，其他学科也投入不了很多时间，但是后来自己的学业成绩能够保证顺利升学，父母也就不担心了。

李：父母比较支持，没有参加过校外的竞赛辅导班。

问：你所在学校对参赛选手有哪些支持措施？

姚：学校会主办竞赛班，进行适当性的补习。补习老师都是本校老师，学校是属于省里数学竞赛方面很好的一所学校。

李：一般数学竞赛辅导补习都是由学校负责，学校会办专业竞赛辅导班，通过晚自习进行辅导。学校在竞赛方面比较强，竞赛辅导不收取费用。

问：你对青少年科技竞赛或学科竞赛活动的开展有没有什么好的建议？

姚：国家对于竞赛培训的经费投入足够了，对于培训时的住宿和组织情况基本满意，对于选拔机制也基本满意，没有感觉有什么不公平的，只是希望对于阅卷认真一些。

李：基本满意，只是希望集训应把活动安排得丰富一些，现在是白天举办竞赛方面的讲座，晚上自习，很多学生感觉时间有富余。

问：你小学时是否就参加过奥数班？小升初时是否得益于奥数班良好成绩而升入重点中学？

姚：参加过，小学六年级参加过。升学成绩是否受到奥数影响要因人而异，小学奥数主要是解难题。如果受打击次数多，可能有人在初一初二就失去对奥数的兴趣。

李：参加过，小学参加时觉得挺有意思，但是感觉小学时参加的奥数对升学帮助不是很大，对本人还是有一点作用。

问：你如何看待奥数班？你觉得参加奥数班对于你智力发展是否有益？奥数班是否增加了你课业负担？奥数班对于你校内数学课程学习是否有帮助？假如小升初不将参加奥数班成绩作为选优标准，你是否还想上奥数班？

姚：我认为参加小学奥数班对学业方面的影响因人而异，对于我的智力发展可能有点影响，但是初中和高中系统的学习更重要。小学六年级的时候产生过点小影响，父母有点反对，但是后面自己能够处理各科的学习，也就没有多少课业负担。奥数班对于数学会有一些帮助，我对于数学是出于个人兴趣，不太关注与升学的联系。

李：对于小学参加奥数班感觉对自己帮助不大，数学的学习主要还是通过初中和高中的系统学习。参加奥数班没有什么时间压力和课业负担，我是在学有余力的情况下去学的。

附录6：参加国家数学奥林匹克竞赛学生访谈（二）

地点：江西省鹰潭一中教室

时间：2010年3月24日20：40～21：50

访谈对象：施同学（女）、林同学（女）

访谈者：胡咏梅

记录人：杨玉琼

背景信息：

施同学：北京市某中学，高二，保送学校：北大数学系（正式集训学生）

林同学：成都某中学，高二，考虑保送清华大学数理基础科学（正式集训学生）

问：小学是否上过奥数班？是父母要求的吗？小升初时是否得益于奥数班良好成绩而升入重点中学？为什么喜欢奥数？从什么时候开始喜欢探究一些事物？

施：小学上过奥数班，因为学校以前会有数学兴趣小组，上了之后觉得挺好玩的，然后就出去接着上奥数班。我小学的时候本应该直接升入北大附中，但是因为奥数成绩，升到了另一所重点中学。我觉得奥数很有意思，能够锻炼自己的逻辑思维能力，对其他学科的学习促进作用也很明显，比如学完奥数后再去学计算机，优势是很明显的；我上初中之后还在上奥数班，现在某中学的华数班（华罗庚数学班）。

我喜欢探究一些事物，应该是从小时候喜欢看书开始的，我小时候喜欢看《十万个为什么》，也喜欢看《史记》《上下五千年》。

林：我小学上过校外的奥数班。喜欢奥数完全是因为自己的兴趣，我觉得数学学好了，学习其他的科目也会比较容易。

喜欢探究一些事物，是从看《智力》杂志开始的，那时候是家长帮忙给订的。刚开始看的时候，并不能完全看明白，到小学三年级的时候，就会发现《智力》很有趣，到中学的时候就喜欢看《博物》《国家地理》，也喜欢看《论文》等一些古代的著作。

问：你如何看待奥数班？如果小升初不将奥数班成绩作为选优标准，你是否还想上奥数班？

施：奥数班对于那些喜欢奥数的人来说，是有存在必要的。有很多人都会有这方面的才能，应该让这些人发挥出自己的特长。学习奥数主要凭借的是兴趣，如果是在家长的压力下去学习，最后一般都会坚持不下去。在小学开始上奥数班比较好，因为小学是锻炼一个人思维的很好的时期。即使小升初不跟奥数挂钩，我也会学奥数的，因为学校的课程比较简单，没有什么挑战性，所以我觉得奥数比较有意思。

林：奥数班对学习数学有天赋、有潜质的人有很大的推动作用。成都禁止将奥数与小升初挂钩，我升初中的时候参加了中学的选拔考试，主要考语文和数学，其中数学考的是奥数。

问：除了奥数外，是否还有别的兴趣爱好？跟父母的教育方式有关吗？

施：上初中后喜欢物理，物理成绩很好；会看一些科普类的书籍，比如《相对论》，这个是家里的藏书。我的父母都是做研究的，妈妈是中科院力学研究所的，爸爸是研究药学的。父母在学习物理的兴趣上基本不会有什么引导作用，但是家里经常会讨论一些跟科学有关的问题，就像聊天一样，会聊一些新的东西。我也很喜欢学英语，并且一直在新东方学习英语。

林：我喜欢物理，学习物理的思维跟数学很像。我的爸爸是工程师，妈妈是公务员，父母从小开始就很注重培养我专注的学习习惯。

问：学校是否重视奥赛？是否有专门的培训班？

施：学校对奥赛还算重视，但是没有专门的培训班。像我们这样的理科实验班，参加奥数竞赛的人相对会多些，但也不是所有的人都会参加竞赛，大部分人都会专心高考。

林：学校不是很重视，但是数学老师会比较重视，给我们找一些题，请外面的大学老师，每周给我们上一次数学课，当时我们班大概有40来人上这个培训班，每人的费用为200元多一点，我们一学期大概能上十几次课。像我们这次来参加全国的集训，正式队员费用是由学校负担的，旁听生的费用由自己负担。

问：你参与了哪类学科竞赛，取得了什么名次？获得了什么样的奖励？

施：我是参加女奥赛（中国女子奥林匹克竞赛）获金奖，从而有资格参加此次的集训。我也参加了全国的奥赛，获得了一等奖，但是获全国一等奖的学生要通过冬令营的选拔才能进入全国的集训。我获得了保送到北大数学系的资格，希望将来也可以从事数学研究。

林：我参加女奥赛只获得了银牌，但是获得了全国数学奥赛金奖，通过冬令营的选拔进入到此次全国的集训。我目前正在考虑的是去清华大学数理基础科学。

问：参加全国集训对你们的帮助大吗？

施：有帮助，至少是对我们的一个督促。以前在华数班的时候，对数学的感觉就是听着好玩就可以了，而在集训的时候是把学习数学当做一个非常重要的事情来看待。我觉得在集训的时候，同学对我的影响要大于教师，因为周围都是学数学的人。在集训的时候教师上课不是很多，主要是考试，我们在这里一共要完成 8 场考试。

附录 7：参加国家化学奥林匹克竞赛学生访谈

地点：浙江大学紫金港校区化学楼三层江芷阅览室

时间：2010 年 4 月 3 日 16：05～17：10

访谈对象：何同学、李同学、张同学

访谈者：胡咏梅

记录人：杨素红

参加第 42 届国际化学奥林匹克竞赛中国代表队队员选拔赛的学生来自河北、四川、北京、天津等 14 个省市，共计 24 人，其中女生 1 人。最终将有 4 人入选国家队。

背景信息：

何同学：女，四川绵阳某中学，高三；保送学校：北京大学，化学系

李同学：男，天津某中学，高三；保送学校：北京大学，化学系

张同学：男，河北衡水某中学，高三；保送学校：清华大学，化工学院

问：有哪些兴趣和爱好？有哪些科学方面的兴趣？怎么形成这些科学兴趣的？有没有上过数学奥赛班、课外辅导班等？

张：我的兴趣很广泛，例如羽毛球、乒乓球、游泳、吉他、架子鼓等。初三时开始学习化学，从高一时开始喜欢化学，认为化学是一门很实用、古老而新鲜的学科。我的父亲曾在化工厂工作，这对自己爱好化学有很大的影响。我也比较喜欢数学，认为数学作为一门工具学科能够提升人的逻辑思维能力。但我没有上过数学方面的课外兴趣班、辅导班。我对化学的学习主要来自课程学习，也通过阅读一些杂志(如《牛顿科学世界》等)、参观一些化工厂等获得化学方面的知识。

李：我与张同学不同，爱好比较窄，不太擅长体育运动，比较喜欢收藏书。藏书量有 2 000 册左右，其中自己买的有六七百册，其他是父母买的，大多是文学和音乐方面的书籍。我比较喜欢深入探究一个领域，而非宽泛的兴趣。对生物学比较感兴趣，如细胞生物学、分子生物学等。初一时开始喜欢生物学，后来发现要学好生物学需要有一定的化学基础，就把精力主要集中在化学学习上，生物奥赛曾获得省级一等奖。我认为生化不分家，学好化学对学习生物有很大帮助。此外，我还喜欢游泳，但不擅长球类运动。我认为参

加化学奥赛的经历对其他学科的学习有影响，但影响不大。化学竞赛比较特殊，化学和生物学的分支学科本身就很多，可能对其他学科具体的知识学习不太多。但是化学特别强调结构之间的联系，能够培养科学的思维方式，这对解决实际问题很有帮助。我认为数学和物理的学习需要一定的天赋，强调"分析"，是把复杂的问题简单化，而生物、化学的学习需要知一查十的能力，强调"创造"，是把简单的事情复杂化。化学的学习不只是做大量的实验，还需要学习一定的理论知识，需要将理论知识和实验操作结合起来学习。

何：我最开始学习化学的时候，纯粹是因为兴趣，为了学到更多的化学知识，后来就是大量地做题、比赛等，比较反感。我喜欢打乒乓球。高一高二时有一个兴趣班，高三时有专门为参加奥赛而设的培训班，为期一个月，全班大概有十几个人。省里初赛时我的成绩不太好，国家赛时全省排第四。我认为参加化学奥赛对自己的思维方式有很大影响。有的同学参加完化学奥赛后回到学校参加高中化学考试时，成绩很不理想。

李、张：这太正常不过了，因为高中化学教材里很多知识是不完全正确的。高中化学课本里的知识使学生的思维僵化了，用高中的知识很难解决实际问题。高中化学老师们也很无奈，为了让学生取得更好的成绩，只能将错误的知识教给学生。高中化学教材用一些非常理论的知识设计一些实验题，很不合理。例如用高锰酸钾溶液鉴别乙硅烯。参加化学奥赛对学习高中化学的促进作用不太明显，这与物理、数学学科能促进学科学习很不相同。不过通过参加化学奥赛，极大地满足了自己学习化学的兴趣。

问：你们以后有没有打算继续学习化学？
李：我和何同学都保送上了北大化学系，张同学保送上了清华大学化工学院。

问：参加化学奥赛的初衷是什么？
张：跟何同学一样，当初纯粹是因为兴趣，后来的功利性就比较强了，喜欢通过参加竞赛能够获得上名牌大学的保送资格，毕竟为了准备竞赛花费了很多时间和精力。如果没有获奖，再回到学校准备参加高考就比较让人难以接受。
李：当初也是因为兴趣。
何：当初是为了兴趣，后来就对考试比较反感。

问：父母和学校对你们参加化学奥赛是否支持？

何：父母很支持自己有学习化学的兴趣，但是主要还是高中老师带领我们准备化学奥赛，没有参加校外的培训班。

李：我们学校对参加奥赛的态度很微妙，是"不支持、不反对，拿了奖给予奖励，不拿奖也无所谓"的态度，但是天津地区负责化学奥赛的老师很负责任。

问：如果参加化学奥赛获得奖励，学校给予什么奖励？

李、何、张：精神奖励（通报表扬）和颁发奖金。

问：对于改进化学奥赛有什么建议？

张、李：2009 年的化学奥赛有泄题现象，《中国青年报》和"百度贴吧"都有相关报道。

问：你们有没有什么建议可以防止泄题？

李、张：没有什么高招。

问：如果参加化学奥赛而没获奖，再回到学校参加高考，预期结果怎么样？

张：通过高考的途径上名牌大学，尤其是对京津沪以外地区的学生而言，比较困难，竞争太激烈了。

问：如果参加化学奥赛获得省级一等奖，对上大学有什么优势？

何：我们省可以加 5 分。

李、张：我们省可以加 8 分。获得省级一等奖的同学有资格参加高校组织的自主招生考试，以获得保送名牌大学的资格。一般获得省级一等奖的学生很少会选择高考这条路，除非那些非清华北大不上的学生。

问：如果以后取消奥赛获奖可以保送上大学的政策，你们还会参加奥赛吗？

何：高一、高二的时候会参加，当时课程学习不太紧张，有很多空余时间，高三的时候就不太会了，会全身心投入高考。

李、张：基本上跟何同学想法一致。

问：你们小学的时候上过奥数班吗？奥数班对小升初有什么影响吗？

何：没有上过。当时上初中跟奥数班是联系不起来的。

张：小学五六年级上过，奥数班获奖对小升初有影响，不过我当时是小学直接升初中，没有参加考试。

李：也参加过。不过对数学兴趣不高。自己不反对奥数班，但是关键是家长要把自己孩子的定位认识清楚，不要对孩子逼得太紧。

附录 8：参加国家物理奥林匹克竞赛学生访谈

访谈地点：北京大学物理系

访谈对象：梁同学、孙同学、张同学、吴同学

访谈时间：2010 年 4 月 19 日 16：20～17：10

访谈人：薛海平

记录人：杨素红

背景信息：

梁同学：河北石家庄市某中学，高三，保送学校：北京大学

孙同学：湖北武汉市某中学，高三，保送学校：北京大学

张同学：湖南长沙市某中学，高三，保送学校：北京大学

吴同学：湖南长沙市某中学，高三，保送学校：北京大学

问：请谈一下你们有哪些兴趣和爱好？

孙：最感兴趣的是电脑方面的，对游戏的爱好一般，还有简单的体育项目，如乒乓球等，还喜欢看一些电影。但是最近上映的《阿凡达》没有看，觉得这个片子主要是想象出来的，就是效果比较好，其他方面感觉一般。

梁：我的兴趣还是很广泛的，体育运动也参加了很多，但是没有很擅长的，比如足球就是踢了两天就不再玩了。

张：我喜欢体育运动，但是也不是很擅长。

吴：我喜欢画漫画、看小说等。

问：有没有某些方面的科学兴趣？

孙：我对科学方面的什么都感兴趣，尤其是应用数学。

张：我喜欢看书，但不是科普类的书，喜欢看数学、物理、化学方面的专业书。

梁：看书，但是觉得市面上的科普书不太准确，容易产生误导。

问：除了参加物理奥赛以外，有没有参加其他学科的奥赛，以及"全国青少年科技创新大赛"和"明天小小科学家"奖励活动？

孙：我还参加过数学、化学和生物奥赛，最后对物理比较有兴趣。

张、吴：只参加过物理奥赛，对此比较感兴趣。

梁：我参加过其他学科的奥赛。

问：参加学科奥赛获奖享受哪些高考优惠政策？如加分等。

张、吴：省级一等奖加 20 分，学校对参加竞赛获奖的学生有一些象征性的物质奖励。

孙：有参加自主招生的资格。

梁：高考加 20 分。

问：你们认为参加物理奥赛对你们学习等方面的影响大吗？

孙：主要是方向上的影响，比如参加物理竞赛，对以后的研究方向有影响，对大学专业选择也有很大影响，但是对不同的学生而言，影响程度不同。

问：参加物理奥赛对你们的科学兴趣有哪些影响？

吴：对其他学科的兴趣也变得很浓厚。

梁：对物理学科的兴趣跟其他学科一样，没有什么特别。

张：比原来更加有兴趣，挑战性更强。

问：参加物理奥赛对你们的创新能力等有什么影响？

孙：对今后的学习习惯影响比较大。

张：刚开始参加竞赛时的影响不大，后来进入国家队选拔赛时的影响比较大。

吴：有利于思维方式的转变。

梁：对能力的提高有很大帮助。

问：对未来的职业选择有哪些设想？比如，从事物理学研究。

梁、孙、张、吴：对未来的职业选择不太确定。

问：你们为什么参加物理学奥赛？

张：首先是自己比较喜欢，感兴趣才会参加，其次是高考加分保送政策很有吸引力，如果没有高考加分保送政策，不知道是否还会参加。

孙：首先是自己比较感兴趣，其次是感觉自己也有能力做好，再者可以选择高考保送，就很有动力参加物理奥赛。

梁：首先是自己很有兴趣，其次是可以绕过高考，通过参加竞赛获取保送资格比参加高考的结果要好得多。

吴：也是自己比较感兴趣，当然不排除可以绕过高考获取保送的资格。参加奥赛和高考是锻炼能力的不同方式，参加奥赛更能锻炼人的能力，如抗挫折能力。

问：你们认为参加物理奥赛是否会挤占正常的学习时间？对其他学科是否有影响？

张：我觉得是跟自己的投入有关系。

孙：我觉得自己投入时间之后有一定的收获，那也无所谓了。对其他学科的影响肯定会有一点儿，因为学好物理可以迁移到其他学科的学习。比如：生物学中生态学的学习可以借鉴一些物理模型来建构。

吴：我认为只要有能力，就可以学好，主要是看是否能够从中找到乐趣。

问：你们来参加物理奥赛国家队集训的费用是由谁来负担的？

梁、孙、张、吴：主要是交一些住宿费，住在留学生公寓对面。

孙、张、吴：一般都是学校出钱。

梁：自己出钱。

问：你们参加物理奥赛，学校有没有组织一些竞赛辅导班？

梁：高一的时候一周有一次辅导课，高二的时候每周有一次考试，主要是针对有兴趣的同学。

孙：主要是当时上实验班，物理老师潜移默化的影响很大。

张、吴：没有专门的辅导班。

问：你们家长是否支持你们参加物理奥赛？

吴：他们觉得无所谓，只是认为既然参加，就尽量搞好吧。

孙：他们认为无所谓。

张：没有多大反对意见，只要不是光玩儿就行。

问：你们对物理奥赛有什么看法？比如，还有哪些可以改进的地方？

张：我认为物理奥赛的普及性不是很强。

孙：我觉得最好是应试性少一些，多一些灵活性。

吴：不好讲，不知道说什么。

梁：不是很清楚。

问：你们小时候参加过奥数班吗？

张：小学根本就没有奥数的概念，初中的时候就是自己买一些书，觉得挺有意思的。

吴：在初中有上过类似于奥数班的辅导班。

梁：小学没有上过奥数班。

问：小升初时，有没有听说参加奥数的同学优先录取等？

张：小升初时没有，初中升高中时也没有，只要考试通过，就可以上。

孙：初中是有的，不过全是凭兴趣。如果奥赛成绩好，也是受学校欢迎的。

附录9：参加"明天小小科学家"奖励活动学生访谈（一）

访谈地点：北京市中苑宾馆

访谈时间：2010 年 11 月 17 日 22：30～23：00

访谈对象：参加"明天小小科学家"奖励活动的学生（丁同学）

访谈者：薛海平

记录人：冯羽

背景信息：

丁同学，男，北京市某中学，高三，参赛项目：环境科学

问：你平时有什么兴趣爱好吗？你对这个学科的爱好是从小形成的吗？

丁：我平时的兴趣爱好挺多的，除了与科学有关的这些，平时还喜欢田径运动，打羽毛球、弹吉他，和我的国内外的朋友聊聊天，和他们出去玩。在科学方面主要喜欢环境科学，觉得这个学科比较广，比较吸引人。从小自己感兴趣，我的爸妈和老师对我也有帮助。

问：除了"明天小小科学家"奖励活动，你还参加过其他竞赛吗？获得过奖项吗？

丁：我还参加过今年的青少年创新大赛，拿了国家一等奖，英语演讲比赛拿过三等奖，还参加过北京市的应用数学、化学、物理竞赛，这些没有拿奖。

问：竞赛对你的成绩有影响吗？会挤占你的学习时间吗？你觉得参加这个竞赛的过程会提升你的创造力吗？

丁：参加竞赛对我平时的学习不会有影响。对一些有背景知识的题目，我做起来会比较轻松，尤其是在生物、化学、物理方面。我是在计划好的前提下做的，不会占用学习时间。我觉得创造力是潜在的，不容易表现出来。这种比赛能够挖掘创造力，遇到问题时换一个角度思考。

问：有没有想过要保送大学？大学的专业选择上有什么考虑？职业方面有考虑吗？参加这个活动对你的专业和职业有影响吗？

丁：我觉得这个倒不是很重要。从其他选手身上学到更领先的思路，比大学的目标更有意义。当时做这个项目也是基于兴趣。大学专业还主要是环境科学，因为这个涉及化学、生物、物理等，比较广，选择环境科学也有助于更全面地了解更多学科知识。将来我会从事与环境科学有关的职业，但是不一定会做科研。参加活动对以后的专业和职业选择有影响，但不是特别大。

问：你们学校的参赛学生是通过选拔吗？学校是不是对这方面很重视？你们学校有这个活动的辅导老师吗？参赛费用是学校承担吗？

丁：因为我是科技俱乐部的成员，有很多实验条件可以利用。来参赛是经过一层层选拔的，学校是要挑选的，然后一级级上报，才有资格参加比赛。因为我们学校是科技俱乐部的基地，所以很重视。学校有科技指导老师，如果我们有什么问题的话，可以对我们进行指导和答疑。在技术方面，项目的指导老师会给予帮助，有一些小问题可以去找科技老师。不会定期辅导，我们有实在解决不了的问题时会去找老师。费用方面我不了解，但是我没有缴费。

问：你的家长对你参加这个竞赛是什么态度？

丁：很支持。当比赛和学习有矛盾的时候，尤其是比赛快到了，我爸妈不会阻止我参加比赛。不是出于考上大学的目的支持我的，主要还是从兴趣方面支持。因为考大学对我而言，不成问题。

问：小学有没有参加过奥数班？

丁：没有。因为我小时候和父母在日本。

问：你对"明天小小科学家"这个活动本身，组织管理方面有什么建议吗？

丁：这个活动挺好，从全国的项目中选出 100 个人，选手更加有实力，可以交到更多的朋友。组织管理挺人性化，挺好的。

附录10：参加"明天小小科学家"奖励活动学生访谈（二）

访谈地点：北京市中苑宾馆
访谈时间：2010 年 11 月 17 日 23：00～23：30
访谈对象：参加"明天小小科学家"奖励活动的学生（周同学）
访谈者：薛海平
记录人：冯羽
背景信息：
周同学，女，上海市某中学，高三，参赛项目：动物学

问：你平时有什么兴趣爱好？你的兴趣爱好是自然而然形成的，还是和家里或学校有关系？

周：在学科方面我比较喜欢生物。在业余生活中，我喜欢弹钢琴、游泳，也挺喜欢运动的，喜欢摆弄航空小模型。首先，我父母不是强制我的，兴趣方面他们让我自由发展。像生物，我从小就喜欢了，然后是父母加一把力，培养我；音乐方面，小时候，父母会紧抓，不过后来自己喜欢了，父母也就不怎么管了。

问：能问一下你父母是什么职业吗？
周：父亲是初中教师，母亲是会计。

问：你除了参加"明天小小科学家"活动，以前还参加过其他的竞赛活动吗？获得过哪些奖项？

周：参加过。初中的时候比较多，高中的时候因为研究课题，投入的比较少一点。参加过两次发明设计的比赛，但是没有申请专利就比较可惜，像省区级的比赛很多，还有类似于创新分会的比赛。参加过上海市的创新大赛。上海市的创新竞赛中，"头脑风暴"拿过团体的第一名，"发明设计"拿过二等奖，拿过上海市的创新大赛的一等奖和二等奖，区级的学科竞赛获得过一等奖。

问：你觉得这些活动对你的成绩是促进还是阻碍呢？那你平时的物理成绩在你们班怎么样？你觉得参加这个活动，对你的科学兴趣的影响大不大？

周：我觉得是促进。就拿我做的这些研究而言，科学研究会占用时间，但这是一个思维培养的过程，学习其实是做研究，做研究要有思想，学习和研究是相互促进的；时间是挤出来的。我的成绩在班里排在前十名。我一开始在学校进生物组的时候，老师也没有说你一定要获奖之类的，是兴趣致使我去研究这类课题，慢慢地经过学姐和老师的教育——科学其实可以造福于人类——然后就想自己可以做好，做更多有意义的事情，是这样去研究的。

问：你觉得参加这个竞赛，对你的探究能力和创造力的作用如何？以前参加的竞赛对你的创造力和你的思维能力有影响吗？

周：在来北京的列车上和同学们的交流中，我开拓了眼界，发现有这么多奇思妙想，真的是很厉害。我很期待这几天能跟大家学到很多东西，真的很期待。我很佩服大家能想到这么多点子。我从来不在意科研能拿几等奖，科学研究的价值不能通过奖项来体现，多少都是有意义的。我认为集思广益、取长补短，这是最重要的。

问：你们学校有没有因为参加这类活动而保送高校的？那你有这个打算吗？你有没有想过报考什么大学？什么专业？这种选择跟你参加竞赛和今天的活动有关系吗？

周：有很多保送的。知道这件事情之后，说没有这个打算是不太可能的，但是我们的老师告诉我们，不能带着包袱去比赛，这样的比赛没有意义，就是当做一次学习、一次经历。这样更好，而且更有利于发展。我现在参赛的项目属于动物学，大学专业我会选生物。我从小就喜欢生物。

问：你参加这个活动的主要原因是什么？最初是老师建议你来还是家长建议你来？

周：当时我们申报的有 500 多人，大家都是抱着我要做小小科学家这样的想法来的。来到北京和大家相聚是志同道合者的相聚，我的第一目的是结交朋友，能够结交到志趣相投朋友是最重要的，以后说不定就是职场上的同事。从长远来看，也许这就是我们以后友谊的开始。在学习上，可以相互学习经验。这是我们学校的一种惯例，学校在这方面比较重视，学校会鼓励有价值有潜力的同学来参加，学校里有这样的社团。

问：你来参加这个活动家人支持吗？如果有支持，那是怎么支持的呢？

周：父母应该是我的第一支持者。比如：不会让我担心费用，而是让我全心去投入。像上海，金融专业比较热。刚开始我选生物的时候，父母虽然是反对了一下，但后来说这是你的爱好、你的志向，我们还是支持你。

问：学校里面有没有老师辅导你们？你们来参赛的住宿费用，学校有承担吗？

周：学校里面有生物社团，要报名参加。因为是最好的社团，还有个面试。老师在第一次会告诉我怎么做，后面主要是自己观察。参赛费用学校承担一半，剩下一半自费。

问：对这个活动有什么建议吗？

周：这个活动的老师鼓励我们以后继续交流，我认为很好。我比较喜欢教小朋友做实验这个环节，因为我认为，做科研不仅自己要做好，还要表达给别人，以后还可能像老师一样传授知识。如果能够做这种更务实的事情，感受到我们的价值的话，我觉得更好。

问：你小时候有没有参加奥数班呢？你觉得奥数班对你读重点中学有用吗？

周：小学的时候参加过。应该说我小学和中学都是在非常普通的学校读的。其实我觉得奥数对我的意义不大，因为小时候我是属于好动型的，在奥数班上（我）有一点坐不住的感觉，但是还是会好好听课的。小时候觉得奥数不是特别难，好好听还是能接受的。

问：小学奥数对提高你的数学成绩作用明显吗？奥数班对提升你的智力有作用吗？

周：我觉得关系不是特别大，因为小学奥数很多是初中的知识，我在小学一年级的时候学的奥数，在三年级的时候找到相似的知识，兴趣就上来了。我从来没有做过智力测试，所以我也不大清楚，但是觉得还是有点帮助的。

附录 11：参加国家数学奥林匹克竞赛学生家长访谈（一）

访谈地点：江西鹰潭华侨宾馆

访谈时间：2010 年 3 月 24 日 9：00～11：30

访谈对象：参加国家数学奥林匹克竞赛的学生家长 A 和家长 B

访谈者：薛海平

记录人：郭俞宏

背景信息：

家长 A：祖孙关系，参赛学生是肖同学，集训队员，已协议保送北大物理系，目前就读于河北唐山某中学高二年级，家长 A 为河北唐山某中学特级语文教师，已退休。

家长 B：母子关系，参赛学生是赵同学，观摩生，已获取自主招生考试资格，目前就读于太原市某中学高二年级，家长 B 为山西太原某科研所干部，在职。

问：您的孩子参加过哪类青少年科技竞赛或学科竞赛？参加过的青少年科技竞赛或学科竞赛是属于哪一级别？您的孩子取得了什么名次？获得了什么奖励（加分、推优、奖金等）？您对于奖励措施有什么看法？

家长 A：我的孙子参加过省级和国家级的数学奥林匹克竞赛，明年还准备参加物理竞赛。孩子在全国数学联赛中获得一等奖，排名河北省第一，进入冬令营，在冬令营选拔中并列第九。孩子已与北大物理系签订录取协议。目前对于结果比较满意。

家长 B：我儿子参加过省级和国家级的数学奥林匹克竞赛，以及全国青少年科技创新大赛（科技论文竞赛）。孩子在全国数学联赛中获得了一等奖，位列山西省第四，加入冬令营和作为这次集训的旁听生（进入省前三名才能加入集训队），获取了参加自主招生考试的资格（只要获得全国竞赛一等奖就可获得自主招生资格）。已经达到了预期的目的，比较满意。

问：您是否支持您的孩子参加竞赛？为什么支持您的孩子参加竞赛？对于您的孩子参赛您给予了哪些帮助？

家长 A：家里人都很支持孩子参加竞赛，因为孩子从小就对数学感兴趣，家长不能去限制孩子的兴趣。这次参加集训，我和孩子的妈妈轮流在这陪他，照顾他的饮食。孩子小时候我们常带他去博物馆、科技馆，也会买很多数学书籍给他。

家长 B：我们很支持孩子参加竞赛，但是不太主张孩子以后以数学为生，从家长角度出发我们希望孩子从事文科，但是我们会尊重孩子自己的选择。为了陪孩子来这参加集训，我向单位请了十多天的假，也花了很多费用，但是这是值得的。

问：您什么时候发现您孩子有科学兴趣？如何发现的？您怎么培养孩子的科学兴趣？

家长 A：孩子从小就对数学感兴趣，在 7 岁的时候就能讲高中立体几何，10 岁时解开了当年高考的最后一道题目。我觉得兴趣一方面是与生俱来的，另一方面也需要家长的引导和培养。我觉得常说的循序渐进也是个问题，其实不一定要按部就班地学习，超前学习会让孩子的思路更宽一些。

家长 B：在孩子小学一、二年级的时候就发现孩子对数学很感兴趣，除此孩子还对政治、经济感兴趣。

问：您认为这些竞赛活动对您孩子的成长有什么影响？

家长 A：孩子在数学方面从小学到初中都是自学，目前已经相当于大学本科水平。通过竞赛，孩子的思路也更宽了，目前孩子选择了北大物理系，现在就开始看物理相对论方面的书籍。虽然内容很难，但是他已经开始一点点的理解。孩子的自学能力很强，语文和英语也可以，现在还自学日语。文理思维是相通的，数学会正面影响其他学科，物理的基础也在于数学。在生活方面，孩子很愿意与同龄朋友结交，很懂礼貌，但是不大擅长交际。

家长 B：学习的总时间是有限的，参与数学竞赛必然会挤占其他学科的学习时间，现在已经不是年级一、二名了。现在，孩子希望一生都从事数学方面的研究。

问：您对举办青少年科技竞赛或学科竞赛活动有什么意见或建议？

家长 A：基本上都是很满意的，集训时间有点长。

家长 B：主办方可以说已经尽心尽力了，但是集训的时间较长，可以培训两天休息一天。主办方可以在集训期间安排孩子们去大学旁听课程，感受高校氛围。主办方对学科竞赛活动的宣传应该说得更明白一些。另外，对于学科竞赛集训，由组织内部老师讲课、出题和批卷的模式是有争议的（如培训组织最好讲课和出题老师分开，好像对旁听生的试卷批阅不太重视）。

问：您孩子小学时是否参加过奥数班？

家长 A：孩子在小学三年级的时候上过小学奥数班，在两三千人的全市考试中，排名第二，初中就没有上奥数班了。小学奥数班对孩子的帮助很有限。

家长 B：孩子在小学一、二年级的时候上过小学奥数班。小学奥数对于孩子只是兴趣的培养，影响还是很有限的。

问：您如何看待奥数班？您觉得参加奥数班对孩子智力发展是否有益？参加奥数班是否增加了孩子和家长负担？您觉得从小学就开展校外奥数班等活动是否必要？假如小升初不将参加奥数班成绩作为选优标准，您作为家长是否还会让孩子上奥数班？

家长 A：奥数是数学的一个分支，国家的基础学科想要发展，必须培养一批数学人才，对于举办奥数班没什么可以争议的。但是家长应该考虑到孩子自身的天赋、能力、兴趣以及家庭经济情况后，再报奥数班，并不是任何人都适合学习奥数的，天赋很重要。参加小学奥数班对孩子有帮助，但是帮助有限。中小城市举办奥数班一般都是学校进行竞赛辅导，学校教师会在业余时间对学生进行数学、物理等学科的竞赛辅导，不收取费用。奥数成绩作为考学依据是没有错的。

家长 B：中小城市举办奥数班的很少，一般都是校内辅导，也就是周二和周六一两个小时的辅导，每个学期交 100～200 元，相当于不收费。其实家长的那些功利思想是没有错的，参加奥赛班对孩子转换思维方式是没有坏处的。只是家长应该因材施教，现在社会上这些急功近利的风气不能归咎于奥数班。

附录 12：参加国家数学奥林匹克竞赛学生家长访谈（二）

地点：江西鹰潭华侨宾馆

时间：2010 年 3 月 24 日 11：00～12：15

访谈对象：参加国家数学奥赛集训观摩学生家长 C

访谈者：胡咏梅

记录人：杨玉琼

问：您孩子小学和初中时有没有学过奥数？您的小孩对奥数有兴趣吗？假如小升初不将参加奥数班成绩作为选优标准，您作为家长是否还会让孩子上奥数班？

家长 C：小学和初中时学过奥数，但是真正开始接触奥数的竞赛是在高一。小孩在小学时上过奥数班，喜欢奥数，如果不喜欢的话，就不会学到像今天这种程度，坚持不下来。我们从小就培养孩子让他没有功利思想，这一点跟大人的世界观有很大关系，我们自己本身就没有什么功利思想，不追逐名利。我们也不会刻意地去培养他的无功利之心，而是自然地、慢慢地培养。当他进入学校的时候才发现，原来有很多家长对孩子的培养都是目的性很强的，不像我们，仅仅是因为孩子的兴趣。

问：您是怎么培养孩子的兴趣的？

家长 C：我们对孩子的兴趣是慢慢培养的。当小孩在不到一岁还不会说话的时候，我们在孩子面前不会说幼儿语言，都是说大人语言。这样当小孩刚刚会发音的时候，发音就非常准，我们发音也都非常准。不像有些小孩，刚会说话发音不准确的时候，家长会听之任之，不会给他纠正发音，这样就会造成小孩在潜意识里接受那些错误的发音。所以我们教小孩发音的时候都是很正确的，即使偶尔不正确，也会马上纠正过来，这个对他将来理解一些东西非常重要。当大人说一些他不会说的话的时候，他也能够理解。

当小孩开始学认字的时候，我们也不是逐字逐字地教，而是整句整句地教。让小孩子认识一个句子，熟悉一个句子的语境，去理解一个句子的含义。这样当我们给小孩读故事的时候，他会理解整个故事的情节。一般的小孩在 3～4 岁的时候，求知欲会很强，喜欢听大人讲故事，而他在这个年龄已经能够很有感情地朗读一些故事了，他的思维在此时已经很敏捷了。4～6 岁的时候，小孩看书的视野开始打开，这时候孩子的各种兴趣就开始逐渐培养起来了。我们也是不刻板、不刻意地要求孩子做什么，给孩子一个宽松的环境，不限制小孩的行为，让小孩子顺着自己的天性发展。孩子的思维是发散式的，比如有些电动玩具坏了的时候，他会自己拆下来，尝试不同的组合，琢磨怎么样才能让电动车重新跑起来。

此外，大人的习惯也会对小孩产生潜移默化的影响。比如，家里姥爷、姥姥在休闲的时候会看书，小孩子也会跟着去看书，因为在他的思想里会很自然地认为看书是生活的一部分。我们平常在家的时候也爱看书，小孩子也会跟着我们读一些书。当小孩去幼儿园待一整天没有看书的时候，他只要一回到家里就会一心扑在书上，对书会有一种如饥似渴的感觉。我觉得这个孩子对书已经有一种非常自然的感觉了。

现在想来，让小孩从小觉得读书是一种很自然的事情，让他根据自己的兴趣读很多书，有助于培养他的理解力。中国的教育体制抹杀了很多孩子的天性，比如上小学的时候要一板一眼地去学一些东西，考试的时候也用一些标准去衡量孩子的作答。钱学森曾经问过温家宝总理，为什么中国培养不出天才。我个人认为不是中国缺少天才，而是天才都扼杀在后天的培养上。现在一些家长对孩子的一些培养和教育方式是对孩子天性的抹杀，也是对孩子时间的浪费。

我们不会强迫孩子去上外面的培训班和某些特长班。家长不能在某一方面单一地培养孩子的兴趣。比如，小孩对英语感兴趣的时候，在学英语的过程中我们不会逼小孩背单词，不强迫孩子上剑桥等英语培训班。在集训队的时候，有一个美国国家队的教练(冯老师)会给他们发一些英文的奥数试题。当教练讲到十几题的时候发现有的孩子看不懂奥数题，然后教练就会带着大家翻译，而我的儿子看的时候就不会有障碍。这跟他平常看的一些英语书籍有很大的关系，虽然他没有刻意地去学过英语。我个人认为，学习一种语言不是那么死板的，学习一种语言是一门艺术。

问：您看重孩子的成绩吗？如果某一次孩子考试差了一些，会有什么样的表现？

家长 C：记得他小学五年级时，有老师跟我抱怨小孩不像别人那么要强，不论考 50 分、80 分还是满分，对他来说都是一样的，他对考试分数是无所谓的。作为家长，我们认为小孩对知识掌握了就行，不会在乎他的分数，注重过程而不是结果。我们不会用成绩衡量孩子，看重孩子实际的努力过程，让孩子在没有压迫的情况下努力。一般来说，孩子的发展呈螺旋式前进，有高峰，有低谷，会遇到瓶颈期。学习的过程本身也是一个量的积累的过程。

小孩在小的时候基本不在乎考试的结果。但中考的时候，学校的老师们认为他很有成为考试状元的希望，他们参加的是全市统一的考试，结果他比平时的实力少考了 20 分。我们有点失望但没有表现出来，小孩那会儿也没有表现出特别的痛苦。两三个月后，他已经能够调整过来，参加全国联赛，我们都感到挺欣慰的。当我们此时再与小孩进行沟通的时候才知道，小孩那会儿并没有那么难过，考试结果与预想的差异在于高估了作文分，而作文的评分是比较主观的。在这个过程中，我就会发现孩子是在逐渐走向成熟的，在一些重大考试出现失误的时候，承受能力与化解能力已经超出了家长的预计。

问：除了数学以外，您的孩子还对什么感兴趣？

家长 C：小孩对文字也很感兴趣，他读的书很多、很广泛，不偏爱某一种。中外的文学名著、科学、科普、历史、哲学等方面的书，他都读了很多，有些书他甚至能够阅读几十遍甚至上百遍。他喜欢老子和庄子等接近自然的东西，亲近出世的思想，崇尚天人合一，人与自然是一体的。

问：您的小孩是否参加过别的竞赛？

家长 C：除了数学竞赛以外，小孩还参加过英语竞赛。虽然他的物理、化学也很好，但到目前为止还没有参加物理和化学方面的竞赛。这次我们来培训的时候，刚好错过了化学的初赛，就没有资格参加化学的复赛了。他还有机会参加物理的竞赛，竞赛一般是先在省内参加选拔的初赛，入围复赛后，再参加全国十月份各科的联赛，选出国家集训队的成员。

附录 13：四川成都市某中学管理者访谈

地点：副校长办公室

时间：2010 年 4 月 28 日 11：00～12：20

访谈对象：张副校长

访谈者：胡咏梅

记录人：周佳

问：我们是想了解一下贵校参与科技竞赛活动和学科竞赛活动的情况。

张校长：学科竞赛以前我们学校是比较有优势的。先简单介绍一下成都的背景。成都的高中教育应该说最优秀的学生被四、七、九（分别代表成都市第四中学、第七中学、第九中学，下同）收走了，我们排在后面。以前四、七、九招生比较少的时候，我们学校竞赛成绩是比较好的，比如像刚才提到的老教师，她每年带的学生都有竞赛获奖的，也有保送的。但是近年来四、七、九的扩招，我们的生源有所下降。在高中数理化生的竞赛上相对来说就比较弱，因为生源不好。四川省的情况大概是成都的七中比较好，绵阳的绵阳中学和南山中学，南充高中，大概主要是这四所学校。成都七中的生物竞赛全国来说也是比较有名的。我来本校之前，是在××中学，有关"青少年科技创新大赛"和"明天小小科学家"等活动是由我负责的。比如像我们有一个学生 2003 年保送到清华，是获国际金奖的；2005 年有一个"明天小小科学家"全国金奖，也是保送到北大。所以这块我比较熟。信息这块本校前年有一个获全国二等奖的。我是教化学的，由于生源原因，以前辅导过一个学生只获省一等奖，没能进入冬令营。现在我们是鼓励学生参加数理化生学科竞赛，老师也会做辅导。以前我们有专门的培训，现在不搞了，因为要有这个苗子才行。我们是属于第二类的好学校，和清华附中有联系，在成都的情况与清华附中在北京的情况有点相似。北京最好的是 101、四中、人大附中，比清华附中要好。当然我们的生源比清华附中要差，因为成都比北京小。我们是鼓励学生参加"青少年科技创新大赛"和"明天小小科学家"，"英特尔国际科学与工程大奖赛"，这也契合高中新课改的要求。2001 年，当时比较热门的是研究性学习，去年开始的高中新课改，综合实践活动包括两部分：研究性学习、社区社团类。我们就把这些拿到综合课程下进行。基本思路大概是这样。四、

七、九，今年大概要招 4 000 多名，我们只能招排在 4 000～5 000 名的学生。我们现在也没有竞赛班了，专门来搞数理化生学科竞赛也没有意义了。

问：有参加四川省竞赛的学生吗？

张校长：有。但是获省一等奖的都不是非常的多，因为那得是前四十名左右，大概有些学科是 38 个人，有些学科是 45 个人。不像"青少年科技创新大赛"和"明天小小科学家"是比学生的综合素质，这些都只是学科竞赛。成都获奖的人大概占到 20～30 个。况且搞学科竞赛的，不一定综合素质有多好，它是比较窄的。

问：学科竞赛是比较窄，但"青少年科技创新大赛"和"明天小小科学家"奖励活动呢？

张校长：这个反而是我们的突破口，也是要加强的地方。我是去年 9 月份才到这个学校的，前一任就做到没有声音了。刚才说的是我的思路，因为我们要面对一些客观的情况，我们必须要面对现实，学科竞赛有苗子就去抓，没有苗子就放弃。像"青少年科技创新大赛"，我们要作为重点来抓，因为我们的学生应该说搞学科竞赛出来的可能性比较小，搞这个出来的可能性比较大。我本人又有这样的经历，除了我刚才说的两个学生，还有很多。虽然我们的学生说是 4 000 左右，但是综合素质还是比较好。像学科竞赛需要不断做题，思路方面我们的学生差一点，但是综合素质还是不错的。因为成都毕竟是个大城市，家庭等各方面因素，所以搞"青少年科技创新大赛"比较合适。我们以前有些成果，今后会有些强化，教务处会宣传，有一些课程会配套，高中就有选修，包含地方和学校的课程，提升与创新方面相关的综合课程等。以前我在××中学，2001 年我们就有专门的一门课。校本课程是我们专门的新的课程，是其他学校没有的。今后就是要专门开设培养学生创新能力、创新思维这方面的课程。暂时的想法是，高一每周有一节课，内容比较宽泛，多个学科老师一起上，主要是看老师的综合素质。以前在××中学叫创新课，现在我们会把名字改一下，但大概内容就是这样。主要是通过案例教学方式，促使学生思维方式的改变。创新不能培养的，我们就做一些基础性的工作。这个还是比较现实的。

问：让学生参加科技创新大赛，出发点除了能够让他们可以上更好的学校，还有别的目的吗？

张校长：我的个人看法是，搞这些活动本身是为了培养学生的综合素质，至于获了奖项上了好的学校，那是无心插柳的结果，不一定非要有这个结果。我们追求的是学生通过这个活动，综合素质得到提高。举个简单的例子，我们也有初中部，可以直升到我们的高中，最优秀的学生也是靠我们的初中支撑的。现在有些初三的学生就是直升的，再上初中的课就是浪费，所以我们就给他们开了两部分的课，一部分是初高中的衔接课程，既包括知识的衔接，也有学习方法的衔接，还有一部分就是实践课。比如周五下午，我们附近有个污水处理厂，带领学生参观也可以，考查也可以，之前会布置学生上网去查污水处理大概是怎样的流程，这样流程大概有什么作用，不懂的地方我们也会事先铺垫，因为有些是高二、高三的知识。回来之后分学习小组来交流、来展示成果，也可以改进，"污水处理这样不对，现在用的氯氰消毒不好，有没有更好的方法代替氯氰"等。学生不是去看一看就完了，回来还会有一个反思和提高。比如说去望江公园看对联，语文老师就会要求学生之前了解对联有哪些形式，有哪些讲究，对联还有很多故事，回来也要交流，比如说那里有副对联只有上联没有下联，那你可以试着去对。这样培养出来的学生有些就完全可以参加"青少年科技创新大赛"。我们主要是为学生的终身发展负责任，提升他们的综合素质。得奖与否还是次要的。暑期我们会布置学生一个研究课题，暑期结束要上交研究成果，会让这方面有能力的老师来评审，评了一、二、三等奖；一等奖就可以去参与省里的比赛，但这要老师和学生一起努力，完善作品，提升作品；省里获奖了就去参加全国的。那时候我们就要请专家打造，比如说大学的、科研所的、专业人士，一起来打造。

问：您指导学生参加创新大赛很多年了，您对评审环节、选拔机制等方面有没有什么好的建议？

张校长：应该说我还是比较有发言权。我知道这是由科协组织的，省里就是由省科协组织。这个评奖的评价标准和学科竞赛的评价标准还是不同的，相比较来说，公信力还是要软一些。不说人为的因素，可能评委的偏好，或者评委对某一个领域不够了解。还有就是有些作品，我们认为不是学生能够达到的程度，不像学科竞赛是在规定的时间内独立完成。我就是认为这两块还要做进一步的改善。我也想不出更好的建议。

问：评审标准您认为由谁制定比较合适？比如说创新大赛分成 13 个学科，每个学科制定标准的人由哪些人组成，评审专家又应该是哪些？

张校长：如果制定标准的包括评审专家的话……比如化学，纯粹地找专家也不一定合适，应该是以高校的一些专家为主，不一定是要非常拔尖的，但至少要对前沿非常了解，对学生的情况也要有一定的了解。比如说陈景润，他来评就不一定评得好。其实也可以选择少量中学的教师。就像高考命题，四川省是四个大学老师，一个中学老师。如果我们做个跟踪调查，过了十年二十年，这些获奖的孩子确实要比没获奖的孩子发展的要好一些。我们希望评出来能有这样的效果。

问：关于评审专家的遴选，前段时间我们到杭州去采访他们青少年科技创新活动中心的主任，她建议省一级的创新大赛可以互派专家，为了保证不被人际关系干扰。

张校长：这个思路好。功利一点来说，参加这个创新大赛获奖，高考是有加分的。再者，也不能全部都是外省的专家，因为最后还是要参加全国比赛的，专家或者有私心，没有评出别的省最优秀的作品。

问：这样也给你们松绑。如果说评委不全是本省的，家长找的机会也少一些。

张校长：对。

问：你们对名额的分配，比如说四川可以报送国家参加终审的是 10 个或者 5 个，你们看有没有什么问题？

张校长：应该根据全国总名额还有各省历届的水平来分配。在大致平均的前提下，基础比较好的、以前搞得好的还有参加国际竞赛比较多，可以再追加几个名额。

问：比如说报送参加全国科技创新大赛的，每个省平均是 3 个。在这基础上，根据历年各省在全国的排名，追加 1 个或者 2 个。

张校长：这样会好一些。因为以前获奖的省总体水平高一些，以前没有搞的，我们也希望能搞起来。

问：那您觉得还需不需要考虑学生的规模？

张校长：应该考虑，而不是简单的每个省就 3 个。因为海南省的学生人数就非常少。按照刚才我们的思路，大家应该都能够接受。

问：科技创新大赛在四川省获一等奖有什么奖励？

张校长：比学科竞赛要降一等，在全国获一等奖的相当于学科竞赛二等奖。获奖的话高考可以加 5～20 分，全国三等奖加 5 分，二等奖加 10 分，一等奖加 20 分。省级一等奖归为全国三等奖的水平。全国一等奖二等奖是有保送制度的。本省的创新大赛没有高考奖励，中考以前有，因为加分的项目太多，引起争议太多，已经取消了。保送也要看高校，有些学生保送不好的学校他不去，像我开始提到的那两个学生，非常优秀，即使通过高考也是清华北大，但他们就是通过大赛这个途径。

问：现在是不是有自主招生，像获得省级创新大赛一等奖的学生是不是获得某些高校的考试资格？

张校长：只能作为参考，高校自主招生是要出题的，也有成绩要求，但是获奖的学生如果综合素质比较好的话，高校是比较喜欢的。比如去年有一个我大学同学的孩子，是在成都四中，他是一个数学实验班的班长。那个小孩正常可以考上比较好的学校，但是高考考得不好，去年清华、北大在四川的录取线大概是 620，他是考了 570 多，浙大在川的分数线是 600 多，但是之前他参加浙江大学的自主招生，浙大非常喜欢他这种综合素质好的学生。这些证书背后还是能够反映出学生的综合能力，他是班上的班长、学生会主席。像我开始提到的那两个学生，一个去了清华也是在学生会里；另一个北大的招生老师看见也是非常喜欢，他是初三的时候作品就得奖，推荐到全国，然后再到土耳其，获得金奖的。高二的时候读文科去了，因为想出国，加强英语，英语演讲都是相当棒的。高三的时候基本上是在帮学校做一些老师的工作，指导其他学生等一些公益活动，很早就被清华要去了。

问：现在学校对学生参加竞赛都挺重视的，那您觉得国家的竞赛奖励机制需要做哪些改进？

张校长：首先（这些评审奖励）是比较公正客观的。我前面就说了这些项目不是适合所有的学生，人家要获得奖也是要付出非常多。说点不好的，比如四川省化学竞赛的题，我去做的话可以保证获一等奖，但是我保证绝对进不了四川省前五名，我的水平大概在四川省前 20～30 名。如果不专门培训的话，从这点上说，跟国外竞赛还是有差距。我们其实有点速成压缩品的感觉，但其实学生真正的能力不见得……我们国家的竞赛获奖都很好，但是这些学生最后的发展来看，长效统计的话，我估计学科竞赛的不一定有创新大赛同学发展得好，如果放到 20 年后来看。纯粹去搞学科竞赛（的学生今后发展道路）是比较窄的，而青少年创新科技大赛（的学生）要宽阔的多。学科竞赛坐着看书就可以，而青少年创新科技大赛需要动手，还要户外研究。我估计，后者综合素质要好一些。我对这不发表主张，这些竞赛的学生可遇不可求。

问：搞数学研究的一些老师也认为奥赛的训练性太强，很可能以后学生没有这些训练，这种原发的创新性思维就可能逐渐减少。

张校长：某种意义上说它就是一种复制，而不是创新，竞赛模式是固定的。

问：我上次去杭州进行化学国家队选拔赛调研，有的学生反映他们是全国一等奖的，而且是一等奖排名比较靠前的，回去参加学校组织的化学考试还不一定考得好。

张校长：不，应该考得好。一般是没问题的。

问：他们说现在的化学课本上有些知识点是有问题的。

张校长：有。

问：有些实验是非常理想化的，是实现不了的，老师就告诉他们，按着记就可以了。

张校长：对。用大学的思维来看就出问题了，但这是题出得不好，出得好的题是不会出现这种情况的。即使是考试中心出的题，历史上也有好多问题。我经常跟他们交流的就是，有些题太理想化了，不符合事实。如果出得好的题，这些学生来做应该是非常好的。

问：您觉得有什么高招来调动学校参加"青少年科技创新大赛"等这样的活动？

张校长：我觉得现有的政策是比较好的，比如加分、奖励、媒体宣传，因为无论是校长或者是老师还是有一定的功利性的。学校办得不好，校长脸上也是过不去的，这块从理论的角度讲还是差不多了。每个学校的积极性取决于两个方面，假如一所学校有了国家或国际金奖获得者的话，就可以预见几年后不会太差，因为有榜样的力量；还有就是看学校或者老师对人才教育的理解，这是最重要的，这是我们本来就应该做的。得奖高兴，不得奖也不失望。积极性就不存在激发和调动。成都还好一些，像偏远的地方，老师就觉得是为了得奖去得奖，我觉得这种情况调动与不调动都没什么意义。从你们的角度来说，我觉得现有的政策已经比较好了。

还有一点，我不知道全国怎么样，我们省奖金很高的，××（即访谈一开始提及的保送北大的学生）总共奖了 10 万元，×××（即访谈一开始提及的保送清华的学生）奖了 6 万元，是个香港大企业家赞助的。当时我们学校有个科研项目，资金远远没有开支完，有的项目是赚钱的，学生老师都有奖金。

问：那省里面有没有给你们奖励呢？

张校长：好像有，印象不是非常深，学校也有奖励。

问：学校给什么奖励呢？

张校长：主要给指导老师发奖金。这个我建议你去我原来所在的中学采访一个地理老师，她是初中地理老师，主要带学生搞四川省科技创新大赛。当年那所中学有四个特级教师后备人选，有我也有她。后来我调走了，她也评上特级教师、全国劳模、市人大常委，这都是因为搞竞赛活动出来的。对老师的奖励，一个是经济上，十年前我制定的，全国一等奖 2 000 元，二等奖 500 元，三等奖也有奖励，国际金奖的是 10 000 元。那是 2002 年的时候，那个时候的物价和现在不一样的。她 2003 年评劳模，2006 年评为特级教师。我们（学校）以后也要走类似的路。可以说每一届赛事她基本上都要去，某种意义上讲是我们四川省的权威。我刚才很多想法不一定正确，她会想得很好。

问：您觉得采取何种途径能够扩大青少年科技创新大赛对学校和学生的影响？

张校长：我觉得有两点。一是走行政之路，教育局要把中小学校长抓住，抓老师。行政命令就必须搞。二是媒体。比如像四川省，要在媒体上宣传，影响家长和学生。多方面影响就比较好了。

问：像"明天小小科学家"奖励活动，很多学校都不知道有这个竞赛项目是吧？

张校长：是的。像我前面提及的那位老师，获得这么多的荣耀和地位，影响自然就有了。我认为参与这个（青少年创新大赛和其他竞赛）对学生的终生发展是有好处的。比如像我在××中学的时候，走之前，管科研这一块，2000年开始搞这个（创新大赛）活动，2003年××市理科和文科状元历史性地第一次都是在该中学。2004年我搞了理科实验班，主要是在高一高二搞这些活动，那个班招生方面非常窄，主要是本校初中部学生，女生还比较多。但是通过这些活动，高考中最差的也考了川大，那个班的平均成绩超过了四川省的60多分，当年四川省的省状元基本上是出自这个班。开展这些竞赛活动对高考是个推动。

附录 14：湖北武汉市某中学管理者访谈

访谈地点：副校长办公室
访谈时间：2010 年 5 月 7 日 16：20～16：40
访谈对象：陈副校长
访谈者：薛海平
记录人：郭俞宏

问：学校在学科竞赛活动方面有什么支持政策？

陈校长：对于学校参与学科竞赛活动我是这么理解的，既然有英才就应该有英才教育，这是符合因材施教的教育基本原则，所以从这个意义上来说，对于优质学生进行特殊培养也是素质教育的重要组成部分。对这些学生进行培养的根本目的是为国家培养高素质理科预备人才，中学阶段还只是打基础。我们学校从这个意义上说支持力度还是很大的，从师资、包括管理，创造各方面的条件，聘请专家给学生讲学，送学生到各个竞赛组进行培训，学校提供各种时间和空间，都应该说是提供了全方位的支持。

问：对于获奖学生有什么奖励措施？

陈校长：从学校的奖励来说，学校会对获奖学生颁发荣誉证书，如十佳学生、优秀学生、奖学金、市级三好学生等，学科竞赛获奖是作为这些荣誉评选的指标之一，而不是单纯对竞赛获奖学生进行评价。根据高校的自主招生的条例和简章，它很注重学生的获奖情况，学校优先推选这些学生参加各个名校的报送和自主招生考试。学校主要是提供这样的机会，从精神和荣誉上进行奖励。学校对于学生的评价是综合评价，没有对学科竞赛获奖学生单独进行什么奖励。但是，因为这些学生为学校赢得了荣誉，在学生中有影响，而且往往他们的综合素质也很全面，所以他们获得本校十佳学生和奖学金的机会比较多。

问：您怎么看待北大实行的校长举荐制？

陈校长：湖北省在学科奥林匹克竞赛方面实力还是比较强的，学生比较优秀。进入省队的学生，因为各个地方进入省队的水准是不一样的，湖北的竞争比较激烈，省队学生水平比较高。比如说，近几年，进入北大、清华数学和物理系的，省队学生都希望能提前录取。这些学生在大学里面表现也非常好，相对来说，我省省队学生比其他省队学生进入北大清华的机会要略多一些。

问：请您简要介绍一下学校在学科竞赛方面所处的地位？

陈校长：我校的学科竞赛在湖北省处于名列前茅的水平，湖北与本校水平相当的学校有华师一附中。我校的数学仍然保持了我们国家奥林匹克竞赛获奖纪录，也就是说我们学校获得数学奥林匹克竞赛的奖牌数目前还保持了全国纪录。数学作为我们学校的龙头学科，其他学科在省内也处于一流水平，但是数学是处于全国领先的水平。今年，我们学校有一名学生很遗憾，考试没有发挥好，没有进入国家队参与国际数学奥林匹克竞赛。黄冈中学曾经在学科奥林匹克竞赛上获得了辉煌的成绩，但是由于所处的地理位置，遇到的困难比中心城市的困难要大一些。

问：学校在除数学外的学科竞赛和科技竞赛活动开展得怎么样？

陈校长：有关其他学科，我们希望学校能从数学辐射到数、理、化、生物、信息五大学科，在这些方面学校也获得过比较好的成绩，但是在青少年科技创新大赛和"明天小小科学家"奖励活动方面还处于刚刚起步的阶段，正准备开展，水平还不高。

问：学校对于学科竞赛是否请专门的教师负责？

陈校长：学校没有请专门的教师，而是有负责的主教练，例如陈老师就是数学老师，同时也是那个年级负责的主教练。就是说他既要负责常规课的教学，又要对数学特长的学生进行学科竞赛的辅导。学校是这样的一种机制。

问：学科竞赛辅导是如何开展的？是否有固定时间？

陈校长：学校是利用一些选修课时间进行开展。在执行国家规定课程的前提下，然后利用选修课时间，这些参与竞赛的学生在选修课花的时间要多一些。学校主要是按照这种形式开展辅导。

问：学生是否按照兴趣报竞赛辅导班？

陈校长：因为这个学科竞赛辅导班要求比较高，其他的选修课活动是根据学生的兴趣。学科竞赛辅导不完全根据学生的兴趣，而是学生自愿和学校指导性意见相结合。因为有的学生有这个愿望，但是我们认为这些学生投入太多的时间和精力后不一定会取得好的成绩，我们会建议这些学生在其他领域进行学习。对于国际和国家的奥林匹克竞赛，我们知道它的要求很高，对于一个普通中学的学生来说，可能走进考场的三个小时，他一分也得不到。如果让这样的学生平时花太多的时间在学科竞赛方面，可能对他是不停的挫折教育。学生有时候并不知道情况，但是我们还是要指导学生量力而行。

问：您对于学科竞赛活动的组织和管理有什么建议？您觉得如何去完善？

陈校长：在这个方面有很多的讨论，包括中国科协、教育部和各个学会都有很多的争论。但是我认为，正如我上面所谈的观点，既然有英才就应该有英才教育，那么在英才教育下取得成绩的学生获取这样的方式进行升学是必然的。既然自主招生到了今天这个层面，那么多的学生，比如有体育、艺术特长的学生都能以特长获得升学，为什么学科竞赛就不可以呢？问题在于怎么去规范它，让人感觉这个过程是公平公正的，我觉得这才是最主要的。比如高考的重视程度，整个过程是比较规范化的。另外，高校对这些学生进行录取的时候不仅仅考查他们这门学科的素质，而要考查他们的全面素质。如果具备这两条，我们在组织过程中是规范的，然后高校录取需要全面考查学生素质的时候，我想学科竞赛活动就会健康发展。

问：您还有什么需要补充？

陈校长：如把我前面所说的概括一下的话，不能因为这些活动中可能存在的不规范，例如在高校录取过程中有时会存在不公正的地方，就对学科竞赛活动进行全盘否定。另外，我觉得学科竞赛有其存在的必要性，既有英才就应该有英才教育，它是素质教育的一个重要组成部分。怎么做的问题，一件事如果做好了就是一件好事，做坏了就是一件坏事。对于学有余力的学生，在打好学习基础的前提下，让其发展特长，我想这也是我们国家培养高层次创新人才的很重要的途径。所以，我觉得不是讨论这件事该不该做的问题，而是在讨论如何去规范，如何把这件事做好的问题；也不是讨论培养这些人才国家要不要的问题，只是说在考查这些人才的时候除了考查本身也要考查相关素质的问题。

问：您如何看待学科和科技竞赛与培养创新人才的关系？

陈校长：无论是国家级的学科决赛，甚至是联赛，乃至国际奥林匹克竞赛，如果学生没有创新的思维，就是说如果仅仅是多次重复训练达到的水平，我觉得是有问题的。从某种意义上来说，这些学生首先是要具有一定的天分，然后通过后天的老师辅导以及学生自身的勤奋，他能够达到一定的成绩。从这个意义上来说，比如这个学生能够在各种级别的竞赛获奖，就是他（她）具有一定的思维能力和创新能力的标志。当然，这可能离我们国家所说的创新型人才还有差距，他（她）可以在中学打好基础后再在大学进行努力。高考都是在考查学生的能力，这种学科竞赛应该也是比较强调学生能力的，当然不能说学生已经达到了国家需要的那种创新能力。这有待于大学把这一棒接好，再进一步培养好。

附录 15：甘肃天水市某县中学科技竞赛主管教师访谈

访谈地点：甘肃天水市某县中学会议室

访谈时间：2010 年 5 月 27 日 17：20～18：30

访谈对象：姚老师

访谈者：李冬晖、薛海平

记录人：杨玉琼

教师背景信息：

职务：主管学科和科技竞赛

从事该工作的时间：2002 年至今

从事这份工作的状态：兼职

问：学校是否参与了青少年科技创新大赛活动？

姚老师：学校从 2002 年开始参加青少年科技创新大赛，并且 2002 年获得省级三等奖，2009 年学校有三个项目获得省级三等奖。项目主要来源于我们周围的生活，比如，我们县酸雨的污染，固体废弃物的污染，引导学生对保护环境提出自己的看法。从今年开始学校比较重视科技创新大赛，高一、高二成绩比较好的学生都会参加，老师们主要是利用课外时间进行辅导。

问：学校参加科技创新大赛、学科五项竞赛的获奖情况如何？这些学生的获奖对学校声誉、吸纳优质生源有何积极影响？

姚老师：学校参加科技创新大赛获得过省级二等奖，化学奥林匹克竞赛获得过省级一等奖和二等奖，数学奥林匹克竞赛获得过国家级三等奖及省级一等奖。

参加青少年科技创新大赛和学科五项竞赛能够提高学生的科学素养，学生拿到名次后，能够扩大学校的影响，对学生以后的高考也会有帮助。但是，总的来说，学生们和家长盯的还是学校的高考上线率，学校的生源和县上的招生政策有很大的关系。我们这边是划片招生，大部分好的学生都选拔到××中学了，我们选拔的都是被××中学选拔过的学生，是二流的生源。××中学在我们这基本上是一枝独秀，县里的招生政策也是向该中学倾斜，所以在科技创新大赛和学科五项上获奖对我们学校的声誉和生源影响很小。

问：贵省对获青少年科技创新大赛国家级一、二、三等奖、省级一等奖的学生有何奖励？学校对科技竞赛有没有奖励措施？有没有支持学生参赛？如何支持？

姚老师：省里面对获得奥林匹克竞赛的学生在高考上有一定的支持，比如，2005 年的时候学校有学生获得数学奥林匹克竞赛省级一等奖，但是没有投档，因为当时学校不清楚省上对获省级一等奖高考有投档的优惠政策（没有保送的资格，但是有二次投档的机会）。学生获奖的时候，学校对指导教师会给予一定的奖励。例如，2002 年我带的项目获得科技创新大赛省级二等奖的那次，学校奖励了 700 元钱，但是对于教师评职称没有任何影响。学校对学生没有明确的支持，学校参赛的氛围不是很浓，班主任也不是很支持，因为怕浪费学生的时间。

学校对奥赛很重视，教师会利用课余时间，对高一高二学科成绩很好的学生进行辅导。但是对有些学科来说，学校的条件还是有些欠缺，比如化学，学校的实验设施不齐全，有些实验室都是空的。课本上要求的才能去实验室，总的来说，学校能利用的实验室很少，而学生的需求又很多。

相对来说，我们学校没有那么重视科技创新大赛，因为学校有些领导不了解科技创新大赛。但是如果是正规渠道的发文，学校还是很支持科技创新大赛。

参加过青少年科技创新大赛的学生，会注意环保，因为他们一般做的都是固体废弃物污染等与环保有关的项目。总的来说，参加竞赛的学生都能考一个比较好的大学。

问：县科协如何选拔科技创新大赛参赛项目？您对青少年科技创新大赛的评审机制、名额分配有何建议？您对科协举办青少年科技创新大赛和学科五项竞赛还有别的建议吗？

姚老师：由于有些学校可能没有人参加青少年科技创新大赛，所以主要是到市里和省里进行选拔。选拔的评委主要是大学教授和市科协的老师，不需要学生去现场面试。

我 2002 年的时候去兰州参加过青少年科技创新大赛的评审，评委们的层次很高，是兰州大学、西北师范大学等知名大学及研究院的教授，评审基本上很公正。在评审会上我们可以自由演讲，对学校而言也没有名额限制，但是在省上、市里有限制。

我个人感觉教育局在与科协的协调上做得不是太好，如学校对教育局的发文很重视，但是对科协的发文就没有那么重视了，学校只认教育主管部门。如对学科五项竞赛而言，大赛应该和教育部门协调一下，省级获奖最好也加上教育部门的章，不要只有学会的章。对物理和化学这两门学科而言，物理学科一个学校获得市级奖的名额有十几个，而化学学科分配到学校获市级奖的名额只有几个；同样的学科竞赛，获得同等级别的奖项，发的证书和盖的章都不一样，我觉得这个需要规范一下。

问：学校有没有研究性学习的课程？学生如何学习研究性的课程？您如何理解研究性学习？

姚老师：学校用的是 2010 年人教（人民教育出版社）版的研究性学习课程，课本上有关于研究性学习的一些比较好的课题，教师会给予一定的指导，但都是课外的、随机的。学生基本上通过做课本上的课题来进行研究性学习。

研究性学习能够培养学生的创新意识，自己探究、自己学习的能力。在我的内心里面，非常支持研究性学习，我觉得这个因人而异，研究性学习是一种理念。我曾经比较过课堂上的教学与研究性学习，认为传统的课堂教学对学生而言依然很重要，是学生掌握知识的一个重要途径。研究性学习还需要不断地完善，做好中小学教学的衔接，因为大部分学生在初中和小学的时候已经养成了听和背的习惯。

附录16：福建福州市某中学科技竞赛主管教师访谈

访谈地点：福州某中学信息技术办公室

访谈时间：2010年5月17日9：00～10：00

访谈者：胡咏梅

被访者：黄老师

记录人：刘亚蕾

问：我们主要是想了解一下贵校学生参加学科奥林匹克大赛，青少年科技创新大赛以及英特尔工程大奖赛的一些基本情况，您将您所了解的一些基本情况告诉我们好吗？

黄老师：好的。我们学校的学生参加各个科目奥赛的都有，我主要谈一下信息学奥赛的一些具体情况吧。我们学校在学科奥赛方面抓得还是比较紧的，我们在每个年级段从高一到高三都设置了一个竞赛班。在高一的时候就通过选拔考试，将一些成绩比较优秀的学生选入到竞赛班中。竞赛班的师资配备比较强，教学进度也比较快，老师们也会有一些额外的课程安排给竞赛班的学生，同时我们也会引导竞赛班的学生去参加各个科目的学科竞赛。到期末考试的时候，竞赛班与其他普通班的卷子是不一样的，分数也不和其他班级进行比较。从家长来讲，他们都比较喜欢这种形式，因为竞赛班也就相当于重点班，他们都会想办法让自己的孩子进入到重点班学习。

有些参加竞赛的同学会在周六周日的时候参加学科竞赛辅导，或者在平时抽出一些不重要课程的时间去实验室学习，看看书，做一做题目。这个时候，老师如果有时间也会对他们进行辅导。在寒暑假的时候，参赛的学生会有比较整块的时间进行集中学习，学校会开办竞赛辅导班，老师们会集中进行讲课，但是这些辅导对于本校的学生都是免费的，老师们会有一些补贴。整体上就是这样一个情况。

问：如果参赛学生获得很好的成绩，也会给学校带来很多的荣誉，那你们学校这么认真地组织学生参加竞赛是不是也是出于提高学校声誉的考虑呢？

黄老师：当然会有这方面的考虑，但是同时也是为了高考。我个人认为竞赛班的学生学习成绩一般都比较好，这些学生在高考的时候成绩自然也会很好。我们去年的一个福州市数学状元就是竞赛班的学生，他们的考试成绩也是我们学校进行宣传的一个亮点。学校设置竞赛班也是为了能够把这些优秀的学生集中起来进行培养，强者和强者在一起学习，动力也会不一样。我认为设置竞赛班有两个意义：一个是为了竞赛；另一个就是为了高考。

问：那贵校也有学生参与青少年科技创新大赛吧？

黄老师：青少年科技创新大赛我们每年也在做，先是市里的竞赛，然后是省里的竞赛，最后是国家的竞赛。一般是学生自己提出课题，自己去做实地考查、做实验等，然后拿出一个作品出来去参赛。家长和老师会给在选题上给一些指导，在实际制作作品的过程中家长和老师也会给予一定的协助。在去参赛之前，学校会组织一系列的预答辩工作，即模拟作品答辩现场。模拟这种答辩环境，让学生更好地适应答辩现场的环境和流程，在这种答辩中作品也在不停地提升。学校对这一块很支持，学生家长也很重视，因为牵涉到高考加分，省级一等奖高考的时候加 10 分，国家级二等奖可以保送。我们学校每年都会有人获奖。我们的组织工作就是这样一个流程。学校会支持我们出外调研、派车等一些后勤工作。

胡：如果你们学校的实验室不够用了，学校会支持你们去高校或者其他的科研机构去做实验吗？

黄老师：这个会支持。但是说实话，学校在这方面并不是特别支持我们，主要依靠老师和家长自己去联系。我们老师在带学生的过程中，学校并没有给予太多支持，尤其是经费上，我们主要是靠自己作贡献来支撑这件事情，我们自己也觉得压力比较大。从学校层面上组织的活动比较少，主要是我们这个信息组的老师来牵头做这些事情，包括创新大赛作品的选拔和打造等，有时有一些地理等其他学科的老师会穿插进来。我们也一直在呼吁从学校层面进行组织，我们希望学校能够在经费上或者政策上多多支持我们的工作，这样一项工作如果只是我们来组织的话有点不太合适，应该有一些领导出面来组织做一些事情。

还有关于电脑作品大赛的情况，我们学校有校本课程，叫做研究性学习，主要学习一些平面设计、电脑动画、网页制作等，主要是我在带。如果有些学生对电脑信息课程比较擅长，同时又比较有兴趣，我们就会主动培养，在教学的过程中不断发现一些好的苗子去参加电脑作品大赛。

问：请问学科奥赛活动也可以和我们学校的校本课程相结合，是吗？

黄老师：对，我们在电脑编程的课堂上会发现一些比较擅长同时又比较喜欢编程的学生，我们会在培养的基础上组织他们参加信息学奥赛。

问：你们学校已经是青少年科技教育基地了，那你们学校有没有一些具体的措施去培养学生的创新能力？

黄老师：在没有拿到"科技教育基地"之前我们是这么做的，拿到"科技教育基地"之后，我们还是一直这么做，在经费上并没有因此有更多的支持。基地的负责人是教务处，但是目前为止就是鼓励大家写一些科技创新论文，没有听说有什么具体的举措去提高学生的创新能力。但是申请到这个"教育基地"之后，我们的学生在申请专利的时候有一些费用可以减免或者减半。

问：那您觉得关于学科奥赛还有青少年科技创新大赛，在国家层面或者省级层面的组织上还有什么问题吗？关于竞赛的选拔机制，在作品评审的方式方法上还有什么问题吗？

黄老师：我们学校主要是信息学奥赛，这几年下来成绩很好，已经有了两块国际金牌，是福州市做得比较好的学校。我个人认为信息学奥赛方面还是存在很多问题的。

我们有些学生对信息学奥赛还是很感兴趣的，但是高考指挥棒又放在那里，所以很多学生的思想波动非常大。有些好学生既想在奥赛中获奖，又想在高考中取得好的成绩。面对这种取舍，学生和家长都不知道该怎么处理。而且现在国家很多关于信息学奥赛的政策，比如省级一等奖不再有保送资格，初中升高中的信息学奥赛省级一等奖也不再加分，我们福建省又往后推了一年。这些国家政策对于我们来讲是一个很大的打击，因为不再加分，所以学生更希望多花时间准备高考，在高考时考一个更高的分数。从一个科技教育者的出发点上来说，有加分政策的时候，学生们认为多在学科奥赛上花一点时间是值得的，有加分的机会，投入是值得的。现在没有加分政策了，这种情况下学生就不再有动力来参加竞赛了。这样导致学生参加信息学奥赛的少了，家长反对的声音也多了。

同时，另一个问题是生源问题。我们学校没有初中生，我要培养学生的话就得去初中去找苗子进行培养。但是培养是一个连续好几年的事情，问题在于我在初中培养了几年以后，这些学生不一定到我们的学校来，很多学生就可能流到其他学校。这样很多培养的初中生原本来到我们学校是可以出成绩的，但是这些学生可能流入到别的学校，这是我们的一大损失。但是从高一开始培养又有些晚，不太容易出成绩。我们的信息学奥赛成绩之所以这么好，主要就是因为我们去别的初中去找优秀的学生及早进行培养，就是很早就开始培养，但是这样就面临学生可能会流失到别的高中的问题。同时我们没有自主招生的权利，没有保送的机制。所以从我们信息学奥赛的这个情况可以看到我们这五大学科奥赛的一个情况。

问：那您觉得国家对优秀参赛学生的获奖保送机制是否合适呢？

黄老师：我觉得是好事，我觉得应该鼓励。因为有很多学生在这方面确实比较擅长，应该给他们提供一个平台。但是同时也会有一些不好的情况，比如有一些功利性的行为出现。比如科技创新大赛中会有很多家长的成分参与到里面去运作，这样其实是很不好的。事情本身是好的，有一些学生确实在创新方面有特长，给他们这样一个机会去高校读书是很好的。有些学生在这方面没有特长的，在家长的包装下也可以进入到高校去读书，就可能会出现一些不公平的现象，家庭背景比较好的学生可能更有包装的资源。关键是看评审的机制，我知道的还是做得比较公平公正的，我倒是没有什么看法。

问：那您觉得省一级的创新大赛评审机制公平吗？您觉得有需要改进的吗？您有什么看法吗？

黄老师：可能会有一些不公平，但是在选择一个作品去全国参赛的时候还是会公平的，因为他们还是希望能拿出可以获奖的作品，毕竟全国的时候更严格了，更需要实力，所以我觉得还是应该比较公平公正的。可能在省里评审的时候，遇到不相上下的作品，可能会有一些操作在里面，但整体上应该还是公平的。

问：现在创新大赛评审组中的评委大多是高校的老师或者一些专家，您觉得是不是可以加入一些高中老师，即在培养学生方面很有经验的老师？您觉得这样合适吗？

黄老师：我觉得可以少量的加入高中教师，但是还是应该以专家为主。因为很多创新大赛的作品还是很专业的，专业术语很多，可能高中老师水平还不够，毕竟很多创新大赛的知识不是高中老师能够完全理解的，可能高度还不够，所以还是应该以高校的专家为主。

参考文献

[1] 翟立原. 中国青少年科技创新大赛的发展历程[J]. 科普研究，2008(4)：11—14.

[2] 国家科学技术委员会. 中国科学技术指标1994[M]. 北京：科学出版社，1995.

[3] 中央教育科学研究所教育督导与评估研究中心. "青少年科技竞赛获奖学生创新能力和综合素质状况"研究报告[R]，2007。

[4] 《全民科学素质行动计划纲要》实施工作方案. http://www.dyast.org/news.asp? /=122[EB/OL]—2011-03-01.

[5] 王以芳，房瑞标. 第八次中国公民科学素养调查结果[J]. 科协论坛，2010(12)：30.

[6] 王学义，曾祥旭. 区域人口科学素养研究[J]. 人口与经济，2008(3)：1—7.

[7] 秦浩正，钱源伟. 上海青少年科学素养调查报告[J]. 教育发展研究，2008(24)：31—35.

[8] 胡卫平，杨环霞. 新旧科学课程对初中生科学素养影响的比较研究[J]. 教育理论与实践. 2008(3)：58—61.

[9] 冯明，蔡其勇，付国经，等. 小学生科学素养调查与分析研究[J]. 重庆教育学院学报，2004(6)：90—92.

[10] 郭元婕. "科学素养"之概念辨析[J]. 比较教育研究，2004(11)：12—15.

[11] 全民科学素质行动计划纲要(2006—2010—2020). http://www.gov.cn/jrzg/2006-03-20/content_231610.htm[EB/OL]—2011-2-26.

[12] 中华人民共和国教育部. 全日制义务教育科学(7~9年级)课程标准(实验稿)[S]. 北京：北京师范大学出版社. 2003.

[13] 蔡铁权. 全日制义务教育科学(7~9年级)课程标准(实验稿)述评[J]. 全球教育展望，2007(1)：84－89.

[14] 袁运开. 科学课程标准的特点和我们的认识[J]. 全球教育展望，2002(2)：12－16.

[15] 代建军，谢利民. 中美科学教育目标的比较研究——基于《普及科学——美国2061计划》和我国《2049行动计划》的思考[J]. 外国中小学教育，2005(9)：17－21.

[16] 方积乾，陆盈. 现代医学统计学[M]. 北京：人民卫生出版社，2002.

[17] 夏兴国. 数学竞赛与科学素质[J]. 数学教育学报，1996(3)：62－64.

[18] 黄丹，王正询，杨桂云. 生物学奥林匹克竞赛对高中生及保送生影响的调查[J]. 生物学教学，2005(6)：46－49.

[19] 景一丹，肖小明. 化学竞赛对高中生思维开发和能力培养影响的调查研究[J]. 化学教育，2007(11)：58－61.

[20] 北京师范大学教育经济研究所课题组. 青少年科技竞赛项目评估及跟踪管理[R]. 2011.

[21] 陈祝明，钟洪声，吕幼新. 利用课外科技活动培养大学生的创新意识和创新能力[J]. 电子科技大学学报(社科版)，2005(7)：30－32.

[22] 邹守文. 教育博客《中外数学科普故事之探索教育篇》第二十一章. http://zsw.mathe.blog.163.com/blog/static/73907747200910224303 1564/[EB/OL].2009-11-22/2010-10-24.

[23] 王丹红，季理真. 越南数学家吴宝珠：从奥数冠军到菲尔茨奖获得者. 科学时报，2010年11月18日. http://www.ce.cn/xwzx/kj/201011/18/t20101118_21978128_1.shtml[EB/OL]－2011-06-28.

[24] 孟大虎. 从专业选择到职业定位——专用性人力资本视角下大学生就业行为分析[J]. 中国青年研究，2005(7)：48－51.

[25] 孟大虎. 拥有专业选择权对大学生就业质量的影响[J]. 现代大学教育，2005(5)：94－97.

[26] 刘佳. 青少年科技创新大赛在培养健康人格中的作用[J]. 科协论坛，2009(11)：161－162.

[27] 林崇德. 从创新拔尖人才的特征看青少年创新能力培养的途径. http://

www. bnu. edu. cn/xzhd/30443. htm[EB/OL]—2010-11-24/2011-05-27.

[28]李晓亮. 中国青少年科学技術コンテスト活動が科学教育に及ぼす影響
(中国青少年科技竞赛活动对科学教育的影响)[J]. 中国科学技术月报，
2011 年 5 月(第 55 号).

[29]郭俞宏，薛海平，王飞. 国外青少年科技竞赛类型、特点与影响力评估
综述[J]. 上海教育科研，2010(9)：32—36.

[30]王晓勇，俞松坤. 以学科竞赛引领创新人才培养[J]. 中国大学教学，
2007(12)：59—60.

[31]唐兴莉. 竞赛机制的激励效率研究[J]. 江苏商论，2006（12）：143
—145.

[32]徐洪珍，李茂兰. 大学生科技创新能力培养的探索与实践[J]. 东华理工
大学学报(社科版)，2009(3)：294—297.

[33]黄河，付文杰. 竞赛机制设计研究研究回顾与展望[J]. 科学决策，2009
(1)：75—86.

[34]黄河，付文杰. 存在荣誉效用的等级竞赛机制分析[J]. 管理学报，2009
(12)：1631—1637.

[35]李尚志. 北航怎样选拔尖子生？[J]. 数学文化，2010(4)：65—67.

[36]中国科普研究所，中国科协青少年科技中心，北京师范大学课题组编著.
美国青少年科技教育活动概览[R]. 2010.

[37]百度百科网站. 英特尔国际科学与工程大奖赛.
http://baike. baidu. com/view/2454671. htm[EB/OL]—2011-06-12.

[38]全国青少年科技创新大赛网站. 关于第 26 届全国青少年科技创新大赛申
报工作的通知. http://castic. xiaoxiaotong. org/News/View. aspx？Ar-
ticleID＝14340[EB/OL]—2011-06-12.

[39]中国科协办公厅，教育部办公厅. 《第十一届"明天小小科学家"奖励活动
实施办法》，2011 年 4 月 19 日. http://mingtian. xiaoxiaotong. org/News/
NewsView. aspx？AID＝14459[EB/OL]—2011-06-13.

[40]"明天小小科学家"奖励活动网站. 第十一届"明天小小科学家"奖励活动
评审规则. http://mingtian. xiaoxiaotong. org/public/AboutUs. aspx？
ColumnID＝1012000002[EB/OL]—2011-06-14.

[41]全国青少年科技创新大赛网站. 关于第 26 届全国青少年科技创新大赛申
报工作的通知. http://castic. xiaoxiaotong. org/News/View. aspx？Ar-

ticleID＝14340[EB/OL]－2011-06-13.

[42] Miller J D. The Scientific Literacy: A Conceptual and Empirical Review [J]. Daedalus, 1983, 112(2): 29－48.

[43] Pella M O, O'Hearn G T, Gale C W. Referents to scientific literacy[J]. Journal of Research in Science Teaching, 1966, 4(3): 199－208.

[44] Showalter, V. What is unified science education? Program objectives and scientific literacy[R]. Prism II, 1974.

[45] Klopfer L E. Scientific Literacy[M]. In: T. Husen and T. N. Poatlethwaite (Eds). The International Encyclopedia of Education: Research and Studies. Oxford: Pergamon, 1985.

[46] OECD. PISA 2009 Assessment Framework: Key Competencies in Reading, Mathematics and Science [R]. Paris: OECD, 2009.

[47] OECD. Assessing Scientific, Reading and Mathematical Literacy: A framework for PISA 2006[R]. Paris: OECD, 2006.

[48] IEA. TIMSS2007 Assessment Framework[R]. Boston: IEA, 2007.

[49] NAGB. Science Framework for the 2009 National Assessment of Educational Progress[R]. National Assessment Governing Board, U. S. Department of Education, 2009.

[50] China Debuts at Top of International Education Rankings. http://abcnews. go. com/Politics/china-debuts-top-international-education-rankings/story? id＝12336108 [EB/OL]－2011-03-01.

[51] Hanushek E A. The Economics of Schooling: Production and Efficiency in Public Schools[J]. Journal of Economic Literature, 1986, 24 (3): 1141－1177.

[52] Belfield C R. Economic Principles for Education: Theory and Evidence [M]. Cheltenham: Edward Elgar Publishing Limited, 2000.

[53] Vignoles A, Levacic R, Walker J, et al. The Relationship Between Resource Allocation and Pupil Attainment: A Review[R]. Centre for the Economics of Education, 2000.

[54] OECD. PISA 2009 Results: What Students Know and Can Do. http://www. oecd. org/document/61/0,3343,en_2649_35845621_46567613_1_1_1_1,00. html[EB/OL]－2011-06-02.

[55] OECD. PISA 2006: Science competencies for tomorrow's world. http://www. oecd. org/document/2/0, 3343, en _ 32252351 _ 32236191 _ 39718850_1_1_1_1,00. html♯Vol_1_and_2[EB/OL]—2011-06-02.

[56] Somers L, Callan S. An Examination of Science and Mathematics Competitions[J]. Science and Mathematics Competitions, 1999: 1—68.

[57] Ressler S J, Ressler E K. Using Information Technology to Facilitate Accessible Engineering Outreach on a National Scale[C]//Proceedings of the American Society for Engineering Education Annual Conference & Exposition, American Society for Engineering Education, 2005: 1—16.

[58] Stazinski W. Biological Competitions and Biological Olympiads as a Means of Developing Students' Interest in Biology[J]. International Journal of Science Education, 1988, 10(2): 171—177.

[59] Eastwell P, Rennie L. Using Enrichment and Extracurricular Activities to Influence Secondary Students' Interest and Participation in Science [J]. The Science Education Review, 2002, 1(4): 1—16.

[60] Rosenbaum P R, Rubin D B. The Central Role of the Propensity Score in Observational Studies for Causal Effects[J]. Biometrika, 1983, 70(1): 41—55.

[61] Angrist J D, Lavy V. Using Maimonides' Rule to Estimate the effect of Class Size on Scholastic Achievement[J]. The Quarterly Journal of Economics, 1999, 114(2): 533—575.

[62] Angrist J D. Lifetime Earnings and the Vietnam Era Draft Lottery: Evidence from Social Security Administrative Records[J]. American Economic Review, 1990, 80(3): 313—336.

[63] Heckman J J, Ichimura H, Todd P. Matching as an Econometric Evaluation Estimator [J]. Review of Economic Studies, 1998, 65 (2): 261—294.

[64] Heckman J J, Li X S. Selection Bias, Comparative Advantage, and Heterogeneous Returns to Education: Evidence from China in 2000[J]. Pacific Economic Review, 2004, 9(3): 155—171.

[65] Tullock G. Efficient Rent Seeking [C] / / Buchanan J M, Tollison R D, Tullock D. Toward a Theory of the Rent-seeking Society. College

Station：A&M University Press，1980：269—282.

[66] Amegashie J A. The Design of Rent-Seeking Competitions：Committees. Preliminary and Final Contests [J]. Public Choice，1999，99(1—2)：63—76.

[67] Glazer A，Hassin R. Optimal Contests [J]. Economic Inquiry，1988，26(1)：133—143.

[68] Moldovanu B，Sela A. The Optimal Allocation of Prizes in Contests [J]. The American Economic Review，2001，91(3)：542—558.

注：本书所使用图片均有彩图。如有需要的读者，请与作者联系.
E-mail：huym1020@googlemail. com.

后　　记

　　我国目前在青少年中开展了各种以科学知识、科技成果为内容的竞赛活动，这些科技竞赛是推动青少年科技活动开展的重要手段，在科学普及和提高青少年科学素质方面发挥了巨大作用。青少年科技竞赛不仅有利于选拔和培养未来优秀的科技后备人才，从长远效应来看，还能提升一个国家的科技实力，乃至推动整个国家的发展。正因如此，各国都对科技竞赛非常重视，科技竞赛的开展十分广泛，例如美国的英特尔国际科学与工程大赛、FLL 青少年机器人竞赛、国际奥林匹克学科竞赛，等等。在我国，由国家自然科学基金委支持，中国科协参与主办的全国青少年科技创新大赛、"明天小小科学家"奖励活动、全国中学生五项学科奥林匹克竞赛活动已实施多年，有着广泛的社会影响。

　　全国青少年科技创新大赛始于 1982 年，由中国科协、教育部、国家自然科学基金会等九部委、团体共同主办，至今已举办 25 届。现阶段每年从基层学校到全国大赛约有 1 000多万名青少年参加。"明天小小科学家"奖励活动由教育部、中国科协、香港周凯旋基金会等共同主办，始于 2001 年，至今已举办 10 届。全国中学生五项学科奥赛包括数学、物理、化学、生物和信息学奥赛，国家自然科学基金提供部分资助，由中国科协主管，各相关全国性学会主办，至今也有二十多年的历史。这三项竞赛活动在培养青少年的创新能力和提高科学素质方面发挥了不小的作用。

　　作为以上三项赛事的主办单位之一，中国科协青少年科技活动中心不断探索适应我国基础教育改革和全面实施素质教育形势下的青少年科技教育活动体系，改革与完善三大赛事的组织与管理体系，积极推进竞赛项目的信息化、科学化管理。而且，全国青少年科技创新大赛活动已经开展近三十年，中学生学科奥赛也有二十多年历史，"明天小小科学家"奖励活动也已经举办了10届，所以急需建立竞赛项目的监测和评价体系，以便及时诊断各项竞赛活动举办中的问题，定期评估竞赛项目在选拔和发现具有科学研究潜质的优秀青少年、提高广大青少年科学素质、激发和增强青少年科学兴趣、鼓励优秀青少年立志从事科学事业等方面的作用。为此，中国科协青少年科技中心以"青少年科技竞赛活动项目评估及跟踪管理"课题形式，向国家自然科学基金会提出立项申请，并获得基金委2009年度的专项资助。青少年科技中心配套经费，委托北京师范大学教育经济研究所承担该项目的研究工作，项目执行期为2009年7月～2011年11月。此书是两年多来课题组研究成果的结晶。主要包括以下内容：一、我国青少年科技竞赛活动发展状况统计分析；二、高中生参与科技竞赛情况及影响分析；三、我国高中生科学素质现状及影响因素分析；四、高中生科学素质测评工具研发及质量分析；五、青少年科技竞赛对科技创新人才成长影响的个案研究；六、青少年科技竞赛项目的国际比较研究。这项研究工作是我国首次对三大赛事进行项目评估，也是首次对全国部分省区高中生进行大规模的科学素质测评。竞赛项目评估工具的研发，为今后定期科学评估青少年科技竞赛项目影响力提供了质量较高的测评工具。

此课题研究工作得到了青少年科技中心主任李晓亮、副主任蒙星、原中心主任王延祜、原中心交流处处长彭希的悉心指导与关怀，原中心活动处处长刘会强、活动处处长林利琴、副处长李挺、中心国际交流处处长朱方、李冬晖博士等对项目全过程给予了具体指导和帮助。活动处王佳、任高等同志为课题研究提供了许多有价值的资料，并帮助我们与各学科学会协调调研等事宜。北京师范大学辛涛教授一直关心和指导本课题工作，对于高中生科学素质测评工具研发、数据分析等工作提出许多有益的建议。此外，课题实地调研还得到北京、福建、四川、辽宁、湖北、甘肃等地中学领导、科技教师的积极配合，以及2010年五项学科奥赛选拔赛举办方的大力支持，确保了课题各项调研工作的顺利完成。在此对所有关心、支持和帮助我们的领导、专家、同仁和朋友表示衷心的感谢！对积极配合课题调研工作的科技精英人士、学科奥赛选拔赛组织者、中学校长、教师、学生等表示诚挚的谢意！

本书稿主要由胡咏梅、李冬晖、薛海平执笔，课题组成员段鹏阳、卢珂、杨素红、杨玉琼、郭俞宏、冯羽等也参与了部分章节的撰写工作，胡咏梅负责全部书稿的统校。尽管笔者力求严谨，多次校对，但水平有限，在项目评估方面的学识也较肤浅，书中的错谬疏漏之处在所难免，恳请广大读者不吝赐教。在此一并致谢！向书稿中引用的文献作者表示衷心的感谢！此外，向北京师范大学出版社和本书的责任编辑胡宇博士以及为本书出版提供帮助的吕建生书记表示诚挚的谢意！

最后，本书作为自然科学基金专项项目和中国科协青少年科技中心委托项目成果，受到了自然科学基金委和科协青少年科技中心的资助，也得到北京师范大学教育学部"985"三期项目后期资助，在此特别致谢！

胡咏梅

2012 年 6 月 3 日